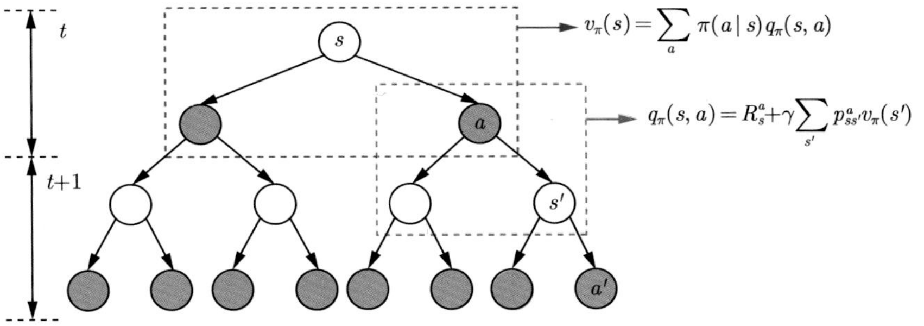

(a) 互推关系

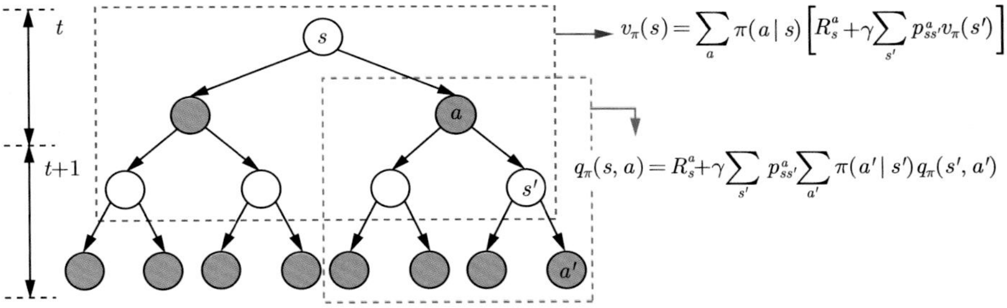

(b) 递推关系

图 7.4　MDP 贝尔曼方程的计算图解

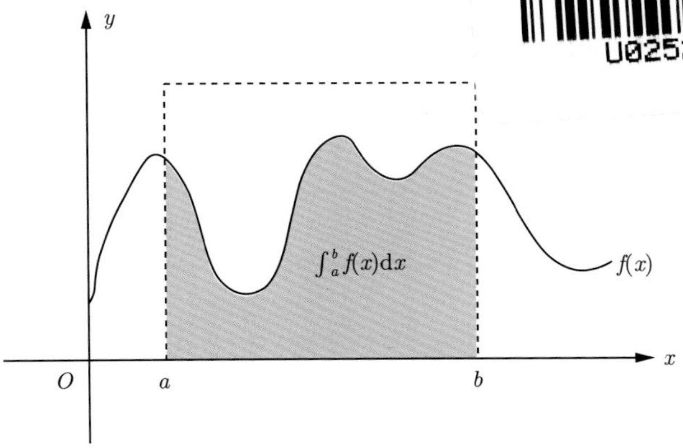

图 9.2　求解定积分

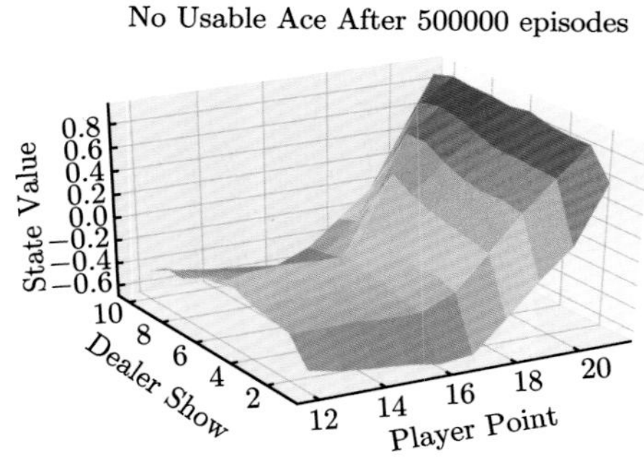

(a) 无可用的A

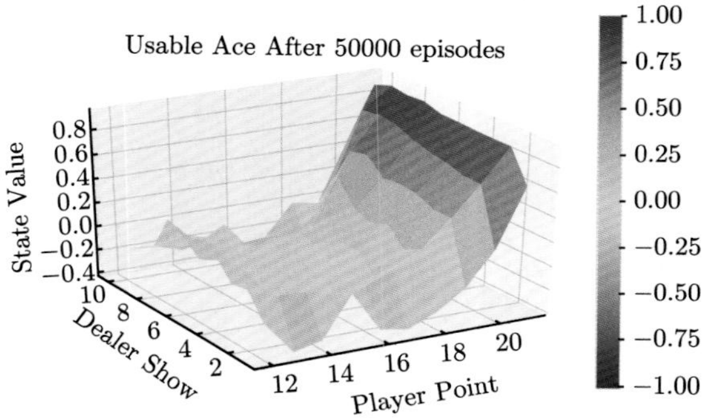

(b) 有可用的A

图 9.13　n=500000

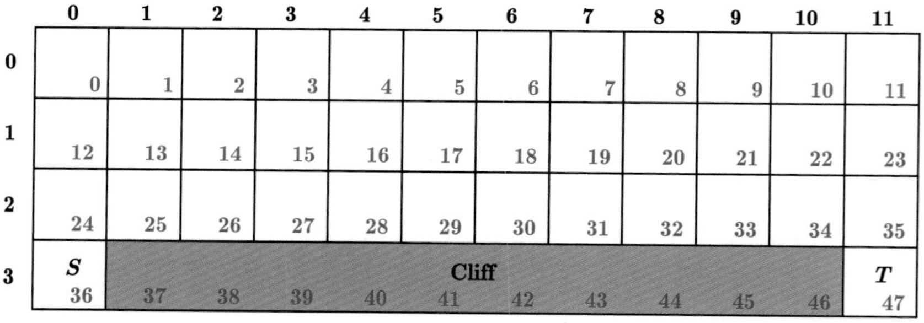

图 10.4　悬崖漫步

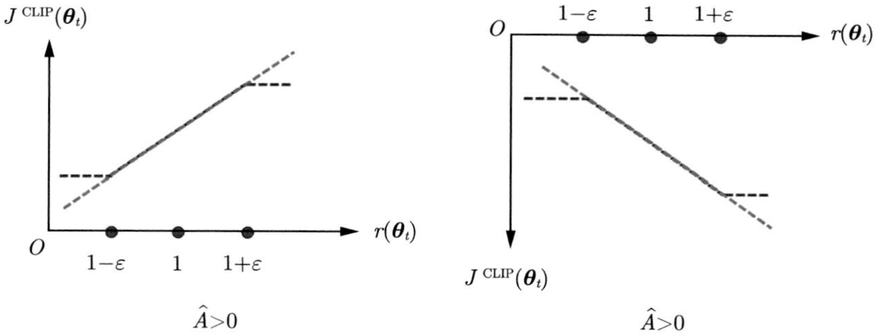

图 13.4 “修剪”和“未修剪”概率比取值示意图（一个时间单位 t）

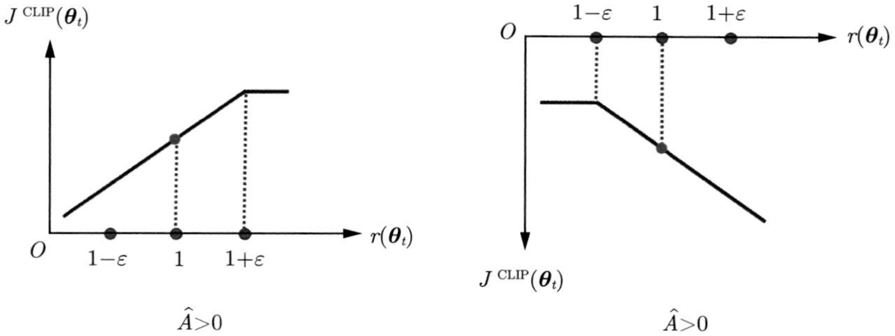

图 13.5 $J^{\mathrm{CLIP}}(\boldsymbol{\theta})$ 取值示意图（一个时间单位 t）

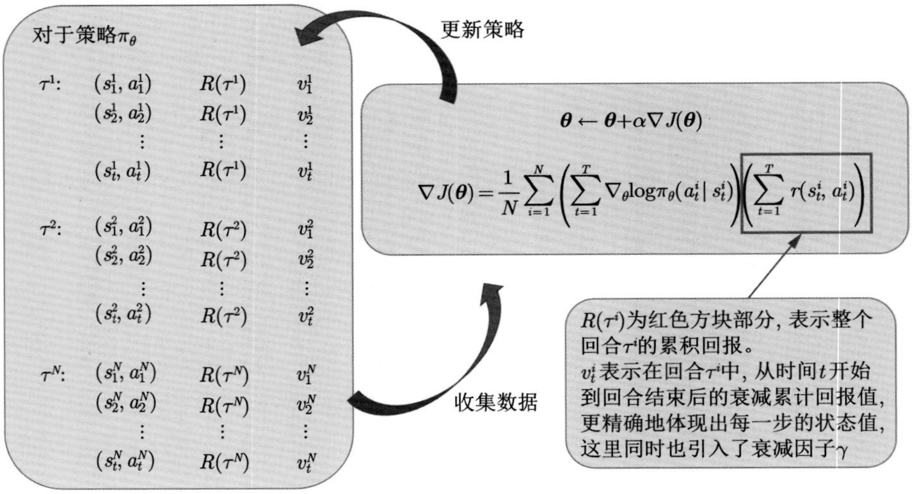

图 15.2　策略梯度公式里的因子与收集数据的具体关系

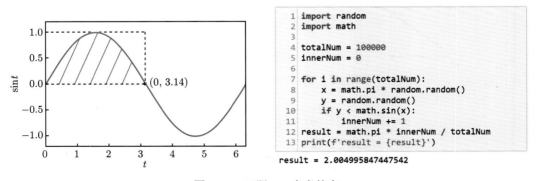

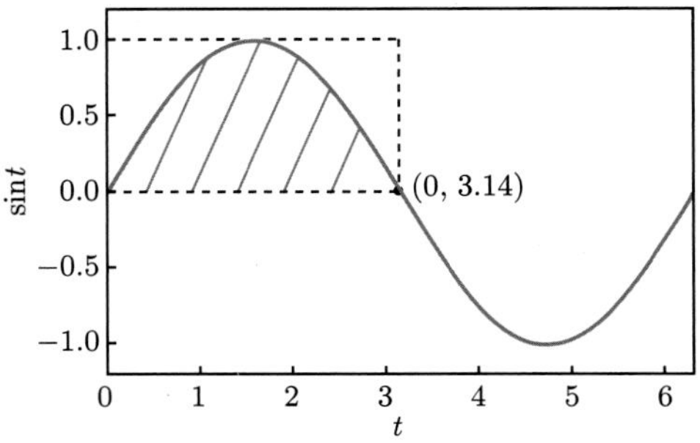


```
import random
import math

totalNum = 100000
innerNum = 0

for i in range(totalNum):
    x = math.pi * random.random()
    y = random.random()
    if y < math.sin(x):
        innerNum += 1
result = math.pi * innerNum / totalNum
print(f'result = {result}')
```

```
result = 2.004995847447542
```

图 17.5　习题 9.1 参考答案

面向新工科专业建设计算机系列教材

强化学习
（微课版）

袁 莎 白朔天 唐 杰◎著

清華大學出版社
北京

内容简介

本书构建了一个完整的强化学习入门路径，深入浅出地介绍了强化学习算法的基本原理和实现方法。本书首先回顾了相关预备知识，包括数学基础和机器学习基础，然后先介绍强化学习的基本概念，给出强化学习的数学框架（马尔可夫决策过程），随后介绍强化学习的求解算法，包括表格求解法（动态规划法、蒙特卡洛法和时序差分法），以及近似求解法（值函数近似法、策略梯度法和深度强化学习）。本书最后一部分为实践与前沿，实践部分基于一个相同的例子实现了强化学习领域的主流基础算法，前沿部分介绍了强化学习领域的最新研究进展。本书配有相当数量的习题供练习，配套代码基于 Python 实现，源代码均已开源，可开放获取。

本书可作为理工科本科生、研究生的“强化学习”课程的教材，也可作为相关从业者掌握强化学习的入门参考书。

图书在版编目（CIP）数据

强化学习：微课版/袁莎，白朔天，唐杰著. —北京：清华大学出版社，2021.8（2024.9 重印）
面向新工科专业建设计算机系列教材
ISBN 978-7-302-58794-1

Ⅰ. ①强…　Ⅱ. ①袁…　②白…　③唐…　Ⅲ. ①机器学习-高等学校-教材　Ⅳ. ①TP181

中国版本图书馆 CIP 数据核字(2021)第 156447 号

责任编辑： 白立军　常建丽
封面设计： 刘　乾
责任校对： 焦丽丽
责任印制： 刘　菲

出版发行： 清华大学出版社
网　　址：https://www.tup.com.cn, https://www.wqxuetang.com
地　　址：北京清华大学学研大厦 A 座　　邮　　编：100084
社 总 机：010-83470000　　邮　　购：010-62786544
投稿与读者服务：010-62776969，c-service@tup.tsinghua.edu.cn
质 量 反 馈：010-62772015，zhiliang@tup.tsinghua.edu.cn
课 件 下 载：https://www.tup.com.cn, 010-83470236
印　　装： 三河市龙大印装有限公司
经　　销： 全国新华书店
开　　本： 185mm×260mm　　**印　张：** 18.75　　**彩　插：** 2　　**字　　数：** 451 千字
版　　次： 2021 年 10 月第 1 版　　**印　　次：** 2024 年 9 月第 4 次印刷
定　　价： 69.00 元

产品编号：086723-01

出版说明

一、系列教材背景

人类已经进入智能时代，云计算、大数据、物联网、人工智能、机器人、量子计算等是这个时代最重要的技术热点。为了适应和满足时代发展对人才培养的需要，2017 年 2 月以来，教育部积极推进新工科建设，先后形成了“复旦共识”“天大行动”“北京指南”，并发布了《教育部高等教育司关于开展新工科研究与实践的通知》《教育部办公厅关于推荐新工科研究与实践项目的通知》，全力探索形成领跑全球工程教育的中国模式、中国经验，助力高等教育强国建设。新工科有两个内涵：一是新的工科专业；二是传统工科专业的新需求。新工科建设将促进一批新专业的发展，这批新专业有的是依托于现有计算机类专业派生、扩展而成的，有的是多个专业有机整合而成的。由计算机类专业派生、扩展形成的新工科专业有计算机科学与技术、软件工程、网络工程、物联网工程、信息管理与信息系统、数据科学与大数据技术等。由计算机类学科交叉融合形成的新工科专业有网络空间安全、人工智能、机器人工程、数字媒体技术、智能科学与技术等。

在新工科建设的“九个一批”中，明确提出“建设一批体现产业和技术最新发展的新课程”“建设一批产业急需的新兴工科专业”。新课程和新专业的持续建设，都需要以适应新工科教育的教材作为支撑。由于各个专业之间的课程相互交叉，但是又不能相互包含，所以在选题方向上，既考虑由计算机类专业派生、扩展形成的新工科专业的选题，又考虑由计算机类专业交叉融合形成的新工科专业的选题，特别是网络空间安全专业、智能科学与技术专业的选题。基于此，清华大学出版社计划出版“面向新工科专业建设计算机系列教材”。

二、教材定位

教材读者对象为“211 工程”高校或同等水平及以上高校计算机类

专业及相关专业学生。

三、教材编写原则

(1) 借鉴 *Computer Science Curricula* 2013 (以下简称 CS2013)。CS2013 的核心知识领域包括算法与复杂度、体系结构与组织、计算科学、离散结构、图形学与可视化、人机交互、信息保障与安全、信息管理、智能系统、网络与通信、操作系统、基于平台的开发、并行与分布式计算、程序设计语言、软件开发基础、软件工程、系统基础、社会问题与专业实践等内容。

(2) 处理好理论与技能培养的关系，注重理论与实践相结合，加强对学生思维方式的训练和计算思维的培养。计算机专业学生能力的培养特别强调理论学习、计算思维培养和实践训练。本系列教材以“重视理论，加强计算思维培养，突出案例和实践应用”为主要目标。

(3) 为便于教学，教材可融合多种形式的教学辅助材料。每本教材可以有主教材、教师用书、习题解答、实验指导等。特别是在数字资源建设方面，可以结合当前出版融合的趋势，做好立体化教材建设，可考虑加上微课、微视频、二维码、MOOC 等扩展资源。

四、教材特点

1. 满足新工科专业建设的需要

系列教材涵盖计算机科学与技术、软件工程、物联网工程、数据科学与大数据技术、网络空间安全、人工智能等专业的课程。

2. 案例体现传统工科专业的新需求

编写时，以案例驱动，任务引导，特别是有一些新应用场景的案例。

3. 循序渐进，内容全面

讲解基础知识和实用案例时，由简单到复杂，循序渐进，系统讲解。

4. 资源丰富，立体化建设

除了教学课件外，还可以提供教学大纲、教学计划、微视频等扩展资源，以方便教学。

五、优先出版

1. 精品课程配套教材

主要包括国家级或省级的精品课程和精品资源共享课的配套教材。

2. 传统优秀改版教材

对于已经出版、得到市场认可的优秀教材，由于新技术的发展，计划给图书配上新的教学形式、教学资源的改版教材。

3. 前沿技术与热点教材

反映计算机前沿和当前热点的相关教材，例如云计算、大数据、人工智能、物联网、网络空间安全等方面的教材。

六、联系方式

联系人：白立军
联系电话：010-83470179
联系和投稿邮箱：bailj@tup.tsinghua.edu.cn

“面向新工科专业建设计算机系列教材”编委会
2019 年 6 月

面向新工科专业建设计算机系列教材编委会

主　任：

张尧学　清华大学计算机科学与技术系教授　中国工程院院士/教育部高等学校软件工程专业教学指导委员会主任委员

副主任：

陈　刚	浙江大学计算机科学与技术学院	院长/教授
卢先和	清华大学出版社	常务副总编辑、副社长/编审

委　员：

毕　胜	大连海事大学信息科学技术学院	院长/教授
蔡伯根	北京交通大学计算机与信息技术学院	院长/教授
陈　兵	南京航空航天大学计算机科学与技术学院	院长/教授
成秀珍	山东大学计算机科学与技术学院	院长/教授
丁志军	同济大学计算机科学与技术系	系主任/教授
董军宇	中国海洋大学信息科学与工程学院	副院长/教授
冯　丹	华中科技大学计算机学院	院长/教授
冯立功	战略支援部队信息工程大学网络空间安全学院	院长/教授
高　英	华南理工大学计算机科学与工程学院	副院长/教授
桂小林	西安交通大学计算机科学与技术学院	教授
郭卫斌	华东理工大学信息科学与工程学院	副院长/教授
郭文忠	福州大学数学与计算机科学学院	院长/教授
郭毅可	上海大学计算机工程与科学学院	院长/教授
过敏意	上海交通大学计算机科学与工程系	教授
胡瑞敏	西安电子科技大学网络与信息安全学院	院长/教授
黄河燕	北京理工大学计算机学院	院长/教授
雷蕴奇	厦门大学计算机科学系	教授
李凡长	苏州大学计算机科学与技术学院	院长/教授
李克秋	天津大学计算机科学与技术学院	院长/教授
李肯立	湖南大学	校长助理/教授
李向阳	中国科学技术大学计算机科学与技术学院	执行院长/教授
梁荣华	浙江工业大学计算机科学与技术学院	执行院长/教授
刘延飞	火箭军工程大学基础部	副主任/教授
陆建峰	南京理工大学计算机科学与工程学院	副院长/教授
罗军舟	东南大学计算机科学与工程学院	教授

吕建成	四川大学计算机学院(软件学院)	院长/教授
吕卫锋	北京航空航天大学计算机学院	院长/教授
马志新	兰州大学信息科学与工程学院	副院长/教授
毛晓光	国防科技大学计算机学院	副院长/教授
明　仲	深圳大学计算机与软件学院	院长/教授
彭进业	西北大学信息科学与技术学院	院长/教授
钱德沛	北京航空航天大学计算机学院	教授
申恒涛	电子科技大学计算机科学与工程学院	院长/教授
苏　森	北京邮电大学计算机学院	执行院长/教授
汪　萌	合肥工业大学计算机与信息学院	院长/教授
王长波	华东师范大学计算机科学与软件工程学院	常务副院长/教授
王劲松	天津理工大学计算机科学与工程学院	院长/教授
王良民	江苏大学计算机科学与通信工程学院	院长/教授
王　泉	西安电子科技大学	副校长/教授
王晓阳	复旦大学计算机科学技术学院	院长/教授
王　义	东北大学计算机科学与工程学院	院长/教授
魏晓辉	吉林大学计算机科学与技术学院	院长/教授
文继荣	中国人民大学信息学院	院长/教授
翁　健	暨南大学	副校长/教授
吴　迪	中山大学计算机学院	副院长/教授
吴　卿	杭州电子科技大学	教授
武永卫	清华大学计算机科学与技术系	副主任/教授
肖国强	西南大学计算机与信息科学学院	院长/教授
熊盛武	武汉理工大学计算机科学与技术学院	院长/教授
徐　伟	陆军工程大学指挥控制工程学院	院长/副教授
杨　鉴	云南大学信息学院	教授
杨　燕	西南交通大学信息科学与技术学院	副院长/教授
杨　震	北京工业大学信息学部	副主任/教授
姚　力	北京师范大学人工智能学院	执行院长/教授
叶保留	河海大学计算机与信息学院	院长/教授
印桂生	哈尔滨工程大学计算机科学与技术学院	院长/教授
袁晓洁	南开大学计算机学院	院长/教授
张春元	国防科技大学计算机学院	教授
张　强	大连理工大学计算机科学与技术学院	院长/教授
张清华	重庆邮电大学计算机科学与技术学院	执行院长/教授
张艳宁	西北工业大学	校长助理/教授
赵建平	长春理工大学计算机科学技术学院	院长/教授
郑新奇	中国地质大学(北京)信息工程学院	院长/教授
仲　红	安徽大学计算机科学与技术学院	院长/教授
周　勇	中国矿业大学计算机科学与技术学院	院长/教授
周志华	南京大学计算机科学与技术系	系主任/教授
邹北骥	中南大学计算机学院	教授

秘书长:

白立军	清华大学出版社	副编审

人工智能专业核心教材体系建设——建议使用时间

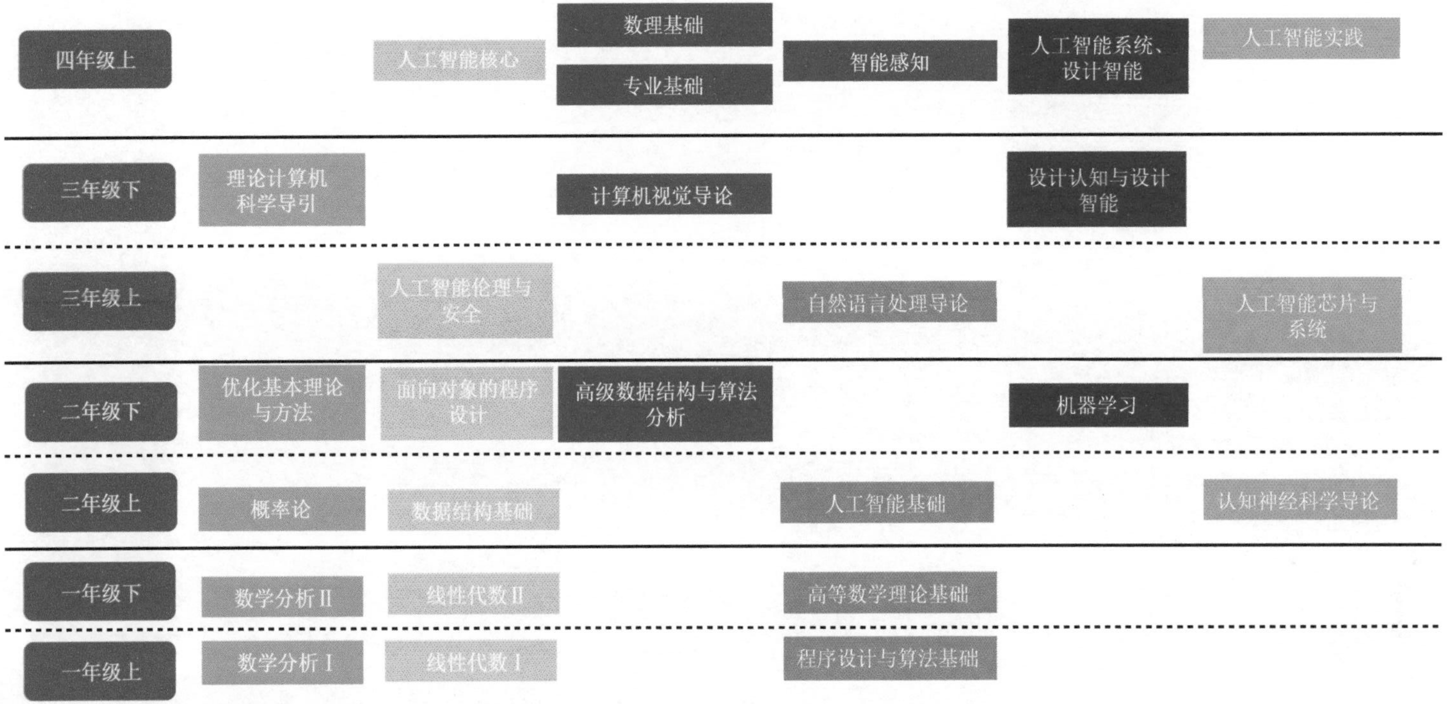

FOREWORD
序言一

人工智能通过半个多世纪的发展壮大，正在越来越强烈地冲击人们日常生活的各个领域。人工智能蕴含的强大潜力和改变世界的魅力，正在吸引越来越多的人投身到相关研究和开发中。

自诞生以来，人工智能发展的基本思想和技术路径总的来说有三种：第一种路径是符号主义或者说逻辑学派，主张人工智能应从智能的功能模拟入手，认为智能是符号的表征和运算过程，形式逻辑是其理论基础；第二种路径是连接主义或者说神经网络学派，强调智能活动是由大量简单（神经）单元通过复杂相互连接后并行运行的结果；第三种路径是行为主义或者说控制学派，认为智能来自智能体与环境，以及其他智能体之间的相互作用。如果把 1956—2016 年这 60 年的人工智能历史分为前后两个阶段，前 30 年符号主义占主导地位，后 30 年连接主义和行为主义思想起主导作用，在前后两个 30 年转折点上兴起的机器学习发挥了关键作用，人工智能的研究重心从人工“设计”智能转向机器“习得”智能。

机器学习是一个广谱的研究方向，其中深度学习和强化学习是推动过去十年人工智能这轮高潮的主要力量。深度学习主要思想源于连接主义，是指在很多层（“深”）神经网络上进行机器学习，通过反复训练把大数据的内在结构“投影”为神经网络的连接参数。强化学习主要思想源于行为主义，也可以回溯到生物进化思想和心理学的行为主义学派，强调智能主体通过在与环境交互过程中获得的奖惩反馈不断调整自己的内部状态，通过试错学习达到状态和动作最佳匹配的目的。

强化学习（Reinforcement Learning, RL）概念由明斯基（Marvin Minsky）基于动物心理学的强化剂（Reinforcer）概念在 1954 年正式提出，比“人工智能”概念的正式出现还早。1989 年，沃特金斯（Christopher J. C. H. Watkins）提出的 Q-Learning 是强化学习的一个里程碑，使得无模型（Model-Free）强化学习问题依然可以求出最优策略。沃特金斯还证明了当系统是确定性的马尔可夫决策过程并且回报有限时，强化学习是收敛的，可以求出最优解。2013 年，DeepMind 将 Q-Learning 和深度神经网络相结合，提出深度 Q-Learning 网络（Deep Q Networks, DQN），相继在围棋、星际争霸和 DOTA 等游戏场景中取得战胜人类的佳绩，将强化学习的研究推向高潮。

强化学习拥有长久的生命力。如前所述，强化学习的基本思想源于生物进化过程，抓住了智能产生和增长的基本机制。从生理学研究看，科学家已经在人脑中发现了多巴胺调控等类似强化学习的机制。可以说，强化学习是打造未来人工智能必不可少的重要方法，智能系统在与外界进行不断互动的过程中通过接收反馈进而逐渐学习到优化决策，这是制造拥有独立决策能力机器的关键。

本书从基础的数学以及机器学习理论出发，到最终的深度强化学习，清晰地展现出一个完整的知识框架系统，系统内的各个章节相互呼应，并以层层递进的顺序铺开，循序渐进地帮助读者理解强化学习算法的发展历程。书中通过算法原理与实际案例相结合的方法，让读者能够在明白算法构建逻辑的同时，又清晰地了解其实际应用，进而帮助读者更好地掌握运用强化学习算法解决实际问题的方法。作为一本面向初学者的学习教材，本书降低了强化学习的入门门槛，可以帮助更多对人工智能领域感兴趣的、基础薄弱甚至是零基础的读者初步了解强化学习，为将来相关方向深入的学习研究打下基础。

北京智源人工智能研究院院长
北京大学教授
黄铁军

FOREWORD
序言二

人工智能是在 1956 年作为一门新兴学科的名称正式提出的，目的是使机器能像人一样感知、思考、做事和解决问题。人工智能技术的发展，经历过三次浪潮。第三次浪潮得益于两个领域的进步：一方面是计算能力的巨大提升；另一方面是海量数据的快速获取。这次发展与前两次最大的不同在于，它的广泛应用对普通人的生活带来影响。换而言之，人工智能开始真正走进了大众的视野，特别是近十年，人工智能技术的应用给世界带来的变化尤为显著，为人们的生活带来了诸多便利。

强化学习作为人工智能科学中的一条重要分支，其拥有的自我优化特性在数据智能化时代将大有可为之处。通过适当的大数据输入和训练，强化学习模型可以在与环境的互动中得到反馈，并依此自我改进当下采用的策略，以获得更大的实际效益。这样的特性非常适用于生产和生活中的各种优化问题，具有很强的现实意义。

本书面向对强化学习领域感兴趣的读者，以基础知识作为切入点，对相关数学原理、强化学习框架及模型算法等知识进行了完整详细的阐述，并通过与丰富实际案例的结合，使得读者能够深刻感受到强化学习的独特魅力，获得对其未来发展方向的初步理解。

阿里巴巴集团资深副总裁
IEEE Fellow
周靖人

FOREWORD 前言

人工智能的发展经历了三次浪潮，从空中楼阁到象牙之塔，现今走进了万间广厦。近十年，以深度学习为发端的第三次人工智能浪潮带来很多变化，有别于前两次浪潮的大浪淘沙，这次人工智能浪潮正呈席卷之势，引领新一代科学技术的发展，改变着每个领域、每个行业，也普惠着生活在这个时代的每一个人。

人工智能技术已经融入越来越多的行业，应用在越来越广的场景之中。人工智能开发的难易程度，也从十年前的高不可攀到如今走进千家万户，未来可期成为多数工程师的必备技能，这背后自然离不开每一位教育工作者的艰苦努力，也离不开每一本技术专著作者的辛勤付出。回看我国高校人工智能专业的发展历史，系统化的学科建设时间还不算长，从完备的学科设置到专业的师资队伍建设，再到相匹配的教材研发还需要进一步加强和完善。在我任教的清华大学，对于新兴学科，师资、教研、教辅等方面与时俱进，但若想更多更广地惠及对人工智能技术感兴趣的大学生群体或相关技术人员，还需要把这门学科的门槛尽快降低。

本书的出发点正是秉持这一要旨，将强化学习技术的学习与运用的门槛尽可能地降低。强化学习是机器学习的重要分支，在学习强化学习的过程中会涉及概率、统计、运筹等数理知识。同时，强化学习又是一门实践性非常强的技术，市面上现有的强化学习书籍的学习门槛还相对较高，对初学者不够友好。因此，本书的目标定位是面向所有具有相关计算机和数学基础的大学生、工程技术人员，旨在让本书的读者在强化学习领域从零起步了解并掌握算法，快速应用这些思想、技术和方法。

本书通过严谨简明的预备知识介绍，有的放矢地为读者梳理强化学习中涉及的数学知识，然后以强化学习拟解决的问题为着眼点，将强化学习要解决的问题转化为求解马尔可夫模型，接着循序渐进地给出了求解此模型的基础求解方法和优化求解方法。本书在编写过程中侧重于实践应用，通过算法原理与实践案例的结合，由浅入深地导入强化学习的概念和方法，提高读者的兴趣，降低入门的难度。希望本书能够普惠更多希望学习人工智能技术的学生及工程技术人员，让他们掌握强化学习的方法，并能灵活地用其解决实际问题。同时，也可以把人工智能技术的思维带到他们平时的学习和工作中，启发他们对机器智能进行思考与探索。

未来十年，人工智能领域的教育必将得到普及。为社会培养更多人工智能方面的学生和工程技术人员，尽量降低人工智能的入门门槛，是本书作者的初心。

清华大学计算机科学与技术系教授、系副主任

唐　杰

2021 年 5 月

CONTENTS

目录

I 概 述

II 预 备 知 识

III 强化学习基础

IV 表格求解法

V 近似求解法

VI 实践与前沿

VII 附 录

I

概　述

第1章　导论

第1章

导 论

学习目标与要求

1. 掌握强化学习的基本定义。
2. 掌握强化学习的两大特征。
3. 掌握强化学习与机器学习的关系。
4. 了解强化学习的发展历程。

强化学习导论

1.1 强化学习简介

深度学习的兴起，引发了人工智能的第三次浪潮。2016 年，AlphaGo 打败了世界围棋冠军李世石，这个事件被世界媒体竞相报道。从这时开始，强化学习成为全世界的关注焦点，其研究成果呈爆炸式发展。无论是深度学习，还是强化学习，它们都属于机器学习的分支。机器学习作为一门多领域交叉学科，是实现现代人工智能的关键途径。

强化学习（Reinforcement Learning）注重让智能体（Agent）在与环境的互动中进行目标导向型学习。智能体在学习过程中并不知道正确的操作，而是根据当前所处环境**状态**（State）以及某个行动**策略**（Policy）选取一个**行动**（Action）与环境进行一系列互动。有些互动会立马从环境那获取即时的**奖励**（Reward）反馈，并改变环境状态，甚至改变后续的奖励；有些互动的奖励却可能会有延迟。这里值得注意的是，强化学习中的奖励指的是环境对当前行动的反馈和评价，这种评价有好有坏。此时，智能体就能根据环境的反馈，学习如何最大化**长期回报**（Return）并提取出一个最优策略，进而达到强化学习任务的目标。究其根本，整个强化学习的过程与人类成长学习的过程有很多共通之处。

本章主要介绍强化学习的定义和发展历史，为后续章节的阅读打下基础。

1.1.1 两个主要特征

为了更准确地描述强化学习，我们重新给出强化学习的一个正式定义：**强化学习**[①]**是智能体为了最大化长期回报的期望，通过观察系统环境，不断试错进行学习的过程**。从强化学习的定义可以看出，强化学习具有两个最主要的特征：通过不断试错进行学习；追求长期回报的最大化。

1. 通过不断试错进行学习

在没有提供正确选项的情况下，智能体通过**试错**（Trial-and-Error）与环境进行尝试性互动，并根据环境产生的反馈增强或抑制行动。试错包含**利用**（Exploitation）和**探索**（Exploration）两个过程。

利用就是根据历史经验的学习，选择执行能获得最大收益的动作。当智能体根据当前学习到的策略选择了当前最优行动，我们称其正在利用当前所掌握的"状态-行动"知识获得最大收益；探索就是尝试之前没有执行过的动作，期望获得超乎当前的总体收益。如果智能体选择了一个非贪婪行动，即尝试那些当前非最优的行动（包括之前没有执行过的行动），则称其正在探索。从短期看，利用是正确的做法，可以使某一步的预期回报最大化。但从长远看，探索可能会产生更大的长期回报。

强化学习的一个挑战就是针对某项具体问题达到探索和利用之间的平衡。

2. 追求长期回报的最大化

这里我们强调，强化学习的目的是最大化长期回报。所谓长期回报，是指从当前时刻（状态）开始直到最终时刻（状态）的总奖励期望。强化学习不对即时奖励进行行为鼓励，是因为当前状态下采取的行动会影响后续的环境状态和奖励。因此，获取最大的即时奖励无法保证未来的总奖励也是最大的。

1.1.2 与机器学习的关系

在传统的机器学习分类中，强化学习不属于其中的任何一类，既不属于监督学习（Supervised Learning），也不属于无监督学习（Unsupervised Learning）。

从 1.1.1 节强化学习的定义可以看出，强化学习区别于监督学习及无监督学习。就监督学习而言，它的关键是需要外部监督者，需要为参与学习的数据提供正确的标签，用于"指导"训练过程。这与强化学习基于环境反馈的试错学习机制有本质的区别。

而无监督学习则是从无标签的数据中寻找潜在的结构和模式。部分读者可能会认为强化学习与无监督学习并无差异，两者都是在不知道正确标签的情况下进行学习。然而，强化学习重点关注的是在试错学习中试图最大化一个长期回报；无监督学习则是寻找数据中隐藏的模式。

强化学习与监督学习和无监督学习都是从历史数据中进行学习，并对未来做出预测的过程，这符合机器学习的定义。因此，我们现在都把强化学习作为机器学习的第三范

① Reinforcement learning is learning what to do, how to map situations to actions, so as to maximize a numerical reward signal. —Richard S. Sutton.

式。图 1.1 给出了现代机器学习的三大分类。机器学习可以分为三类：监督学习、无监督学习和强化学习。

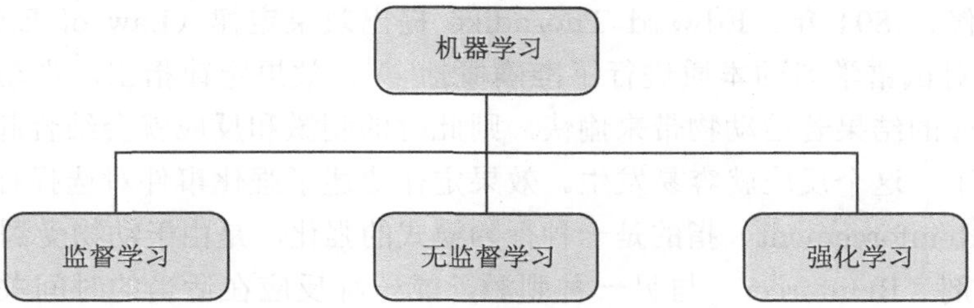

图 1.1 机器学习的分类

表 1.1 给出了三种机器学习方法的比较。监督学习的特点是基于有标注的样本进行学习。无监督学习的特点是挖掘数据中潜在的模式。强化学习的特点是通过探索与反馈找到最优策略和行动。

表 1.1 三种机器学习方法的比较

特性	监督学习	无监督学习	强化学习
标注样本	√		
挖掘数据模式		√	
探索与反馈			√
典型应用	回归	聚类	AlphaGo

注：√ 表示具有该特性。

1.2 强化学习发展史

强化学习作为机器学习的分支之一，最近几年得到人工智能领域专家的广泛关注和重视。然而，在进入现代强化学习阶段之前，强化学习概念的萌芽可追溯到 20 世纪 50 年代。依据 Sutton 对强化学习进化史的总结概括 [1]，强化学习的早期发展轨迹可以分为以下三条发展路线。

(1) 试错学习，从研究动物学习的动物心理学中衍生，启蒙了强化学习的相关研究。

(2) 最优控制（Optimal Control），寻求使给定系统的性能达到最优的控制。

(3) 时序差分法（Temporal Difference），由两个等间隔相邻时间段的预测差值驱动的学习过程。

自 20 世纪 50 年代开始，上述三条路线在各自领域的研究下蓬勃发展，并在 20 世纪 80 年代交织在一起，形成了现代强化学习。本节首先简单回顾一下这三条路线的发展历程，并梳理进入 21 世纪后强化学习的一个重要研究领域，即深度强化学习。

1.2.1 试错学习

试错学习为现代强化学习提供了重要的启蒙思想。试错学习的概念可追溯至 19 世纪 50 年代。1894 年，Edward Thorndike 提出效果定律（Law of Effect），首次以效果定律对试错学习的本质进行了准确概括 [2]。效果定律指出，当动物发生某种反应时，反应的结果若给动物带来愉快，则此时的刺激和反应就会结合起来，以后在类似的情况下，这个反应就容易发生。效果定律描述了强化事件对选择行为倾向的影响。强化（Reinforcement）指的是一种行为模式的强化，是由于动物受到了一种刺激，或一种强化剂（Reinforcer）与另一种刺激，或一种反应在适当的时间关系中产生的结果。

在后续的研究中，试错学习的试验和研究不再只局限于动物心理与行为的研究，多种试错学习的机电试验成为研究重点，通过计算机编程实现多种试错学习研究。但很快试错学习的研究方向出现了偏差，很多研究者将研究重心从强化学习转到监督学习。但这些研究者却错以为他们依然停留在强化学习领域，这让真正的强化学习研究从 20 世纪 60 年代到 70 年代期间出现了“停摆”。强化学习与监督学习的本质区别在于，试错学习是在反馈评估的基础上进行行动选择学习（强化学习），而不依赖于对正确行动的知晓（监督学习）。

但并不是所有的试错学习研究都停止了。1961 年，明斯基就试错学习中的预测（Prediction）和期望（Expectation）问题进行了讨论 [3]。除此之外，Minsky 还对复杂强化学习系统中的信用分配问题进行了探索，研究如何将信用（或奖励）分配给许多可能涉及的行动和决策。还有一些其他比较突出的试错学习研究工作，比如，新西兰研究员 John Andreae 开发了与环境互动进行试错学习的 STeLLA 系统 [4]，Donald Michie 开发了基于 MENACE 井字棋游戏的试错学习系统 [5,6] 等，Harry Klopf 提出了试错学习概念混淆问题，并将研究方向拉回正轨 [7-9]。Harry Klopf 指出，真正的试错学习是从环境中获得结果的驱动力，并控制环境朝期望的目的逼近，这是区分强化学习和监督学习的核心要点。强化学习领域的许多佼佼者，例如 Sutton，他也在这个阶段进行了区分强化学习与监督学习的研究工作 [10-12]。

1.2.2 最优控制

最优控制是指在给定的约束条件下，寻求一个控制，使给定的系统性能指标达到最大值（或最小值）。为了达到最优控制，19 世纪 50 年代中期，Richard Bellman 等人提出了著名的贝尔曼方程（Bellman Equation）。使用贝尔曼方程解决最优控制问题的过程，被称为动态规划（Dynamic Programming）[13]。除此之外，Bellman 还通过引入马尔可夫决策过程（Markov Decision Process，MDP）[14] 帮助解决离散随机最优控制问题。基于 MDP，策略迭代法（Policy Iteration Method）在 1960 年被 Ronald Howard 提出 [15]。这些概念和模型作为现代强化学习的重要基础元素，它们的提出为强化学习领域的发展夯实了基础。

动态规划作为解决随机最优控制的常用方法，早期的大部分研究实际上并未涉及“学习”过程，只进行离线计算，依据收集的历史数据进行计算，无法进行实时学习。在 Bellman、Dreyfus [16] 和 Witten [17] 等人的研究基础上，Werbos 于 1987 年将动态规划和“学习”过程紧密联合，解释了动态规划和神经认知理解机制之间的内在关系 [18]。1989 年，Chris Watkins 将动态规划和在线学习整合在一起，使得 MDP 模型被广泛使用 [19]。值得强调的是，在后续的动态规划与学习的结合研究中出现了动态规划与人工神经网络的结合，该方法被称作“近似动态规划”，这为后续深度强化学习的发展奠定了一定的基础。

1.2.3 时序差分学习

时序差分的发展与前两条发展路线有着不可分割的联系。时序差分的概念源于动物心理学中的辅助强化剂（Secondary Reinforcers）。辅助强化剂是一种与主要强化剂（Primary Reinforcers）相匹配的刺激物，这两种刺激物拥有类似的强化特性。辅助强化剂与主要强化剂相关联时，才会表现出强化特性。在动物心理学中，主要强化剂一般指那些能满足基本生存的需求品（如食物、水等），次要强化剂（如钱）一般指与某个主要强化剂相关联的强化物。由于主要强化剂只在目标主体处于缺乏状态（如饥饿）时才表现出对应的强化特性，因此，次要强化剂的出现就是为了实现非缺乏状态下的强化过程（例如，钱能换取食物和水，以满足将来的基本生存需求）。时序差分学习就是指在等间隔的连续时间段下，由两个相邻预测值之间的差异所驱动的学习过程。

1954 年，Minsky 首次意识到动物心理学中的辅助强化剂概念对智能学习的重要性 [20]。1959 年，Arthur Samuel 首次在强化学习领域提出并实践了时序差分概念。在此基础上，Klopf、Witten、Sutton 等学者均对时序差分进行了深入的研究。1972 年，Klopf 研究神经生理学时，结合大量试验数据，再次印证了辅助强化剂的重要性，并提出了“广义强化”的概念，即每一个神经元都以强化的方式看待它的所有输入（兴奋性输入是奖励，抑制性输入是惩罚）。“广义强化”的概念可以从单个神经元推广到人的行为学习上。

1976 – 1977 年，Witten 将时序差分规则与最优控制结合，提出了用于解决 MDP 问题的表格型 TD(0) 学习方法 [17]。1978 年，Sutton 基于 Klopf 的研究进一步描述了如何利用连续时间预测值之间的变化驱动学习过程 [21-23]。1981 年，Sutton 设计了著名的 Actor-Critic 结构 [24]，将时序差分和试错学习精巧地结合在了一起。1989 年，Chris Watkins 提出了著名的 Q-Learning [19]。Q-Learning 不仅将时序差分和最优控制进一步完美地结合，同时整合并发展了前面三条发展路线的主要研究工作。

1.2.4 深度强化学习

深度学习作为人工智能第三波浪潮的推动者，其强大的感知能力和大数据处理能力让许多专家和学者为之惊叹。然而，深度学习的感知能力正是强化学习所缺乏的。传统的强化学习一般仅限于处理动作空间和样本空间小且离散的情况，而实际问题往往具有较大的状态空间和连续的动作空间。当输入的数据是图像和声音时，数据的维数也非常高。这些传统强化学习难以处理的情况，恰恰是深度学习擅长处理的。因此，深度强化学习既保留了强化学习的决策能力，也引入了深度学习的感知能力。

2013 年，由 DeepMind 提出的深度 Q-Learning 网络（Deep Q Network, DQN）[25] 在业内产生了极大的反响。DQN 作为深度学习和强化学习相结合的标志性里程碑，为强化学习的研究指明了一个新方向。DQN 是基于值函数的深度强化学习，后续，众多的研究者基于 DQN 设计出各种优化和变形，包括 Double DQN、Dueling DQN 等。

除此之外，基于策略梯度的深度强化学习也是一个重点研究方向。2015 年，加州大学伯克利分校的 John Schulman 在其导师 Pieter Abbeel 的指导下，设计了信任区域策略优化（Trust Region Policy Optimization, TRPO）算法 [26]。同年，David Silver 等人又提出深度确定性策略梯度（Deep Deterministic Policy Gradient, DDPG）算法 [27]，DDPG 将 DQN 和 Actor-Critic 结合在一起，使得深度强化学习对连续动作的控制成为可能。2016 年，David Silver 等人基于 Actor-Critic 机制提出异步优势动作评估（Asynchronous Advantage Actor-critic，A3C）算法 [28]。A3C 作为轻量级的深度强化学习模型，在各类连续动作空间的控制任务上有着不俗的表现。2017 年，John Schulman 基于 TRPO 算法提出了近端策略优化（Proximal Policy Optimization Algorithms, PPO）算法 [29]。

基于搜索和监督的深度强化学习作为另一条分支，诞生了著名的 AlphaGo。AlphaGo 主要结合深度学习算法和蒙特卡洛树搜索（Monte Carlo Tree Search, MCTS）算法 [30]，在围棋上取得了惊人的成绩。

综上所述，深度强化学习将神经网络融入强化学习的体系结构中，使智能体能够在环境中学习可能的最佳行动，以实现其目标。它将函数逼近（Function Approximation）和目标优化结合起来，将状态-动作对映射到期望的奖励，并以此作为行动的评估性反馈，通过迭代，学习最佳策略。

1.3 本书的主要内容

本书旨在详细介绍强化学习的入门基础知识。第 1 章“导论”部分对强化学习的基础概念、术语以及整体框架进行了阐述，帮助读者构建理解强化学习方法论的基础知识。本书由六大部分组成，分别是概述、预备知识、强化学习基础、表格求解法、近似求解法，以及实践与前沿。

1. 概述

该部分包含本书第 1 章的“导论”，主要向读者介绍强化学习的定义与发展历史，帮助读者树立强化学习世界观，为后续章节的阅读提供背景信息和预备知识。

2. 预备知识

该部分主要介绍数学基础知识和机器学习基础知识。强化学习作为机器学习的分支之一，涉及的数学知识包含概率论、随机过程以及统计学，相关的基础概念在第 2 章的“概率统计与随机过程”中介绍。除此之外，机器学习的一些基本概念和算法也是强化学习入门的必备知识，这些内容可在第 3 章的“机器学习”中找到。最后，在第 4 章的“神经网络”和第 5 章的“深度学习”中分别介绍神经网络和深度学习的必备基础知识，这有助于后续掌握强化学习近似求解法。

3. 强化学习基础

该部分首先在第 6 章的“强化学习基础”中介绍了强化学习的基本框架以及几大要素。现实世界中的环境状态和条件复杂多变，马尔可夫决策过程被用于对强化学习过程进行抽象简化。本书涉及的所有强化学习问题研究都是基于这个基本数学框架，具体内容可在第 7 章的“马尔可夫决策过程”中找到。

4. 表格求解法

强化学习方法可分为表格求解法（Tabular Solution Methods）和近似求解法（Approximate Solution Methods）。顾名思义，表格求解法专门用于解决那些状态和行动空间足够小并可以用有限大小的数组和表进行表示的强化学习问题。基于表格求解法，强化学习领域接连出现了几类求解方法，包含著名的动态规划法、蒙特卡洛法、时序差分法，以及异策略时序差分 Q-Learning 算法，对应章节分别是第 8 章的“动态规划法”、第 9 章的“蒙特卡洛法”、第 10 章的“时序差分法”和第 11 章的“异策略学习”。

5. 近似求解法

在现实世界中，很多问题都存在连续的状态或行动空间。为了解决这类问题，强化学习领域出现了通过建立近似函数进行求解的方法。相关章节部分包括第 12 章的“值函数近似法”、第 13 章的“策略梯度法”和第 14 章的“深度强化学习”。

6. 实践与前沿

本书最后增加了实践与前沿部分，以帮助读者深入理解算法原理，了解前沿研究。在第 15 章的“强化学习实践”中，读者可以学习如何利用强化学习工具包 Gym 实践本书所介绍的强化学习算法。本书提供了主要强化学习算法的实现案例，以及对应的可执行代码。所有的可执行代码都可以从这个网址中 `https://github.com/AIOpenData/Reinforcement-Learning-Code` 找到。第 16 章的“强化学习前沿”梳理了强化学习领域最新的研究进展。

下面对本书重点章节进行归类，帮助读者在学习时把握本书的整体架构。强化学习可以按照求解方法分为表格法和近似法，也可以按照有无模型分为有模型强化学习和无模型强化学习。按照这两种分类方式，我们整理了本书的整体框架，如图 1.2 所示。

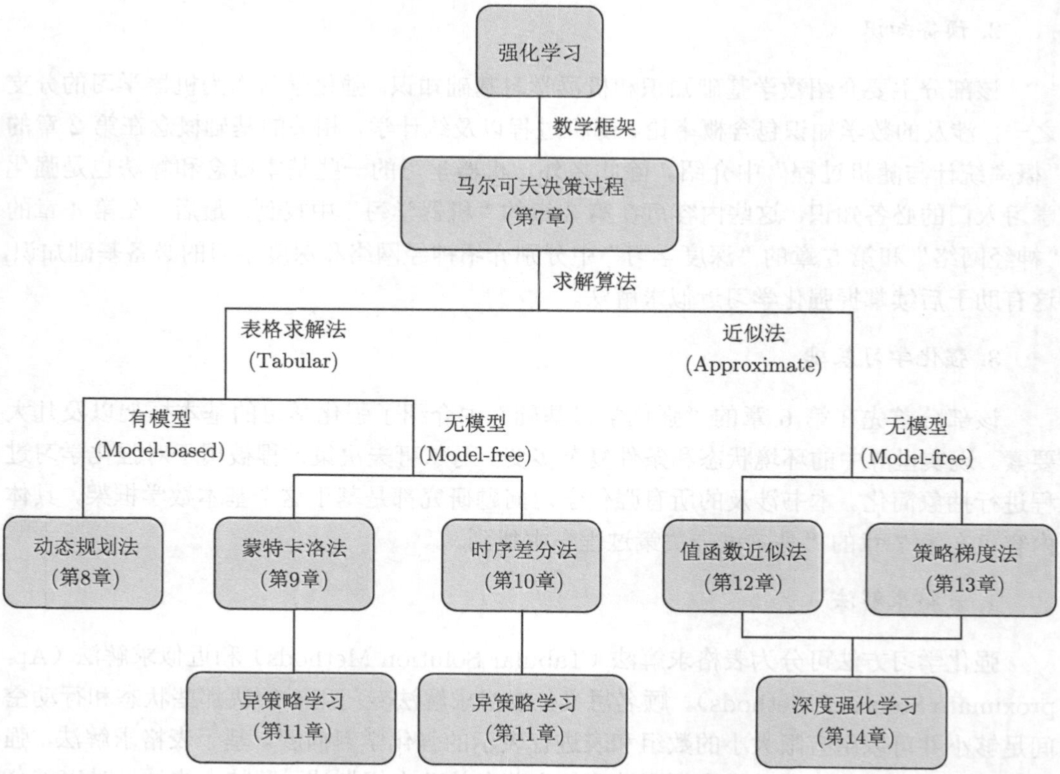

图 1.2　本书的整体架构

1.4　本章小结

本章介绍了强化学习的基础概念、特性和所涉及的问题范围，为后续章节的阅读奠定了基础。此外，本章回顾了强化学习的发展史，包括传统强化学习的发展过程和现代强化学习的发展现状，可以从中了解强化学习的起源及其多个发展分支。最后，本章按照强化学习的两种分类方法，整理了本书重点章节之间的关系，并给出了本书的整体框架图。

II

预备知识

第2章

概率统计与随机过程

学习目标与要求

1. 掌握集合、概率、条件概率及独立事件的基本概念。
2. 掌握随机变量、期望和方差的基本概念。
3. 掌握概率分布的基本概念及常见的概率分布。
4. 掌握随机过程的基本概念。
5. 掌握统计学相关的基本概念。

概率统计与随机过程

强化学习算法的建立过程涉及大量的数学公式推导，需要掌握相关数学知识。本章对概率统计与随机过程中的重点内容进行简要介绍，便于后续的理解和学习，已有相关知识的读者可以跳过本章。

2.1 概率论

2.1.1 集合

集合（Set）：是由一个或多个确定的**元素**（Element）所构成的整体。集合中元素的数目称为集合的基数（Cardinal Number），用于刻画集合的大小。一般地，把含有有限个元素的集合叫作有限集，把含有无限个元素的集合叫作无限集。

全集（Universe）：指包含研究问题中所有元素的集合。在概率论中，全集一般被称为空间（Space）。

子集（Subset）：当有两个集合 A 和 B 时，如果集合 A 中的每一个元素都存在于集合 B 中，那么就称集合 A 为集合 B 的子集，即

$$\text{若 } \forall a \in A\text{，均有 } a \in B\text{，则 } A \subseteq B\text{。}$$

空集（Empty Set）：空集指没有任何元素的集合，记为 $\varnothing$。空集是任何集合的子集，并且也是任何非空集合的真子集。空集虽然不含任何元素，但依然是一个集合。可以把集合想象成一个盒子，元素就是装在里面的物品。在空集的情况下，盒子里是没有任何物品的，但这个盒子还是存在的。

交集（Intersection）：当有两个集合时，若属于集合 A 的元素同时也属于集合 B，那么由这些同属于 A、B 的元素组成的集合就是 A 与 B 的交集，记为 $A\cap B$。A 与 B 交集的文氏图如图 2.1(a) 所示。

$$A\cap B=\{x\mid x\in A\wedge x\in B\} \tag{2.1}$$

并集（Union）：有两个集合 A 和 B，由 A 和 B 的所有元素组成的新集合就是 A 与 B 的并集，记为 $A\cup B$。A 与 B 并集的文氏图如图 2.1(b) 所示。

$$A\cup B=\{x\mid x\in A\vee x\in B\} \tag{2.2}$$

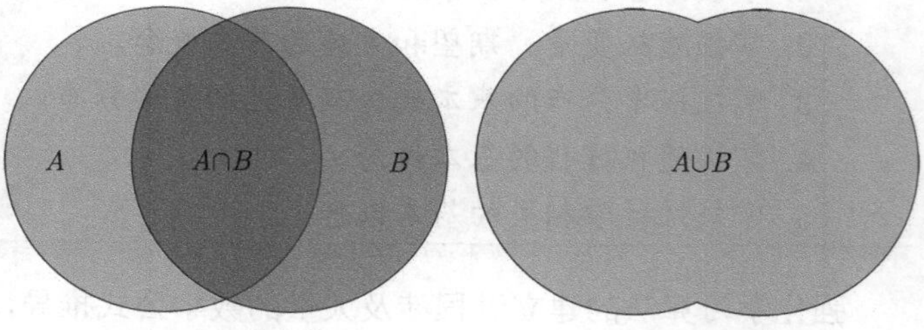

(a) A与B的交集　　(b) A与B的并集

图 2.1　交集与并集

补集（Complement）：补集分为两种，一种是绝对补集，另一种是相对补集。通常，补集一般指绝对补集，且 A 在 B 中的补集要求 A 包含于 B。

相对补集（Relative Complement）：在相对补集中，若 A 和 B 为两个集合，由属于 B 却不属于 A 的元素组成的集合，称为 A 在 B 中的相对补集，通常记为 $B-A$。A 与 B 相对补集的文氏图如图 2.2(a) 所示。

$$B-A=\{x\mid x\in B\wedge x\notin A\} \tag{2.3}$$

或者

$$B-A=\{x\in B,x\notin A\} \tag{2.4}$$

绝对补集（Absolute Complement）：当给定一个全集 U 时，有 $A\subseteq U$，那么 A 在 U 中的相对补集被称为绝对补集。A 与 C 的绝对补集记为 A^C，其表达式为

$$A^C=\{x\in U,x\notin A\} \tag{2.5}$$

A 与 C 的绝对补集 A^C 的文氏图如图 2.2(b) 所示。

互斥（Mutually Exclusive）：有两个集合 A 和 B，若集合 A 和集合 B 没有任何共同元素，则 A 与 B 不相交，记为 $A\cap B=\varnothing$，此时称这两个集合互斥，也可称为**不相交（Disjoint）**。A 与 B 互斥的文氏图如图 2.3 所示。

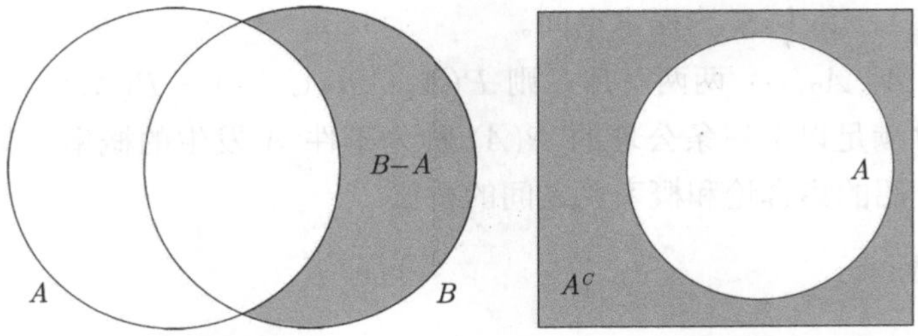

(a) A与B的相对补集　　(b) A与C的绝对补集

图 2.2　相对补集与绝对补集

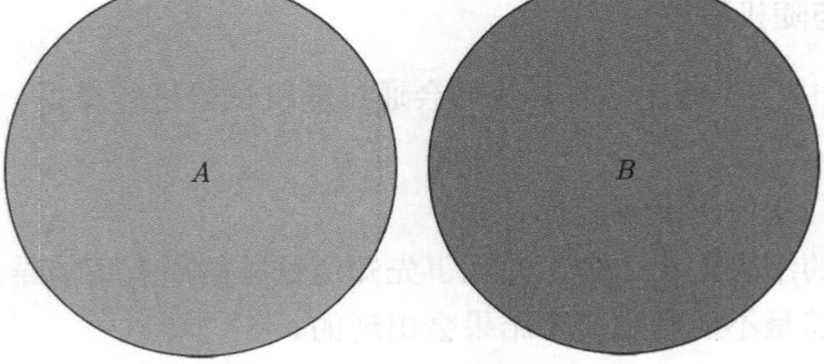

图 2.3　A 与 B 互斥/不相交

2.1.2　概率

世间大多数事情都不是确定的（Deterministic），具有随机性（Random）。明天是否会下雨？买彩票是否会中奖？这些不确定的事件都涉及概率的相关概念。

概率（Probability）：概率是对一个事件发生的可能性的数值描述。

常用 $P(\,)$ 或 $P\{\,\}$ 表示概率。当事件由字母表示时，一般用 $P(\,)$ 表示该事件发生的概率；当事件由关系式表示时，一般用 $P\{\,\}$ 表示该事件发生的概率。为了计算事件的概率，一般用函数形式给出每个取值发生的概率。其中，概率函数的自变量是事件，因变量则是事件的概率，取值范围为 $[0,1]$。综上，概率可以被看作一种映射，属于一个映射函数[①]。

与概率紧密相关的概念还有概率模型。

概率模型：概率模型是随机现象的数学表示，它由样本空间、样本空间内的事件，以及与每个事件[②]相关的概率所定义。

为了将概率论建立在严格的公理基础上，概率的三条公理被提出并用于验证一个概率模型是否规范和合理。

1. 概率的三条公理

(1) 对任意事件 A，$0 \leqslant P(A) \leqslant 1$。

① 映射函数 $y=f(x)$，x 是自变量（Independent Variable），y 是因变量（Dependent Variable）。

② 样本空间、事件的定义在后续的内容中会介绍到。

(2) $P(S)=1$，其中 S 为样本空间。

(3) 设事件 $A_1, A_2, \cdots$ 两两互斥，则 $P(A_1 \cup A_2 \cup \cdots) = P(A_1) + P(A_2) + \cdots$。

通常把同时满足以上三条公理的 $P(A)$ 称为事件 A 发生的概率。其中公理 (3) 搭起了前面小节介绍的集合论和概率论之间的桥梁。

2. 概率性质

(1) $P(\varnothing)=0$。

(2) $P(A)=1-P(A^C)$。

(3) $P(A\cup B)=P(A)+P(B)-P(A\cap B)$。

2.1.3 随机试验与随机事件

为了研究生活中的不确定事件，我们会通过随机试验进行模拟。随机试验一般有以下三个特征：

(1) 可以在相同条件下重复进行。

(2) 每次试验的结果不止一个，并且事先知道试验的所有可能结果。

(3) 每次试验前是不能确定哪个结果会出现的。

除了随机试验的以上特征，还需要了解一些与随机试验相关的术语。

试验（Experiment）：在任何真实或假设的过程中，这个过程的结果（Outcome）若可以被预测到，那么便可以称其为试验。

样本空间（Sample Space）：随机试验所有可能结果的集合称为试验的样本空间。

事件（Event）：事件是对试验结果的描述，是试验结果的集合。更准确地，一个事件就是样本空间的一个子集。

事件空间（Event Space）：指包含所有事件的集合。根据事件的定义，事件空间的大小等于样本空间所有子集的个数。若样本空间 S 中包含 n 个结果，则事件空间的大小为 2^n。

为了更好地理解随机试验中的样本空间和事件空间，先看一个掷骰子的例子。

例 2.1 在掷骰子试验中，样本空间记为 $S=\{o_1,o_2,o_3,o_4,o_5,o_6\}$，请问相应的事件空间大小是多少？

解 事件空间的大小等于样本空间所有子集的个数，求样本空间的子集个数 N 时，集合中的元素 o_i 有两种状态：包含，不包含则 $N=2\times2\times2\times2\times2\times2$，即答案为 2^6。

2.1.4 条件概率与独立事件

条件概率研究的是一个事件的发生受另一个事件的影响情况，其定义如下。

条件概率（Conditional Probability）：设 A、B 是两个事件，且事件 A 发生的概率不为 0，即 $P(A)>0$，那么称

$$P(B|A)=\frac{P(AB)}{P(A)} \tag{2.6}$$

为在事件 A 发生的条件下，事件 B 发生的条件概率。

与条件概率不同，独立事件研究的是两个发生与否互不影响的事件。对于两个事件 A 和 B，有如下定义。

独立事件（Independent Events）：若事件 A 和事件 B 满足

$$P(AB) = P(A)P(B) \tag{2.7}$$

则称事件 A 和 B 是独立的。

根据定义，可以看到独立事件的发生是互不影响的。设两个事件 A、B 是独立的，根据独立事件的定义，有

$$P(AB) = P(A)P(B) \tag{2.8}$$

假设事件 A 发生的概率不为 0，那么根据条件概率的定义，有

$$P(B|A) = \frac{P(AB)}{P(A)} = \frac{P(A)P(B)}{P(A)} \tag{2.9}$$

因而可以得到：

$$P(B|A) = P(B) \tag{2.10}$$

显然，事件 A 的发生与否不会影响到事件 B 的发生，这就是独立事件的意义所在。

接下来介绍全概率公式。假设事件 $B_1, B_2, \cdots, B_n$ 两两互斥，且 $B_1 \cup B_2 \cup \cdots \cup B_n = S$，其中 S 为样本空间，则对 S 中的任意事件 A，有

$$A = AB_1 \cap AB_2 \cap \cdots \cup AB_n \tag{2.11}$$

事件 $B_1, B_2, \cdots, B_n$ 两两互斥，则 $AB_1, AB_2, \cdots, AB_n$ 也两两互斥，因而有

$$P(A) = P(AB_1 \cap AB_2 \cap \cdots \cup AB_n) = P(AB_1) + P(AB_2) + \cdots + P(AB_n) \tag{2.12}$$

再根据条件概率的定义，可以得到

$$P(A) = P(A|B_1)P(B_1) + P(A|B_2)P(B_2) + \cdots + P(A|B_n)P(B_n) \tag{2.13}$$

这就是全概率公式。下面给出全概率公式的严谨定义。

全概率公式（Law of total probability）：若事件 $B_1, B_2, \cdots, B_n$ 两两互斥，且 $B_1 \cup B_2 \cup \cdots \cup B_n = S$，其中 S 为样本空间，则对 S 中的任意事件 A，有

$$P(A) = \sum_{j=1}^{n} P(A|B_j)P(B_j) \tag{2.14}$$

在条件概率定义的基础上，通过引入全概率公式可以得到贝叶斯定理。

贝叶斯定理（Bayes' Theorem）：若事件 $B_1, B_2, \cdots, B_n$ 两两互斥，且 $B_1 \cup B_2 \cup \cdots \cup B_n = S$，其中 S 为样本空间，则对 S 中的任意事件 A，有

$$P(B_i|A) = \frac{P(A|B_i)P(B_I)}{\sum\limits_{j=1}^{n} P(A|B_j)P(B_j)}, \quad i = 1, 2, \cdots, n \tag{2.15}$$

其中，事件 $A, B_1, B_2, \cdots, B_n$ 发生的概率均不为 0。

2.1.5 随机变量

随机变量（Random Variable，RV）是试验结果的数字化表示。随机变量一般用大写英文字母表示。随机变量的本质是一个函数映射，试验样本空间 Ω 作为自变量，输出的实数集合 R 作为因变量。因此，随机变量的数学表示为 $X:\Omega\rightarrow R$。

随机变量可以分为：

(1) **离散随机变量**（Discrete Random Variable），取值为有限个或可列无穷多个。

(2) **连续随机变量**（Continuous Random Variable），取值为不可列无穷多个。

2.1.6 期望与方差

1. 数学期望

数学期望（Expectation），简称期望，也可称为“均值”，是随机变量所有可能取值的概率加权平均。简单来讲，数学期望就是用概率对未知的事件进行预估。例如，现在有一个游戏，通过掷骰子获得分数，得到哪个数字就能获得这个数字对应的分数。现在我们想知道这个游戏的期望分数，所以将掷骰子获得的点数设为随机变量 $X\in\{1,2,3,4,5,6\}$，并给每个事件 $X=x$ 设定一个取值概率，$P\{X=x\}=\dfrac{1}{6}, x\in\{1,2,3,4,5,6\}$，那么，随机变量 X 的期望 $E(X)$ 就是每一个可能取值与相应概率乘积的总和，

$$E(X)=\sum_{x=1}^{6}xP\{X=x\}=1\times\frac{1}{6}+2\times\frac{1}{6}+3\times\frac{1}{6}+4\times\frac{1}{6}+5\times\frac{1}{6}+6\times\frac{1}{6}=3.5$$

1) 离散随机变量期望

设离散随机变量 X 的分布律为

$$P\left\{X=x_k\right\}=p_k,\ k=1,2,\cdots,n,\ n\rightarrow\infty \tag{2.16}$$

若级数

$$\sum_{k=1}^{n}x_kp_k \tag{2.17}$$

绝对收敛，则称其为离散随机变量 X 的**数学期望**，记为 $E(X)$，即

$$E\left(X\right)=\sum_{k=1}^{\infty}x_kp_k \tag{2.18}$$

2) 连续随机变量期望

设连续随机变量 X 的分布律为 $f\left(x\right)$，若积分

$$\int_{-\infty}^{\infty}xf\left(x\right)\mathrm{d}x \tag{2.19}$$

绝对收敛，则积分 $\int_{-\infty}^{\infty}xf\left(x\right)\mathrm{d}x$ 的值为连续随机变量 X 的**数学期望**，记为 $E(X)$，即

$$E\left(X\right)=\int_{-\infty}^{\infty}xf\left(x\right)\mathrm{d}x \tag{2.20}$$

随机变量 X 的概率分布决定了数学期望 $E(X)$。

2. *数学方差*

方差（Variance）是对随机变量离散程度的度量。在数学期望中，我们会得到一个期望的值，但这个值是根据多个随机变量计算出来的。例如，在 10 个随机变量中，期望 $E(X)=1200$，但这些随机变量的组成可以是 5 个 1199 和 5 个 1201，也可以是 5 个 700 和 5 个 1700。若想对这些随机变量的离散程度进行判断，必须用到方差。在概率论中，方差用来度量随机变量与其数学期望（即均值）之间的偏离程度。为方便计算，通常用 $E\left\{[X-E(X)]^2\right\}$ 度量随机变量 X 与其期望 $E(X)$ 之间的偏离程度。

设 X 是一个随机变量，若 $E\left\{[X-E(X)]^2\right\}$ 存在，则称 $E\left\{[X-E(X)]^2\right\}$ 为 X 的**方差**，记为 $D(X)$ 或 $\mathrm{Var}(X)$，即

$$D(X)=\mathrm{Var}(X)=E\left\{[X-E(X)]^2\right\} \tag{2.21}$$

在应用上还引入量 $\sqrt{D(X)}$，记为 $\sigma(X)$，称为**标准差**或**均方差**。

当 $D(X)$ 数值较小时，意味着 X 的取值集中，取值范围接近期望 $E(X)$。而当 $D(X)$ 数值较大时，意味着 X 的取值相对分散，取值范围远离期望 $E(X)$。因此，方差 $D(X)$ 常作为一种测量手段用来评判 X 的取值分散程度。

随机变量 X 的方差计算公式为

$$D(X)=E\left(X^2\right)-[E(X)]^2 \tag{2.22}$$

数学方差的计算公式可以依据数学期望的性质推导得到，推导过程可选读。

$$\begin{aligned}D(X)&=E\left\{[X-E(X)]^2\right\}=E\left\{X^2-2XE(X)+[E(X)]^2\right\}\\&=E\left(X^2\right)-2E(X)E(X)+E(X)^2\\&=E\left(X^2\right)-[E(X)]^2\end{aligned} \tag{2.23}$$

2.1.7　概率分布

在概率论中，**概率分布**（Probability Distribution）是一个函数，描述了随机变量所有可能取值的相应概率。也就是说，随机变量的取值由其概率分布决定。

根据随机变量的取值类型，概率分布可以分为以下两类。

(1) 离散概率分布（Discrete Probability Distribution），描述了离散随机变量的概率分布。

(2) 连续概率分布（Continuous Probability Distribution），描述了连续随机变量的概率分布。

离散概率分布由**概率质量函数**（Probability Mass Function, PMF）进行刻画。概率质量函数的值即离散随机变量在各特定取值上的概率。下面是 PMF 的数学定义。

随机变量 $X=x$ 的概率为

$$f_X(x)=\begin{cases}P(X=x), & x\in S\\ 0, & x\notin S\end{cases} \tag{2.24}$$

其中，X 表示随机变量，$x\in S$ 表示随机变量 X 的某一个具体取值。此处我们在整个实数空间上对 PMF 进行了定义，包含 X 不可能的实数取值集合。

连续概率分布由**概率密度函数**（Probability Density Function, PDF）进行刻画。概率密度函数本身的值表示一个连续随机变量在某个特定取值点附近的可能性，而不是概率。只有对连续随机变量的概率密度函数在某区间内进行积分后才是概率。下面是概率密度函数的数学定义。

对于一维的实随机变量 X，设它的累积分布函数为 $F_X(x)$，若存在可测函数 $f_X(x)$，且同时满足

$$F_X(x)=\int_{-\infty}^{x} f_X(t)\,\mathrm{d}t \tag{2.25}$$

则 X 是一个连续型随机变量，并且 $f_X(x)$ 是它的概率密度函数。

累积分布函数（Cumulative Distribution Function, CDF）作为一个表示随机变量概率分布的函数，其数学定义为

$$F_X(x)=P(X\leqslant x)$$

该定义既适用于连续随机变量，也适用于离散随机变量。当随机变量 X 是离散分布的时，累积分布函数为随机变量所有小于或等于 x 的值出现的概率和。

当需要计算随机变量 X 的取值落在区间 $(a,\ b]$ 内的概率时，有

$$P(a<X\leqslant b)=F_X(b)-F_X(a)$$

综上所述，累积分布函数求导后为概率密度函数，概率密度函数积分后会得到累积分布函数。

下面介绍常见的概率分布。

1. 伯努利分布（Bernoulli Distribution）

伯努利试验是一种单次随机试验，其试验结果只有两种，A 或 $\bar{A}$（为了方便，也亦可记为 0 或 1）。例如，在抛硬币试验中，可以得到硬币落地后是正面或反面的试验结果。当有随机变量 X 时，

$$P[X=1]=p \tag{2.26}$$

$$P[X=0]=1-p \tag{2.27}$$

当把一个伯努利试验反复独立进行 n 次，则称这一反复的试验为 n 重伯努利试验。

作为一种离散分布，每当进行一次伯努利试验时，其成功时 $(X=1)$ 概率为 $P(0<P<1)$, 失败时 $(X=0)$ 概率为 $1-p$，那么这个随机变量 X 便服从伯努利分布，其概率质量函数为

$$f(x)=p^{x}(1-p)^{1-x}=\begin{cases}p, & x=1\\ 1-p, & x=0\\ 0, & \text{其他}\end{cases} \tag{2.28}$$

2. 二项分布（Binomial Distribution）

二项分布是描述 n 重伯努利试验成功次数的离散分布。当有一个 n 重伯努利试验时，其试验成功概率为 p，失败概率为 $1-p$，那么其试验成功次数 X 的概率分布即为此试验的二项分布。

若一个随机变量 x 是离散分布的，那么其二项分布将包含参数 n 和 p，并且其概率质量函数为

$$f(x\mid n,p)=\begin{cases}\dbinom{n}{x}p^{x}(1-p)^{n-x}, & x=0,1,2,\cdots,n\\ 0, & \text{其他}\end{cases} \tag{2.29}$$

在此函数中，n 必须为正整数，p 的取值范围必须是 $0\leqslant p\leqslant 1$。

3. 离散均匀分布（Discrete Uniform Distribution）

若随机变量 X 有 n 个不同的取值，且具有相同的概率，则称其为离散均匀分布。

设随机变量 X 的取值范围为 $1,2,\cdots,n$，如果其概率质量函数为

$$f(x)=\frac{1}{n},\ x=1,2,\cdots,n \tag{2.30}$$

则称此概率分布为离散均匀分布。

4. 几何分布（Geometric Distribution）

基于 n 重伯努利试验，当需要进行 $k-1$ 次失败试验才能在第 k 次得到第一个成功试验时，几何分布为第 k 次成功的概率。在重复进行伯努利试验时，每次试验发生事件 B 的概率为 p，试验一共进行了 X 次才发生事件 B 并终止。此阶段，X 的分布律为

$$P(X=k)=(1-p)^{k-1}p,\quad k=1,2,\cdots,n \tag{2.31}$$

通常称具有这种分布律的随机变量 X 服从参数 p 的几何分布。

5. 泊松分布（Poisson Distribution）

当 $\lambda>0$ 时，若设随机变量 X 的取值范围为 $0,1,2,\cdots,n$，其概率质量函数为

$$P(X=k)=\frac{\lambda^{k}}{k!}\mathrm{e}^{-\lambda},\quad k=0,1,2,\cdots,n \tag{2.32}$$

则称 X 为服从参数为 λ 的柏松分布，记为 $X\sim\pi(\lambda)$。

6. 连续均匀分布（Continuous Uniform Distribution）

当一个连续型随机变量 x 具有概率密度

$$f(x)=\begin{cases}\dfrac{1}{b-a}, & a<x<b\\ 0, & \text{其他}\end{cases} \tag{2.33}$$

则称当 X 的取值范围在 $(a,\ b)$ 区间上服从均匀分布，记为 $X\sim U(a,b)$，其概率分布函数为

$$F(X)=\begin{cases}0, & x<a\\ \dfrac{x-a}{b-a}, & a\leqslant x<b\\ 1, & x\geqslant b\end{cases} \tag{2.34}$$

7. 指数分布（Exponential Distribution）

当一个连续型随机变量 x 具有概率密度

$$f(x)=\begin{cases}\dfrac{1}{\theta}\mathrm{e}^{-\frac{x}{\theta}}, & x>0\\ 0, & \text{其他}\end{cases} \tag{2.35}$$

若 $\theta>0$ 为常数，那么 x 便是服从参数 θ 的指数分布。随机变量 X 的概率分布函数为

$$F(x)=\begin{cases}1-\mathrm{e}^{-\frac{x}{\theta}}, & x>0\\ 0, & \text{其他}\end{cases} \tag{2.36}$$

下面介绍条件概率分布。

设一个二维离散型随机变量为 (x,y)，其分布律为

$$P\{X=x_i,Y=y_j\}=p_{ij},\quad i,j=1,2,\cdots,\infty \tag{2.37}$$

(X,Y) 关于 X 的边缘分布律为

$$P\{X=x_i\}=p_i=\sum_{j=1}^{\infty}p_{ij},\quad i=1,2,\cdots,\infty \tag{2.38}$$

(X,Y) 关于 Y 的边缘分布律为

$$P\{Y=y_j\}=p_j=\sum_{i=1}^{\infty}p_{ij},\quad j=1,2,\cdots,\infty \tag{2.39}$$

假设 $p_j>0$，我们想要知道基于已发生事件 $\{Y=y_j\}$, 发生事件 $\{X=x_i\}$ 的概率，也就是求事件

$$\{X=x_i\mid Y=y_j\},\quad i,j=1,2,\cdots,\infty \tag{2.40}$$

的概率，那么我们可以得到概率公式为

$$P\{X=x_i \mid Y=y_j\}=\frac{P\{X=x_i\,,Y=y_j\}}{P\{Y=y_j\}}=\frac{p_{ij}}{p_j},\quad i=1,2,\cdots,\infty \tag{2.41}$$

该概率公式具有以下性质：

(1) $P\{X=x_i \mid Y=y_j\}\geqslant 0$。

(2) $\sum\limits_{i=1}^{\infty} P\{X=x_i \mid Y=y_j\}=1$。

下面给出二维离散随机变量的条件分布律定义。

集合（Set）：设有二维离散型随机变量 (x,y)，对于固定的 j，如果 $P(Y=y_j)>0$，那么

$$P\{X=x_i \mid Y=y_j\}=\frac{P\{X=x_i\,,Y=y_j\}}{P\{Y=y_j\}}=\frac{p_{ij}}{p_j},\quad i=1,2,\cdots,\infty \tag{2.42}$$

这就是在 $Y=y_j$ 的条件下，随机变量 X 的条件分布律。

同理，对于固定的 i，如果 $P\{X=x_i\}>0$，则称

$$P\{Y=y_j \mid X=x_i\}=\frac{P\{X=x_i\,,Y=y_j\}}{P\{X=x_i\}}=\frac{p_{ij}}{p_i},\quad j=1,2,\cdots,\infty \tag{2.43}$$

为在 $X=x_i$ 的条件下，随机变量 Y 的条件分布律。

2.2　统计学基础

前面提到，概率模型是随机现象的数学表示，它由样本空间、样本空间内的事件以及每个事件的概率所定义。**统计**[①]则是指通过大量试验来建立概率模型的过程。

2.2.1　大数定律

当进行一项试验时，随着试验次数 n 的增长，随机事件 A 的发生频率 $f_n(A)$ 总会呈现出一种稳定的状态，通常稳定于某一常数附近，概率的稳定性是概率定义的客观基础。大数定律有很多种，这里将对主要定理进行介绍。

1. 弱大数定律（辛钦大数定律）

设一独立同分布的随机变量序列 $\{X_i, i\geqslant 1\}$，当 $X_i\ (i=1,2,\cdots,n)$ 的数学期望 $E(X_i)=\mu$ 存在时，那么 X_i 服从大数定律。当前 n 个数学均值 $\frac{1}{n}\sum\limits_{i=1}^{n} X_i$，任意 $\varepsilon=0$ 时，其公式有

$$\lim_{n\to\infty} P\left\{\left|\frac{1}{n}\sum_{i=1}^{n} X_i-\mu\right|<\varepsilon\right\}=1 \tag{2.44}$$

由公式 (2.44) 可知，当 n 的大小趋向于正无限时，事件发生的概率将呈现接近 1 的趋势（几乎必定发生）。也就是说，当 n 无限大时，对任意正数 ε，不等式 $\left|\frac{1}{n}\sum\limits_{i=1}^{n} X_i-\mu\right|<\varepsilon$

① 例如，在统计机器学习中，关键步骤是学习模型的相关参数。

成立的概率将会非常大。如果独立分布的随机变量都具有期望均值 μ，那么算术平均 $\frac{1}{n}\sum_{i=1}^{n}X_i$ 在 n 很大时将很有可能接近 μ。

设随机变量序列 $Z_1, Z_2, \cdots, Z_n$，a 为常数，对于任意正数 ε，有

$$\lim_{n\to\infty} P\{|Z_n - a| < \varepsilon\} = 1 \tag{2.45}$$

则称序列 $Z_1, Z_2, \cdots, Z_n$ 依照概率 P 收敛于 a，标记为

$$Z_n \xrightarrow{P} a \tag{2.46}$$

其概率收敛性质如下：设 $X_n \xrightarrow{P} a, Z_n \xrightarrow{P} b$，再设函数 $g(x, z)$ 在点 (a, b) 连续，则

$$g(X_n, Z_n) \xrightarrow{P} g(a, b) \tag{2.47}$$

因此，上述定理也可描述为：设相互独立的随机变量 $X_1, X_2, \cdots, X_n$，且都服从同一分布，并具有数学期望 $E(X_i) = \mu\ (i = 1, 2, \cdots)$，则序列 $\overline{X} = \frac{1}{n}\sum_{i=1}^{n}X_i$ 按照概率 P 收敛于 μ，即 $\overline{X} \xrightarrow{P} \mu$。

2. 伯努利大数定律

设 f_A 为 n 重伯努利试验中事件 A 发生的次数，p 为试验中事件 A 每次发生的概率，则在任意正数 $\varepsilon > 0$，有

$$\lim_{n\to\infty} P\left\{\left|\frac{f_A}{n} - p\right| < \varepsilon\right\} = 1 \tag{2.48}$$

或

$$\lim_{n\to\infty} P\left\{\left|\frac{f_A}{n} - p\right| \geqslant \varepsilon\right\} = 0 \tag{2.49}$$

由公式结果得知，在任意 $\varepsilon > 0$，独立试验的重复次数 n 向无限大的方向发展时，事件 $\left|\frac{f_A}{n} - p\right| \geqslant \varepsilon$ 就是一个小概率事件，可推断这一事件是几乎不可能发生的，设 f_A 为 n 重伯努利试验中事件 A 发生的次数，p 为单次试验中事件 A 发生的概率，当 n 趋向于无限大时，事件 $\left|\frac{f_A}{n} - p\right| < \varepsilon$ 发生的概率会无限大。频率稳定性的真正含义是，当试验次数很大时，事件频率即可替代事件概率。

2.2.2 中心极限定理

在一定条件下，随机变量是在大量相互独立的随机因素综合影响下形成的，而个别因素在这个变量总体上起的作用是微小的。所以，我们发现随机变量往往服从正态分布，这就是中心极限定理的基本背景。

对于中心极限定理，我们可以将其理解为有一个随机分布的总体，从中抽取 m 组样本，一共抽取 n 次，计算出每组的均值，这些均值将会呈现正态分布。

举一个例子，假设要调查全国人口的平均退休年龄。我们不可能对每一个人进行调查，可以从中随机选取 30 000 人，再把这 30 000 人随机分成 10 000 组。我们把每一组的均值计算出来，通过极限中心定理，知道这些均值一定会服从正态分布，并且数组的数量越大，其准确率越高。把每组的均值加起来再算出其均值，便可得到一个相对准确的全国人口的平均退休年龄的估值。

下面介绍主要的三个中心极限定理。

1. 独立同分布的中心极限定理

设随机变量 $X_1, X_2, \cdots, X_n$ 独立同分布，且具有期望 $E(X_k) = \mu$ 和方差 $D(X_k) = \sigma^2 > 0\ (k = 1, 2, \cdots)$，则对于任意实数 X，有

$$\lim_{n\to\infty} P\left(\frac{\sum\limits_{k=1}^{n} X_k - n\mu}{\sqrt{n}\sigma} \leqslant x\right) = \frac{1}{\sqrt{2\pi}}\int_{-\infty}^{x} \mathrm{e}^{-\frac{t^2}{2}}\mathrm{d}t = \varPhi(x) \tag{2.50}$$

Y_n 为随机变量之和 $\sum\limits_{k=1}^{n} X_k$ 的标准化变量，$Y_n = \dfrac{\sum\limits_{k=1}^{n} X_k - n\mu}{\sqrt{n}\sigma}$，并且当均值为 μ，方差 $\sigma^2 > 0$，且 n 足够大时，有

$$\frac{\sum\limits_{k=1}^{n} X_k - n\mu}{\sqrt{n}\sigma} \sim N(0,1) \tag{2.51}$$

在通常条件下，想求出 n 个随机变量之和 $\sum\limits_{k=1}^{n} X_k$ 的分布函数是很不现实的。公式 (2.51) 表明，在 n 充分大时，是可以用 $\varPhi(x)$ 得出其近似分布的。由此，我们便可以使用正态分布的随机变量之和来进行理论分析或真实计算。

公式 (2.51) 左端的分子、分母同时除以 n，可以得到 $\dfrac{\frac{1}{n}\sum\limits_{k=1}^{n} X_k - \mu}{\frac{\sigma}{\sqrt{n}}} = \dfrac{\overline{X} - \mu}{\frac{\sigma}{\sqrt{n}}}$。当 n 充分大时，有

$$\frac{\overline{X} - \mu}{\frac{\sigma}{\sqrt{n}}} \sim N(0,1),\ \overline{X} \sim N\left(\mu, \frac{\sigma^2}{n}\right) \tag{2.52}$$

此公式为独立同分布中心极限定理结果的另一种形式。

当均值为 μ，方差 $\sigma^2 > 0$ 时，其独立同分布的随机变量 $X_1, X_2, \cdots, X_n$ 的算术均

值 $\bar{X}$ 等同于 $\frac{1}{n}\sum_{k=1}^{n}X_k$。

当 n 足够大时，将会极为接近地服从均值为 μ，方差为 $\frac{\sigma^2}{n}$ 的正态分布，得到的结果可以作为大样本统计的推断基础。

2. 李雅普诺夫定理

假设有相互独立的随机变量 $X_1, X_2, \cdots, X_n, \cdots$，在 $k=1,2,\cdots$ 时，有数学期望 $E(X_k)=\mu_k$ 和方差 $D(X_k)=\sigma_k^2>0$，我们将其记为

$$B_\pi^2=\sum_{k=1}^{n}\sigma_k^2 \tag{2.53}$$

如果存在正数 δ，那么在 n 趋向于正无限时 $(n\to\infty)$，有

$$\frac{1}{B_n^{2+\delta}}\sum_{k=1}^{n}E\left\{|X_k-\mu_k|^{2+\delta}\right\}\to 0 \tag{2.54}$$

那么，其随机变量之和 $\sum_{k=1}^{n}X_k$ 的标准化变量是

$$Z_n=\frac{\sum_{k=1}^{n}X_k-E\left(\sum_{k=1}^{n}X_k\right)}{\sqrt{D\left(\sum_{k=1}^{n}X_k\right)}}=\frac{\sum_{k=1}^{n}X_k-\sum_{k=1}^{n}\mu_k}{B_n} \tag{2.55}$$

此标准化变量的分布函数 $F_n(x)$ 在任意 x 的情况下，都满足

$$\lim_{n\to\infty}F_n(x)=\lim_{n\to\infty}P\left\{\frac{\sum_{k=1}^{n}X_k-\sum_{k=1}^{n}\mu_k}{B_n}\leqslant x\right\} \tag{2.56}$$

$$=\int_{-\infty}^{x}\frac{1}{\sqrt{2\pi}}\mathrm{e}^{-\frac{t^2}{2}}\mathrm{d}t=\varPhi(x) \tag{2.57}$$

通过上述定理中的内容，在同等条件下，随机变量

$$Z_n=\frac{\sum_{k=1}^{n}X_k-\sum_{k=1}^{n}\mu_k}{B_n} \tag{2.58}$$

在 n 趋向于正无限时，近似地服从正态分布 $N(0,1)$。由此可知，在 n 变得很大时，有

$$\sum_{k=1}^{n}X_k=B_nZ_n+\sum_{k=1}^{n}\mu_k \tag{2.59}$$

近似地服从以下正态分布。

$$N\left(\sum_{k=1}^{n}\mu_k, B_n^2\right) \tag{2.60}$$

也就是说，不管随机变量 X_k $(k=1,2,\cdots)$ 服从哪一种分布，只要满足此定理的条件，当 n 趋向于无限大时，随机变量之和 $\sum\limits_{k=1}^{n} X_k$ 就会近似地服从正态分布。

在诸多问题中，涉及的随机变量可以用许多个独立的随机变量之和来表现。例如，一个城市在任意时间段的总车流量是大量路口的监控观测的数量总和，又或是物理试验的测量数据的误差是由许多不可视的、可叠加的微小误差所组成的，它们通常都近似地服从正态分布。

3. 棣莫弗-拉普拉斯

设随机变量 $\eta_n\,(n=1,2,\cdots)$ 在参数是 n, p $(0<p<1)$ 的条件下服从二项分布，那么在任意 x 的情况下，有

$$\lim_{n\to\infty} P\left\{\frac{\eta_n - np}{\sqrt{np(1-p)}} \leqslant x\right\} = \int_{-\infty}^{x} \frac{1}{\sqrt{2\pi}}\mathrm{e}^{-\frac{t^2}{2}}\mathrm{d}t = \varPhi(x) \tag{2.61}$$

此定理表明，正态分布是作为一种二项分布的极限分布存在的。当 n 趋向于正无限时，可以用公式 (2.61) 计算出二项分布的概率。

2.3 随机过程

2.3.1 基本概念

回顾概率论的相关知识，随机变量是将随机试验结果映射为数值的函数，随机变量的数学表示为 $X:\Omega\to R$，其中，Ω 为试验样本空间，R 为实数集合。初等概率论的主要研究对象是一个或有限个相互独立的随机变量，一般称一组有限个相互独立的随机变量为随机序列。在现实生活中，我们需要了解一些随机现象的变化过程，这就涉及随机过程的相关知识。

什么是随机过程？如何直观地理解随机过程？

随机过程可简单地理解为，随时间变化的随机变量，其取值随时间而变化。例如，某商店在某一时间接待的顾客人数是随机变量 X，在不同的时间 t，$X(t)$ 的取值不同，这里的 $X(t)$ 就是一个随机过程。当给定一个具体时间 t_0 时，随机过程 $X(t)$ 就退化为一个随机变量。也就是说，以时间 t 为自变量的随机函数 $X(t)$ 就是随机过程，随机过程的数学表示为 $\{X(t), t\in T\}$。

理解了随机过程的本质后，下面准确地给出随机过程的数学定义。

随机过程：给定概率空间 $(\Omega,\mathcal{F},P)$[①]和实数参数集 T，对任意一个给定的 $t\in T$，

① 概率空间 $(\Omega,\mathcal{F},P)$ 是一个总测度为 1 的测度空间，即 $P(\Omega)=1$，其中 Ω 为样本空间，事件空间 $\mathcal{F}$ 是样本空间 Ω 的幂集的一个子集，P 为概率。

$X(t,\omega)$ 是定义在概率空间 $(\Omega,\mathcal{F},P)$ 上的随机变量，则称随机变量族 $\{X(t,\omega),t\in T,\omega\in\Omega\}$ 是 $(\Omega,\mathcal{F},P)$ 上的一个随机过程，一般简记为 $\{X(t),t\in T\}$。

在实际应用中，实数参数集 T 通常为时间。下面统一将参数 t 称为时间。

从随机过程的数学定义可以看出，随机过程 $X(t,\omega)$ 是两个变量时间 t 和状态 ω 的函数；若固定时间 $t_0\in T$，则 $X(t_0,\omega)$ 就是一个定义在概率空间 $(\Omega,\mathcal{F},P)$ 上的随机变量；若固定状态 $\omega_0\in\Omega$，则 $X(t,\omega_0)$ 就是一个关于参数 $t\in T$ 的函数，通常被称为**样本函数（Sample Function）**。

简单地说，随机过程是时间和状态这两个变量的函数；给定一个时间，随机过程就是一个随机变量；给定一个状态，随机过程就是一个样本函数。

下面通过一个例子，加深对随机过程的理解。

给定随机过程 $X(t,\omega)=\omega\sin t$，其中 $t\in[0,10]$，$\omega\in\{1,2,3\}$。如图 2.4(a) 所示，随机过程 $X(t,\omega)$ 由三个样本函数 $\sin t$、$2\sin t$ 和 $3\sin t$ 组成。

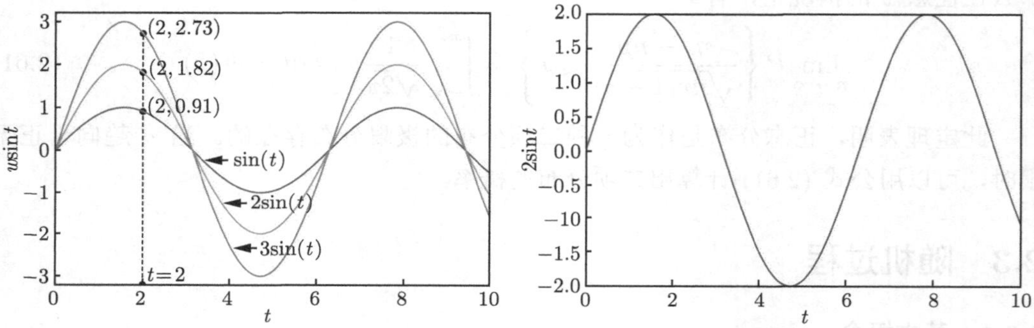

(a) $X(t,\omega)$　　(b) $X(t)$, $\omega=2$

图 2.4　随机过程图解

若固定 $t=2$，则随机过程退化为一个随机变量 $X(2,\omega)=\{0.91,1.82,2.73\}$。

若固定 $\omega=2$，则随机过程退化为一个样本函数 $X(t,2)=2\sin t$，具体如图 2.4(b) 所示。

随机过程可以根据参数集 T 和状态空间 Ω 的不同取值类型而分类。

参数集 T 可以是离散（可数）的，例如 $T=\{0,1,2,\cdots\}$，也可以是连续（不可数的），例如 $T=\{t|t\geqslant 0\}$。

状态空间 Ω 可以是离散（可数）的，也可以是连续（不可数）的。

根据参数集和状态空间的不同类型，随机过程可以分为以下四类。

(1) 离散时间离散状态随机过程。

(2) 离散时间连续状态随机过程。

(3) 连续时间离散状态随机过程。

(4) 连续时间连续状态随机过程。

在上述例子中，随机过程 $X(t,\omega)=\omega\sin t$ 是一个连续时间离散状态随机过程。

除了上述分类方法外，随机过程还可以根据其统计特征或概率特征进行分类，如平稳过程、独立增量过程、平稳增量过程和马尔可夫过程等。

2.3.2　分布函数

随机现象的本质由其统计特性反映，在概率论中，有限个随机变量的统计特性由联合分布函数刻画。随机过程可以看成一组无穷个随机变量，一般采用有限维联合分布函数①刻画随机过程的统计特性 [31]。

随机过程 $\{X(t), t\in T\}$，对任意 $n\geqslant 0$ 和 $t_0, t_1, \cdots, t_n\in T$，随机向量 $(X(t_0), X(t_1), \cdots, X(t_n))$ 的联合分布函数为

$$F_{t_0,t_1,\cdots,t_n}(x_0, x_1, \cdots, x_n) = P\{X(t_0)\leqslant x_0, X(t_1)\leqslant x_1, \cdots, X(t_n)\leqslant x_n\} \tag{2.62}$$

将这些分布函数的全体

$$\mathbf{F} = \{F_{t_0,t_1,\cdots,t_n}(x_0, x_1, \cdots, x_n), t_0, t_1, \cdots, t_n\in T\} \tag{2.63}$$

称为随机过程 $\{X(t), t\in T\}$ 的有限维分布函数族。

2.3.3　基本类型

1. 严平稳过程

随机过程 $\{X(t), t\in T\}$，$t_0, t_1, \cdots, t_n\in T$ 且 $t_0 < t_1 < \cdots < t_n$，若对任意实数 h，$t_0+h, t_1+h, \cdots, t_n+h\in T$，$(X(t_0), X(t_1), \cdots, X(t_n))$ 与 $(X(t_0+h), X(t_1+h), \cdots, X(t_n+h))$ 具有相同的联合分布函数，即

$$\begin{aligned}
&F(t_0, t_1, \cdots, t_n; x_0, x_1, \cdots, x_n)\\
&= P\{X(t_0)\leqslant x_0, X(t_1)\leqslant x_1, \cdots, X(t_n)\leqslant x_n\}\\
&= P\{X(t_0+h)\leqslant x_0, X(t_1+h)\leqslant x_1, \cdots, X(t_n+h)\leqslant x_n\}\\
&= F(t_0+h, t_1+h, \cdots, t_n+h; x_0, x_1, \cdots, x_n)
\end{aligned} \tag{2.64}$$

则称 $\{X(t), t\in T\}$ 为严平稳过程，或狭义平稳过程。

当随机过程为严平稳过程时，其有限维分布不随时间的推移而发生变化。

2. 平稳增量过程

随机过程 $\{X(t), t\in T\}$，$t_0, t_1, \cdots, t_n\in T$ 且 $t_0 < t_1 < \cdots < t_n$，若对任意 t_1, t_2，$X(t_1+h) - X(t_1)$ 与 $X(t_2+h) - X(t_2)$ 具有相同的分布函数，则称 $\{X(t), t\in T\}$ 为平稳增量过程。

3. 独立增量过程

随机过程 $\{X(t), t\in T\}$，$t_0, t_1, \cdots, t_n\in T$ 且 $t_0 < t_1 < \cdots < t_{n-1} < t_n$，若对任意正整数 n，随机变量 $X(t_1) - X(t_0), X(t_2) - X(t_1), \cdots, X(t_n) - X(t_{n-1})$ 是相互独立的，则称 $\{X(t), t\in T\}$ 为独立增量过程。

若随机过程 $\{X(t),\ t\in T\}$ 同时满足平稳增量和独立增量的条件，则称其为平稳独立增量过程。平稳独立增量过程是一类重要的随机过程，许多常见的随机过程，比如泊松过程，都是平稳独立增量过程。

① 无法计算无限维联合分布函数。

2.3.4 马尔可夫过程

马尔可夫过程是一个具有马尔可夫性（无后效性）的随机过程，其未来的状态只与当前状态有关，而与过去的所有状态无关。

下面给出马尔可夫过程的准确数学定义 [31]。

随机过程 $\{X(t),\ t \in T\}$，$t_0, t_1, \cdots, t_n \in T$ 且 $t_0 < t_1 < \cdots < t_n$，若对任意自然数 n，随机过程 $\{X(t), t \in T\}$ 满足如下马尔可夫性：

$$\begin{aligned} & P\{X(t_{n+1}) \leqslant x_{n+1} | X(t_n) = x_n, X(t_{n-1}) = x_{n-1}, \cdots, X(t_0) = x_0\} \\ & = P\{X(t_{n+1}) \leqslant x_{n+1} | X(t_n) = x_n\} \end{aligned} \tag{2.65}$$

则称 $\{X(t),\ t \in T\}$ 为马尔可夫过程。

公式 (2.65) 就是马尔可夫性的准确数学定义式。

若将 t_n 看作现在，t_{n+1} 就是未来，$t_{n-1}, t_{n-2}, \cdots, t_0$ 就是过去，$X(t_i) = x_i$ 表示系统在时刻 t_i 所处的状态。在已知现在状态的情况下，具备马尔可夫性系统的未来状态只与现在状态有关，而与过去的所有状态无关。

2.3.5 马尔可夫链的状态分类

状态离散的马尔可夫过程称为马尔可夫链。

马尔可夫链 $\{X(n,s),\ n \in T,\ s \in S\}$ 通常简记为 $\{X_n\}$，其时间参数集 $T = \{1, 2, \cdots, n\}$ 是离散的时间集合，状态空间 $S = \{s_1, s_2, \cdots\}$ 是离散的状态集合。

为了便于介绍概念，我们将状态空间中的状态值简记为 $\{1, 2, \cdots\}$。若马尔可夫链 $\{X_n\}$ 在第 n 次随机试验（通常被称为第 n 步）处于状态 i $(i \in \mathbb{N})$，则记为 $X_n = i$。

对于马尔可夫链 $\{X_n\}$，从第 n 步的状态 i 转移到第 $n+1$ 步的状态 j 的转移概率定义为 $p_{ij}(n) \doteq P\{X_{n+1} = j | X_n = i\}$, $\forall m, n \in T,\ \forall i, j \in S$。

当马尔可夫链 $\{X_n\}$ 的转移概率 $p_{ij}(n)$ 与时间参数 n 无关时，马尔可夫链 $\{X_n\}$ 具有平稳转移概率（Stationary Transition Probability）。

齐次马尔可夫链：若 $\forall m,\ n \in T$，$\forall i,\ j \in S$，马尔可夫链 $\{X_n\}$ 的转移概率 $p_{ij}(n)$ 与所处时刻 n 无关，即

$$P\{X_{n+1} = j | X_n = i\} = P\{X_{m+1} = j | X_m = i\} \tag{2.66}$$

则称马尔可夫链 $\{X_n\}$ 是齐次的（Homogeneous），此时转移概率 $p_{ij}(n)$ 可简记为 p_{ij}。

对于齐次马尔可夫链 $\{X_n,\ n \geqslant 1\}$，其状态空间 $S = \{1, 2, \cdots\}$，转移概率矩阵为 $\boldsymbol{P} = [p_{ij}]$, $i, j \in S$，依据转移概率的性质可对齐次马尔可夫链的状态进行分类。

1. 定义

1) 可达与互通

若存在 $n \geqslant 1$，使得 $p_{ij}^{(n)} > 0$，则称状态 j 是从状态 i 可达的（Accessible），记为 $i \to j$；若 $i \to j$ 并且 $j \to i$，则称状态 i 与状态 j 互通（Intercommunicate），记为 $i \leftrightarrow j$。

2) 周期与非周期

若集合 $\{n : n \geqslant 1,\ p_{ii}^{(n)} > 0\}$ 非空，则称该集合的最大公约数 d 为状态 i 的周期（Period）。

若 $d > 1$，则称状态 i 为周期的（Periodic）。

若 $d = 1$，则称状态 i 为非周期的（Aperiodic）。

也就是说，从状态 i 出发再次返回到状态 i（不一定是首次返回）所需步数的集合的最大公约数就是状态 i 的周期。

3) 常返与非常返

若 $f_{ii} = 1$，则称状态 i 为常返的。

若 $f_{ii} < 1$，则称状态 i 为非常返的。

4) 首次到达概率

从状态 i 经 n 步首次到达（First Passage）状态 j 的概率称为首次到达概率，记为 $f_{ij}^{(n)}$。

$$f_{ij}^{(n)} = P\{X_{m+n} = j, X_{m+v} \neq j, 1 \leqslant v \leqslant n-1 | X_m = i\}, n \geqslant 1 \tag{2.67}$$

5) 到达概率

从状态 i 经有限步到达状态 j 的概率称为到达概率，记为 f_{ij}。

$$f_{ij} = \sum_{1 \leqslant n < \infty} f_{ij}^{(n)} \tag{2.68}$$

注意，这里 $1 \leqslant n < \infty$，n 的取值不包括 ∞。

n 步转移概率、首次到达概率与到达概率之间的关系为

$$0 \leqslant f_{ij}^{(n)} \leqslant p_{ij}^{(n)} \leqslant f_{ij} \leqslant 1 \tag{2.69}$$

6) 平均返回时间

从状态 i 出发再次返回到状态 i 的平均返回时间（Mean Recurrence Time）记为 u_i。

$$u_i = \sum_{1 \leqslant n < \infty} n f_{ii}^{(n)} \tag{2.70}$$

7) 正常返与零常返

若 $u_i < \infty$，则称常返态 i 为正常返的（Positive）。

若 $u_i = \infty$，则称常返态 i 为零常返的（Null）。

也就是说，从某状态出发后还能返回的状态为常返的，否则为非常返的；常返态又可分为正常返的和零常返的，从正常返状态出发后返回所需要的时间为有限的，从零常返状态出发后返回所需要的时间为无穷大。

在有限状态的马尔可夫链中，所有的常返态都是正常返的。

8) 遍历

若一个状态是非周期性正常返的，则该状态是遍历的（Ergodic）。

若一个马尔可夫链的所有状态都是遍历状态，则该马尔可夫链是遍历的。

2. 定理

1) 定理 1

可达与互通都具有传递性，即

若 $i \to j$，且 $j \to k$，则 $i \to k$。

若 $i \leftrightarrow j$，且 $j \leftrightarrow k$，则 $i \leftrightarrow k$。

2) 定理 2

互通状态的类型相同，若 $i \leftrightarrow j$，则

状态 i 为常返的充要条件为 $\sum\limits_{n=0}^{\infty} p_{ii}^{(n)} = \infty$。

若状态 i 为非常返的，则 $\sum\limits_{n=0}^{\infty} p_{ii}^{(n)} = \dfrac{1}{1-f_{ii}}$。

该定理表明，若状态 i 为常返的，则从状态 i 出发，在有限步内一定能返回状态 i；若状态 i 为非常返的，则从状态 i 出发，在有限步内再也不会返回状态 i。

3) 定理 3

互通状态的类型相同，若 $i \leftrightarrow j$，则

状态 i 与状态 j 同为常返或非常返，若为常返，则同为正常返或零常返。

状态 i 与状态 j 具有相同的周期。

例 2.2 状态空间 $S=\{1,2\}$，状态 1 和状态 2 之间的状态转移图及（一步）转移概率矩阵如图 2.5 所示，初始概率 $p_1=1$，$p_2=0$。

(1) 求由状态 1 到状态 2 的首次到达概率 $f_{12}^{(n)}$ 和到达概率 f_{12}。

(2) 分析状态 1 与状态 2 的类型。

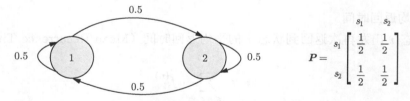

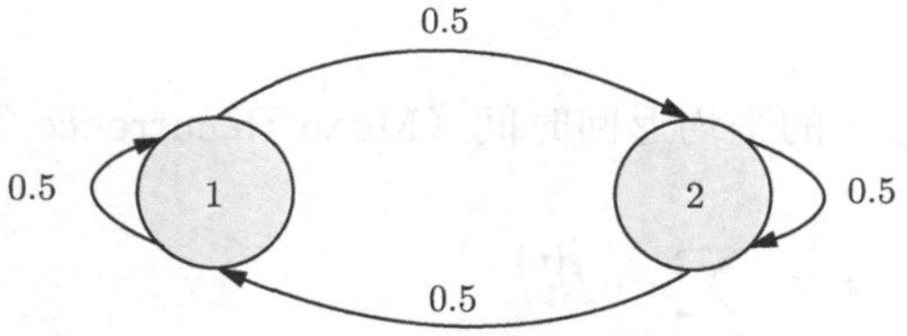

$$\boldsymbol{P} = \begin{array}{c} \\ s_1 \\ s_2 \end{array}\begin{array}{c} \begin{array}{cc} s_1 & s_2 \end{array} \\ \begin{bmatrix} \frac{1}{2} & \frac{1}{2} \\ \frac{1}{2} & \frac{1}{2} \end{bmatrix} \end{array}$$

图 2.5 状态转移图及转移概率矩阵

解 (1) 到达概率 $f_{12} = \sum\limits_{1 \leqslant n < \infty} f_{12}^{(n)} = f_{12}^{(1)} + f_{12}^{(2)} + \cdots + f_{12}^{(n)} + \cdots$。

由状态转移图可知，由状态 1 出发，经一步首次到达状态 2 的路径为 $1 \to 2$，概率为 $\dfrac{1}{2}$，因此，首次到达概率 $f_{12}^{(n)}$ 发生在 $n=1$ 时，即 $f_{12}^{(n)} = f_{12}^{(1)} = \dfrac{1}{2}$，$f_{12}^{(1)} = \dfrac{1}{2}$。

由状态 1 出发，经两步到达状态 2 的路径有两条：$1 \to 1 \to 2$ 和 $1 \to 2 \to 2$，但是只有第一条路径满足从状态 1 出发经两步首次到达状态 2 的条件。因此，由状态 1 出发，经两步首次到达状态 2 的路径为 $1 \to 1 \to 2$，相应地，$f_{12}^{(2)} = \left(\dfrac{1}{2}\right)^2$。

分析可知，从状态 1 出发经 n 步首次到达状态 2 的路径中，前 $n-1$ 步都只能在

状态 1，最后一步转移到状态 2，因此，$f_{12}^{(n)}=\left(\frac{1}{2}\right)^{n-1}\times\frac{1}{2}=\left(\frac{1}{2}\right)^{n}$。

由此可见，到达概率 $f_{12}=\frac{1}{2}+\left(\frac{1}{2}\right)^{2}+\cdots+\left(\frac{1}{2}\right)^{n}+\cdots$ 为等比数列。由等比数列求和公式 $\frac{a_1(1-q^n)}{1-q}$ 可知，$f_{12}=\lim\limits_{n\to\infty}\frac{\frac{1}{2}\left(1-\left(\frac{1}{2}\right)^{n}\right)}{1-\frac{1}{2}}=\lim\limits_{n\to\infty}\left(1-\left(\frac{1}{2}\right)^{n}\right)=1$。

因此，由状态 1 到状态 2 的首次到达概率 $f_{12}^{(n)}=f_{12}^{(1)}=\frac{1}{2}$，到达概率 $f_{12}=1$。

(2) 下面分析状态 1 与状态 2 的类型。

$p_{12}^{(1)}=\frac{1}{2}>0$，因此状态 2 是从状态 1 可达的，即 $1\to 2$；同理，$p_{21}^{(1)}=\frac{1}{2}>0$，因此状态 1 是从状态 2 可达的，即 $2\to 1$。因此，状态 1 与状态 2 互通，即 $1\leftrightarrow 2$。

互通状态的类型相同，因为状态 1 与状态 2 互通，所以，状态 1 与状态 2 的类型相同，下面仅分析状态 1 的类型。

由于 $p_{11}^{(1)}=\frac{1}{2}>0$，因此集合 $\{n:n\geqslant 1,\ p_{11}^{(n)}>0\}=\{1,2,\cdots\}$ 非空，该集合的最大公约数 $d=1$，所以状态 1 为非周期的。

到达概率 $f_{11}=\sum\limits_{1\leqslant n<\infty}f_{11}^{(n)}=f_{11}^{(1)}+f_{11}^{(2)}+\cdots+f_{11}^{(n)}+\cdots$。

由状态 1 出发，经一步首次到达状态 1 的路径为 $1\to 1$，概率为 $\frac{1}{2}$，因此，$f_{11}^{(1)}=\frac{1}{2}$。

由状态 1 出发，经两步首次到达状态 1 的路径为 $1\to 2\to 1$，因此，$f_{11}^{(2)}=\left(\frac{1}{2}\right)^{2}$。

由状态 1 出发，经三步首次到达状态 1 的路径为 $1\to 2\to 2\to 1$，因此，$f_{11}^{(3)}=\left(\frac{1}{2}\right)^{3}$。

分析可知，从状态 1 出发经 n 步首次到达状态 1 的路径中，前 $n-1$ 步都只能在状态 2，最后一步转移到状态 1，因此，$f_{11}^{(n)}=\left(\frac{1}{2}\right)^{n-1}\times\frac{1}{2}=\left(\frac{1}{2}\right)^{n}$。

由此可见，到达概率 $f_{11}=\frac{1}{2}+\left(\frac{1}{2}\right)^{2}+\cdots+\left(\frac{1}{2}\right)^{n}+\cdots$ 为等比数列。由等比数列求和公式 $\frac{a_1(1-q^n)}{1-q}$ 可知，$f_{11}=\lim\limits_{n\to\infty}\frac{\frac{1}{2}\left(1-\left(\frac{1}{2}\right)^{n}\right)}{1-\frac{1}{2}}=\lim\limits_{n\to\infty}\left(1-\left(\frac{1}{2}\right)^{n}\right)=1$。

因为 $f_{11}=1$，所以状态 1 为常返的。

从状态 1 出发再次返回到状态 1 的平均返回时间 $u_1=\sum\limits_{1\leqslant n<\infty}nf_{11}^{(n)}$，

$$u_1 = 1 \times \frac{1}{2} + 2 \times \left(\frac{1}{2}\right)^2 + 3 \times \left(\frac{1}{2}\right)^3 + \cdots,$$

$$u_1 - \frac{1}{2} \times u_1 = \frac{1}{2} + \left(\frac{1}{2}\right)^2 + \left(\frac{1}{2}\right)^3 + \cdots = \lim_{n\to\infty}\left(1 - \left(\frac{1}{2}\right)^n\right) = 1。$$

因为 $u_1 = 2 < \infty$，因此常返态 1 为正常返的。

若一个状态是非周期性正常返的，则该状态是遍历的，因此状态 1 为遍历的。

综上所述，状态 1 与状态 2 都是遍历的。

上例中的马尔可夫链包含的全部状态（状态 1 与状态 2）也都是遍历的，因此该马尔可夫链也是遍历的。

2.3.6 平稳分布

本节首先讨论状态空间的分解，在相关概念的基础上再讨论齐次马尔可夫链的平稳分布。

1. 定义

1) 闭集

若对任意 $i \in S$ 以及 $k \notin S$ 都有 $p_{ik} = 0$，则称状态空间 S 的子集 C 为（随机）闭集。

2) 不可约

若闭集 C 内的状态互通，则称 C 为不可约的；若马尔可夫链 $\{X_n\}$ 的状态空间 S 不可约，则称该马尔可夫链为不可约的。

3) 平稳分布

$\forall j \in S$，若 $\pi_j \geqslant 0$，$\sum\limits_{j\in S} \pi_j = 1$，且 $\pi_j = \sum\limits_{i\in S} \pi_i p_{ij}$，则称概率分布 $\{\pi_j, j \in S\}$ 为齐次马尔可夫链 $\{X_n\}$ 的平稳分布（或极限分布）。

由于 $\pi_j \geqslant 0$，$\sum\limits_{j\in S} \pi_j = 1$，因此平稳分布也是一个随机矩阵。

对平稳分布的两点理解：无论初始状态如何，经过足够长的时间后，处于状态 j 的概率都为 π_j；无论初始状态如何，经过足够长的时间后，到达状态 j 的次数占总数的比例不变。

2. 定理

1) 定理 1

$p_{ij}^{(n)}$ 的渐进性质：若状态 j 为非常返或零常返，则 $\lim\limits_{n\to\infty} p_{ij}^{(n)} = 0$，$\forall i \in S$。

2) 定理 2

非周期不可约的有限状态马尔可夫链是正常返的充要条件是存在平稳分布 $\left\{\pi_j : \pi_j = \frac{1}{\mu_j}, \forall j \in S\right\}$。

有限状态的齐次马尔可夫链，若存在正整数 n，$\forall i,\ j \in S$，都有 $p_{ij}^{(n)} > 0$，则该马尔可夫链是遍历的，且具有平稳分布 [32]。

3. 推论

1) 推论 1

$p_{ij}^{(n)}$ 的渐进性质：不可约的有限状态的马尔可夫链必定是正常返的。

2) 推论 2

(1) 非周期不可约的有限状态马尔可夫链必定存在平稳分布 [31]。

(2) 若不可约马尔可夫链的所有状态是非常返或零常返的，则该马尔可夫链不存在平稳分布。

4. 平稳分布的性质

若 $\{\pi_j,\ j \in S\}$ 为平稳分布，则

(1) $\pi_j = \sum\limits_{i \in S} \pi_i p_{ij}^{(n)}$。

(2) $\boldsymbol{\pi} = \boldsymbol{\pi} \boldsymbol{P}$。

(3) $\pi_j = \lim\limits_{n \to \infty} p_j^{(n)} = \dfrac{1}{\mu_j}$。

性质 (2) 是性质 (1) 的矩阵形式。

性质 (3) 中，u_j 是从状态 j 出发再次返回到状态 j 的平均返回时间，则 $\dfrac{1}{\mu_j}$ 表示从状态 j 出发每单位时间返回状态 j 的平均次数。

例 2.3　马尔可夫链的状态空间 $S = \{1, 2, 3\}$，一步转移概率矩阵为

$$\boldsymbol{P} = \begin{bmatrix} 0.5 & 0.4 & 0.1 \\ 0.3 & 0.4 & 0.3 \\ 0.2 & 0.3 & 0.5 \end{bmatrix}$$

试求其平稳分布 [33]。

解　设其平稳分布 $\boldsymbol{\pi} = [\pi_1, \pi_2, \pi_3]$，依据 $\boldsymbol{\pi} = \boldsymbol{\pi} \boldsymbol{P}$，有

$$[\pi_1, \pi_2, \pi_3] \begin{bmatrix} 0.5 & 0.4 & 0.1 \\ 0.3 & 0.4 & 0.3 \\ 0.2 & 0.3 & 0.5 \end{bmatrix} = [\pi_1, \pi_2, \pi_3]$$

因此，有

$$\begin{aligned} 0.5\pi_1 + 0.3\pi_2 + 0.2\pi_3 &= \pi_1 \\ 0.4\pi_1 + 0.4\pi_2 + 0.3\pi_3 &= \pi_2 \\ 0.1\pi_1 + 0.3\pi_2 + 0.5\pi_3 &= \pi_3 \end{aligned}$$

且有平稳分布的性质：$\pi_1 + \pi_2 + \pi_3 = 1$。

经计算得 $\pi_1 = \dfrac{21}{62}$，$\pi_2 = \dfrac{23}{62}$，$\pi_3 = \dfrac{18}{62}$。这意味着，无论初始状态如何，在经过足

够长的时间后，该马尔可夫链以概率 $\frac{21}{62}$ 到达状态 1，以概率 $\frac{23}{62}$ 到达状态 2，以概率 $\frac{18}{62}$ 到达状态 3。

因此，该马尔可夫链的平稳分布 $\boldsymbol{\pi}=\left[\frac{21}{62},\frac{23}{62},\frac{18}{62}\right]$。

2.4 本章小结

强化学习与统计学、概率论等数学理论有密不可分的关系。例如，强化学习中的状态和行动集合、期望回报涉及概率论知识；后续介绍到的蒙特卡洛法涉及统计学的博雷尔强大数定律和无意识统计学家定律；随机过程为强化学习的序贯决策问题提供了模型分析基础。本章为读者提供了概率论、统计学基础和随机过程这三部分的预备知识。本章涉及的数理知识是建立强化学习方法论的基石，读者需要掌握相关部分知识，以便于后续学习。

第3章

机 器 学 习

学习目标与要求

1. 掌握机器学习的基本概念。
2. 掌握监督学习的基本流程。
3. 掌握线性回归和逻辑回归算法。
4. 掌握随机梯度下降的基本原理及应用。

机器学习

本章主要介绍监督学习的基本概念、线性回归、逻辑回归、随机梯度下降等内容。如果了解相关知识的读者可以跳过此章，直接进入下一章内容的学习。

3.1 基本概念

机器学习是让机器模拟人进行学习的过程。机器学习的输入是数据以及标注，输出是学习得到的知识。

人学习的过程：人通过做习题，利用习题答案校验，学会知识。

机器学习的过程：机器挖掘数据，利用数据标注校验，学会知识。

传统的机器学习一般分为监督学习和无监督学习。监督学习包括回归、分类等，非监督学习包括聚类、降维等。本章内容作为值函数近似法的预备知识，仅关注有监督的机器学习方法，即监督学习方法。

机器学习初学者很容易被机器学习中的向量是否转置弄糊涂。

本节首先明确一下数学符号，在几乎所有机器学习教材中，出现的向量都默认为列向量。记特征向量为 $\boldsymbol{x}_i$，若有 n 个特征，则特征向量的大小为 $|\boldsymbol{x}_i| = n$。

本书中出现的向量均默认为列向量，加入转置后变为行向量。

$\boldsymbol{x}_i$ 表示列向量，

$$\boldsymbol{x} = \begin{bmatrix} x_{i1} \\ x_{i2} \\ \vdots \\ x_{in} \end{bmatrix} \tag{3.1}$$

记训练集为 $\boldsymbol{D}$，训练集大小为 $|\boldsymbol{D}|=m$，训练集中的一个训练样本记为 $d_i \in \boldsymbol{D}$，

$$d_i = (\boldsymbol{x}_i^{\mathrm{T}}, y_i) = (x_{i1}, x_{i2}, \cdots, x_{in}, y_i) \tag{3.2}$$

数据集 $\boldsymbol{D}$ 是数据 d_i 的集合，本质上 $\boldsymbol{D}$ 是一个矩阵，这个矩阵的每一行是一条数据 d_i，有

$$\boldsymbol{D} = \begin{bmatrix} d_1 \\ d_2 \\ \vdots \\ d_m \end{bmatrix} = \begin{bmatrix} \boldsymbol{x}_1^{\mathrm{T}}, y_1 \\ \boldsymbol{x}_2^{\mathrm{T}}, y_2 \\ \vdots \\ \boldsymbol{x}_m^{\mathrm{T}}, y_m \end{bmatrix} \tag{3.3}$$

记 $\boldsymbol{D}=(\boldsymbol{X},\boldsymbol{y})$，其中 $\boldsymbol{X}$ 为矩阵，$\boldsymbol{y}$ 为列向量，

$$\boldsymbol{X} = \begin{bmatrix} \boldsymbol{x}_1^{\mathrm{T}} \\ \boldsymbol{x}_2^{\mathrm{T}} \\ \vdots \\ \boldsymbol{x}_m^{\mathrm{T}} \end{bmatrix}, \boldsymbol{y} = \begin{bmatrix} y_1 \\ y_2 \\ \vdots \\ y_m \end{bmatrix} \tag{3.4}$$

图 3.1 给出了监督学习的框架。监督学习包括两个过程：学习（也可称为训练）、预测。从训练集中学习得到模型的过程为学习阶段；利用学习得到的模型对未知数据进行预测的过程为预测阶段。

在学习阶段，面对待决策的样本，机器采用某个模型作出预测；通过某个指标，将决策的结果与数据的标注进行核对，判断决策结果的正确性；通过某个算法修正模型，最终完成学习的过程。

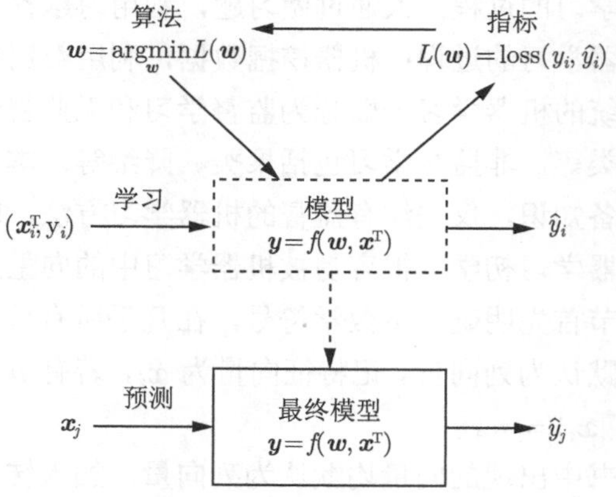

图 3.1　监督学习的框架

监督学习包括三个重要元素：模型、指标和算法。

(1) 模型：用于做出决策，$\boldsymbol{y}=f(\boldsymbol{w};\boldsymbol{x}^{\mathrm{T}})$。

(2) 指标：用于评价模型，$L(\boldsymbol{w})=\mathrm{loss}(\boldsymbol{y},\hat{\boldsymbol{y}})$。

(3) 算法：用于修正模型，$\boldsymbol{w}=\underset{\boldsymbol{w}}{\operatorname{argmin}}(L(\boldsymbol{w}))$。

其中，输入的数据用向量 $\boldsymbol{x}^{\mathrm{T}}$ 表示，其标注用 $\boldsymbol{y}$ 表示；模型 f 对数据样本 $\boldsymbol{x}^{\mathrm{T}}$ 作出预测，得到预测值 $\hat{\boldsymbol{y}}$；$L(\boldsymbol{w})$ 表示损失函数（Loss Function），用于衡量本次预测值与真实值的距离；算法的目标是通过学习使机器进步，使得预测值与真实值的差距最小。通过学习，找到使得损失函数最小的最终模型。监督学习的流程如图 3.2 所示。

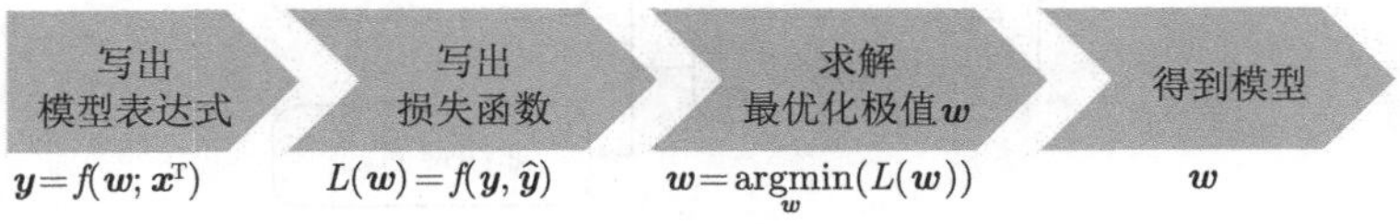

图 3.2　监督学习的流程

3.2　线性回归

回归研究的是输入变量和输出变量之间的关系。回归模型等价于函数拟合，回归用一条函数曲线拟合已知数据，然后将拟合得到的函数用于预测未知数据。回归属于监督学习，输入的数据是有标注的。回归的输入可以是离散的，也可以是连续的，输出结果是一个连续值。

从不同的视角，回归又可被分为多个种类。按照输入变量的个数，可分为一元回归（只有一个自变量）和多元回归（至少有两个自变量）。按照模型的类型，可分为线性回归和非线性回归。线性回归（Linear Regression）理论上可简称为 LR，然而，在实际应用中，这个简称被逻辑回归（Logistic Regression）占用。回归的分类如图 3.3 所示。

本节的重点是介绍多元线性回归，接下来深入剖析多元线性回归的建模过程。

首先分析**模型**，寻找多元线性回归模型的数学表达。最简单的线性方程可以写为

$$y=kx+b=k*x+b*1=\begin{bmatrix}x\\1\end{bmatrix}^{\mathrm{T}}\cdot\begin{bmatrix}k\\b\end{bmatrix}=\boldsymbol{x}^{\mathrm{T}}\boldsymbol{w} \tag{3.5}$$

其中，$\boldsymbol{x}^{\mathrm{T}}=[x_1\ x_2\ \cdots\ x_n]$ 表示行向量。

公式 (3.5) 是一个训练样本的线性回归，拓展至整个数据集，则有

$$\boldsymbol{y}=\boldsymbol{X}\boldsymbol{w} \tag{3.6}$$

其中，$\boldsymbol{X}$ 为矩阵。

由于是在一个已知数据集上建立线性回归模型，因此，数据集 $D=<\boldsymbol{X},\boldsymbol{y}>$ 是已知的。此时，回归系数向量 $\boldsymbol{w}$ 是未知的，它就是回归求解的目标。

其次，我们需要设计**指标**，计算模型预测结果的误差，对采用的线性回归模型进行评价。线性回归通常采用最小二乘法评价模型的决策，最小二乘法采用平方误差，其表达式如下

$$L(\boldsymbol{w})=\sum_{i=1}^{n}(y_i-\boldsymbol{x}_i^{\mathrm{T}}\boldsymbol{w})^2=(\boldsymbol{y}-\boldsymbol{X}\boldsymbol{w})^{\mathrm{T}}(\boldsymbol{y}-\boldsymbol{X}\boldsymbol{w}) \tag{3.7}$$

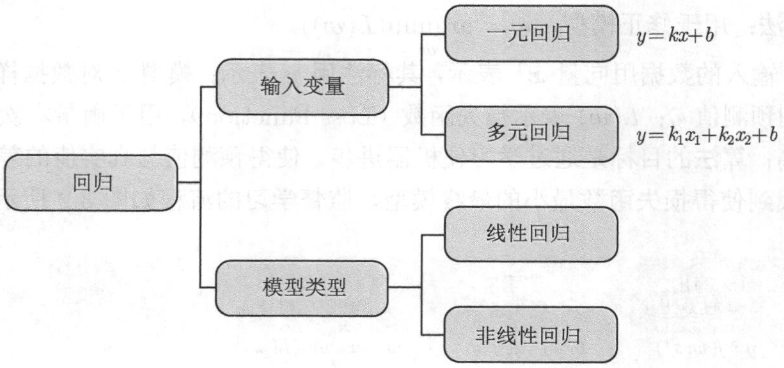

(a) 种类

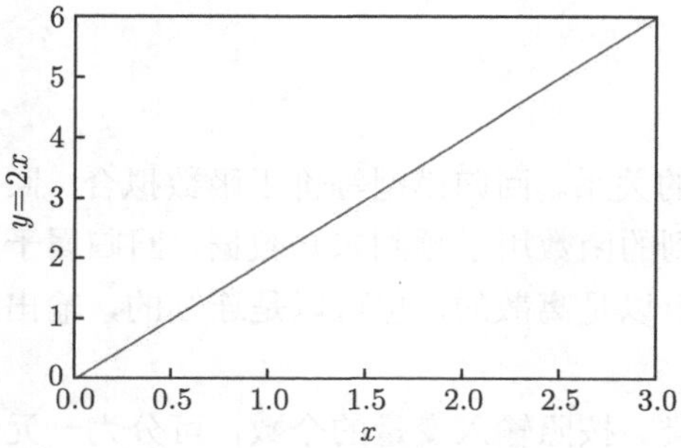

(b) 线性回归实例

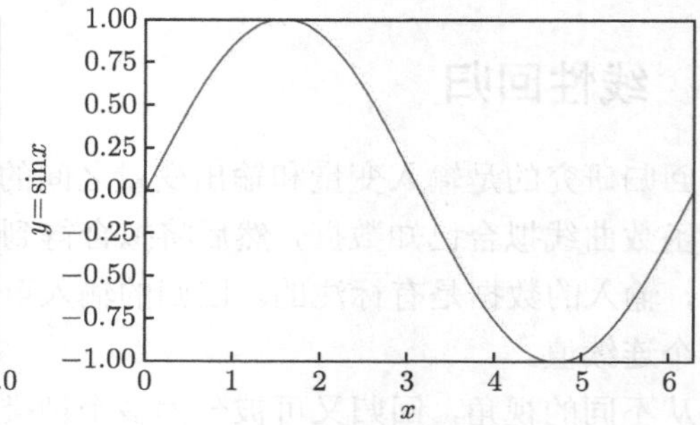

(c) 非线性回归实例

图 3.3　回归的分类

建立模型的目标，是让模型预测结果尽可能准，也就是让误差值 $L(\boldsymbol{w})$ 尽可能小。因此，我们需要设计算法，求解出使得误差值 $L(\boldsymbol{w})$ 取最小值时的 $\boldsymbol{w}$，即

$$\boldsymbol{w}=\arg\min_{\boldsymbol{w}}(L(\boldsymbol{w})) \tag{3.8}$$

接下来分析如何设计算法求解 $\boldsymbol{w}=\arg\min\limits_{\boldsymbol{w}}(L(\boldsymbol{w}))$。

利用求导公式，得到 $\boldsymbol{w}=(\boldsymbol{X}^{\mathrm{T}}\boldsymbol{X})^{-1}\boldsymbol{X}^{\mathrm{T}}\boldsymbol{y}$。

下面分析该式子的推导步骤。

为了求解 $\boldsymbol{w}=\arg\min\limits_{\boldsymbol{w}}(L(\boldsymbol{w}))$，需要求 $L(\boldsymbol{w})$ 关于 $\boldsymbol{w}$ 的偏导，并令导函数等于 0，即

$$\frac{\partial L(\boldsymbol{w})}{\partial \boldsymbol{w}}=0 \tag{3.9}$$

损失函数 $L(\boldsymbol{w})$ 可由式 (3.10) 计算

$$\begin{aligned}L(\boldsymbol{w})&=(\boldsymbol{y}^{\mathrm{T}}-\boldsymbol{w}^{\mathrm{T}}\boldsymbol{X}^{\mathrm{T}})(\boldsymbol{y}-\boldsymbol{X}\boldsymbol{w})\\&=\boldsymbol{y}^{\mathrm{T}}\boldsymbol{y}-\boldsymbol{y}^{\mathrm{T}}\boldsymbol{X}\boldsymbol{w}-\boldsymbol{w}^{\mathrm{T}}\boldsymbol{X}^{\mathrm{T}}\boldsymbol{y}+\boldsymbol{w}^{\mathrm{T}}\boldsymbol{X}^{\mathrm{T}}\boldsymbol{X}\boldsymbol{w}\end{aligned} \tag{3.10}$$

首先独立计算上述公式 (3.10) 各个项的偏导，则有

$$\begin{cases} \dfrac{\partial \boldsymbol{y}^{\mathrm{T}}\boldsymbol{y}}{\partial \boldsymbol{w}} = 0 \\ \dfrac{\partial \boldsymbol{y}^{\mathrm{T}}\boldsymbol{X}\boldsymbol{w}}{\partial \boldsymbol{w}} = \boldsymbol{X}^{\mathrm{T}}\boldsymbol{y} \\ \dfrac{\partial \boldsymbol{w}^{\mathrm{T}}\boldsymbol{X}^{\mathrm{T}}\boldsymbol{y}}{\partial \boldsymbol{w}} = \boldsymbol{X}^{\mathrm{T}}\boldsymbol{y} \\ \dfrac{\partial \boldsymbol{w}^{\mathrm{T}}\boldsymbol{X}^{\mathrm{T}}\boldsymbol{X}\boldsymbol{w}}{\partial \boldsymbol{w}} = 2\boldsymbol{X}^{\mathrm{T}}\boldsymbol{X}\boldsymbol{w} \end{cases} \tag{3.11}$$

将公式 (3.11) 代入公式 (3.10) 中，则有

$$\frac{\partial L(\boldsymbol{w})}{\partial \boldsymbol{w}} = -2\boldsymbol{X}^{\mathrm{T}}(\boldsymbol{y} - \boldsymbol{X}\boldsymbol{w}) = 0 \tag{3.12}$$

求解得到

$$\boldsymbol{w} = (\boldsymbol{X}^{\mathrm{T}}\boldsymbol{X})^{-1}\boldsymbol{X}^{\mathrm{T}}\boldsymbol{y} \tag{3.13}$$

至此，未知变量 $\boldsymbol{w}$ 可以用已知变量表达，利用最小二乘法建立线性回归模型的过程结束。

总结线性回归的三大要素：

(1) 模型：$\boldsymbol{y} = \boldsymbol{X}\boldsymbol{w}$。

(2) 指标：$L(\boldsymbol{w}) = (\boldsymbol{y} - \boldsymbol{X}\boldsymbol{w})^{\mathrm{T}}(\boldsymbol{y} - \boldsymbol{X}\boldsymbol{w})$。

(3) 算法：$\boldsymbol{w} = (\boldsymbol{X}^{\mathrm{T}}\boldsymbol{X})^{-1}\boldsymbol{X}^{\mathrm{T}}\boldsymbol{y}$。

3.3 逻辑回归

逻辑回归（Logistic Regression，LR）虽然名为“回归”，实际上却是一个不折不扣的分类算法。逻辑回归在工业界被广泛使用，常用于数据挖掘、疾病自动诊断、经济预测等领域。逻辑回归是工业界算法体系的入门级算法，是工业界算法创新的基线。

本章同样从机器学习三要素入手，分析逻辑回归的模型、指标和算法。其中，模型用于做出决策，指标用于评价模型，算法用于修正模型。

3.3.1 逻辑回归模型

1. Sigmoid 函数

本节介绍关于 Sigmoid 函数的数学知识。Sigmoid 函数的表达式如下

$$y = \frac{1}{1 + \mathrm{e}^{-z}} \tag{3.14}$$

Sigmoid 函数的定义域为 $[-\infty, +\infty]$，而值域为 $[0, 1]$。Sigmoid 函数可以将一个实数单调地映射到 0 至 1 的区间内，这正好是概率的取值范围。在很多情况下，Sigmoid 函数的输出被看作事件发生的概率。

Sigmoid 函数的图像如图 3.4 所示。

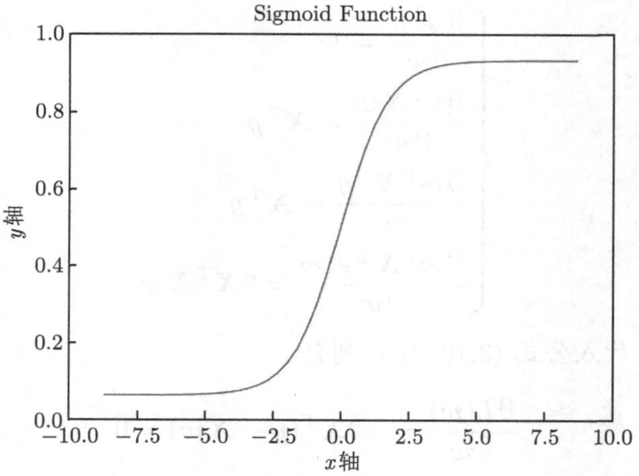

图 3.4　Sigmoid 函数的图像

Sigmoid 函数在 $|z|$ 相对较小的时候，变化率最大。

Sigmoid 函数的一阶导函数在机器学习算法中经常被使用。Sigmoid 函数的一阶导函数为

$$f'(z)=\frac{\mathrm{e}^{-z}}{(1+\mathrm{e}^{-z})^2}=\frac{1}{1+\mathrm{e}^{-z}}\times\frac{\mathrm{e}^{-z}}{1+\mathrm{e}^{-z}}=y\times(1-y) \tag{3.15}$$

经过推导，最终得到 Sigmoid 函数的一阶导数结果为 $y(1-y)$。

2. 模型的数学表达

本节介绍逻辑回归的模型及其数学表达。

本书中出现的所有向量均默认是列向量。在数据集 D 的矩阵中，一条数据是一行，则其表达式可写作 $d_i=(\boldsymbol{x}^{\mathrm{T}},y)$。拓展到整个数据集，则有

$$\boldsymbol{D}=\begin{bmatrix} d_1\\ d_2\\ \vdots\\ d_m \end{bmatrix}=\begin{bmatrix} \boldsymbol{x}_1^{\mathrm{T}},y_1\\ \boldsymbol{x}_2^{\mathrm{T}},y_2\\ \vdots\\ \boldsymbol{x}_m^{\mathrm{T}},y_m \end{bmatrix}=(\boldsymbol{X},\boldsymbol{y}) \tag{3.16}$$

其中，

$$\boldsymbol{X}=\begin{bmatrix} \boldsymbol{x}_1^{\mathrm{T}}\\ \boldsymbol{x}_2^{\mathrm{T}}\\ \vdots\\ \boldsymbol{x}_m^{\mathrm{T}} \end{bmatrix},\quad \boldsymbol{y}=\begin{bmatrix} y_1\\ y_2\\ \vdots\\ y_m \end{bmatrix} \tag{3.17}$$

在线性回归的学习中，我们直接对 $\boldsymbol{X}$ 和 $\boldsymbol{y}$ 进行计算。这主要是因为，在线性回归的建模过程中，所有计算都可以用矩阵计算表示。逻辑回归则不然，它引入了 Sigmoid 函数。因此，本章的公式推导将从单个样本的计算说起。

逻辑回归的表达式为

$$y_i = \frac{1}{1+\mathrm{e}^{-\boldsymbol{x}_i^{\mathrm{T}}\boldsymbol{w}}} \tag{3.18}$$

其中，输入 $\boldsymbol{x}_i^{\mathrm{T}}$（$\boldsymbol{x}_i^{\mathrm{T}}$ 为行向量）为 $n\times 1$ 的特征向量，输出 y_i 为概率值，表示输入 $\boldsymbol{x}_i^{\mathrm{T}}$ 为正例的概率。

令 $z_i = \boldsymbol{x}_i^{\mathrm{T}}\boldsymbol{w}$，则逻辑回归模型的数学表达为

$$y_i = \frac{1}{1+\mathrm{e}^{-z_i}} \tag{3.19}$$

可以看出，该式与 Sigmoid 函数的定义式一样。

逻辑回归是输入经线性变换（$z_i = \boldsymbol{x}_i^{\mathrm{T}}\boldsymbol{w}$）并叠加 Sigmoid 函数 $\left(y_i = \dfrac{1}{1+\mathrm{e}^{-z_i}}\right)$ 后产生输出的过程。Sigmoid 函数通常也被称作逻辑函数（Logistic Function）。

Sigmoid 函数与逻辑回归密不可分。借助 Sigmoid 函数，重写公式 (3.18) 得到

$$\boldsymbol{y} = \mathrm{Sigmoid}(\boldsymbol{x}^{\mathrm{T}}\boldsymbol{w}) = \frac{1}{1+\mathrm{e}^{-\boldsymbol{x}^{\mathrm{T}}\boldsymbol{w}}} \tag{3.20}$$

其中，$\boldsymbol{x}^{\mathrm{T}}\boldsymbol{w}$ 是 $\boldsymbol{x}$ 的线性求和。

建立逻辑回归模型的过程，本质上就是利用数据求解参数 $\boldsymbol{w}$ 的过程。先明确已知条件和未知目标。公式 (3.20) 中，$\boldsymbol{x}$ 是输入的特征向量训练集，是已知样本。样本对应的真实值向量 $\boldsymbol{y}$ 也是已知的，只有模型的参数 $\boldsymbol{w}$ 是未知的。

因此，逻辑回归建模的目标，就是通过训练集合的 $<\boldsymbol{X},\boldsymbol{y}>$ 求解“最合适”的系数向量 $\boldsymbol{w}$ 的过程。这里的“最合适”可理解为错误概率最低。

3.3.2 逻辑回归指标

1. 极大似然估计

首先需要了解一下极大似然估计，这是掌握逻辑回归损失函数的预备知识。

似然（Likelihood）的意思是可能性。似然估计，就是可能性的估计。极大似然，就是最大的可能性。因此，极大似然估计，字面含义就是：未知事物有很多可能性，我们采用可能性最大的情况对未知事物进行估计。

一般来说，事件 A 发生的概率与某一未知参数 θ 有关。随着 θ 取值的不同，事件 A 发生的概率 $P(A)$ 也不同，当在一次试验中事件 A 发生了，则认为此时的 $\hat{\theta}$ 值应是其所有可能取值中使 $P(A|\theta)$ 达到最大的那一个。极大似然估计法就是要选取 $\hat{\theta}$ 作为参数 θ 的估计值，使所选取的样本在被选的总体中出现的可能性最大。

为了实现这个极大似然估计，一般包括以下两步：似然，建立似然函数；极大似然，求解似然函数的极大值，并对未知事物进行估计。

例 3.1 设甲箱中有 9 个红球，1 个蓝球；乙箱中有 1 个红球，9 个蓝球。随机取出一个箱，再从中随机取出一个球，发现该球是蓝球，如图 3.5 所示。利用极大似然，估计这个球来自甲箱还是乙箱。

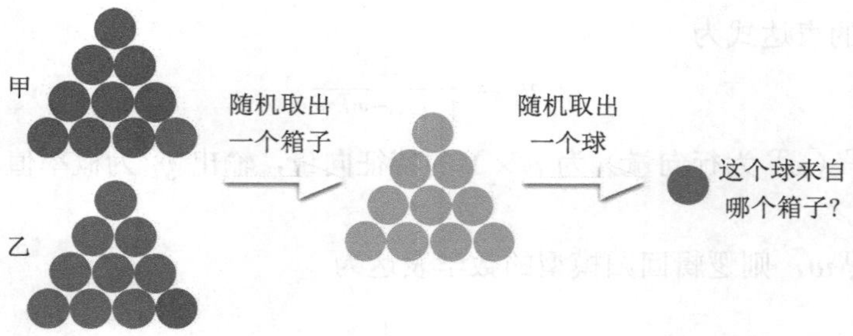

图 3.5 例 3.1 图示

解 遵循极大似然估计的两个步骤，逐步分析。

(1) 似然，建立似然函数。

假设 A 事件为小球最终的颜色，B 事件为这个小球来自哪个箱子，则事件“随机取出一个箱子，再从中随机取出一个球，发现该球是蓝球”的似然函数为 $P(B|A=\text{蓝})$。

(2) 极大似然，求解似然函数的极大值。

甲箱中蓝色球的概率为 $P(A=\text{蓝}|B=\text{甲})=0.1$，乙箱中蓝色球的概率为 $P(A=\text{蓝}|B=\text{乙})=0.9$。

随机选取箱子，则选中甲箱的概率为 $P(B=\text{甲})=0.5$，选中乙箱的概率为 $P(B=\text{乙})=0.5$。

两个箱子合在一起后，红色球与蓝色球数量相等，则有 $P(A=\text{蓝})=0.5$。

根据条件概率公式，有

$$P(B|A=\text{蓝})=\frac{P(A=\text{蓝}|B)\times P(B)}{P(A=\text{蓝})}=P(A=\text{蓝}|B) \tag{3.21}$$

所以，似然函数可以转化为

$$P(B|A=\text{蓝})=P(A=\text{蓝}|B)=\begin{cases}0.1, & B=\text{甲}\\ 0.9, & B=\text{乙}\end{cases} \tag{3.22}$$

发现其极大值是 0.9，而且这个极大值发生在 $B=\text{乙}$ 的情况。所以，利用极大似然估计，这个球来自乙箱。

接下来，我们给出极大似然估计的数学抽象表达式。

(1) 似然，建立似然函数。

先假设最终要估计的参数值 θ 是已知的，经过 N 次试验后，得到试验结果集合为 $\text{EXP}=\{\exp_1,\exp_2,\cdots,\exp_N\}$，计算试验结果的似然函数，得到

$$L(\theta)=P(\text{EXP}|\theta)=\prod_{i=1}^{N}P(\exp_i|\theta) \tag{3.23}$$

一般情况下，会对似然函数取对数，得到对数似然函数：

$$\ln L(\theta)=\ln P(\text{EXP}|\theta)=\sum_{i=1}^{N}\ln P(\exp_i|\theta) \tag{3.24}$$

(2) 极大似然，求解对数似然函数的极大值。

求解对数似然函数的极大值，并用极大值时的参数 $\hat{\theta}$ 作为最终结果，即

$$\hat{\theta} = \arg\max(\ln L(\theta)) \tag{3.25}$$

例 3.2　设样本服从正态分布 $N(\mu, \sigma^2)$，用极大似然法估计正态分布的参数 μ 和 σ。

解　(1) 建立似然函数。

$$\begin{aligned} L(\mu, \sigma^2) &= \prod_{i=1}^{N} P(x_i|\mu, \sigma^2) \\ &= \prod_{i=1}^{N} \frac{1}{\sqrt{2\pi}\sigma} \mathrm{e}^{-\frac{(x_i-\mu)^2}{2\sigma^2}} \end{aligned} \tag{3.26}$$

通常会对似然函数取对数，将难以求解的连乘运算转化为容易求解的求和运算。

$$\ln L(\mu, \sigma^2) = \sum_{i=1}^{N} \Big[\ln \frac{1}{\sqrt{2\pi}\sigma} - \frac{(x_i-\mu)^2}{2\sigma^2} \Big] \tag{3.27}$$

(2) 求解使似然函数最大的参数，即用极大似然法估计参数的结果。

求对数似然函数的偏导

$$\begin{cases} \dfrac{\partial \ln L(\mu, \sigma^2)}{\partial \mu} = 0 \\ \dfrac{\partial \ln L(\mu, \sigma^2)}{\partial \sigma^2} = 0 \end{cases} \tag{3.28}$$

求解式 (3.28)，有

$$\begin{cases} \displaystyle\sum_{i=1}^{N} \frac{x_i - \mu}{\sigma^2} = 0 \\ \displaystyle -\frac{N}{2\sigma^2} + \sum_{i=1}^{N} \frac{2(x_i-\mu)^2}{(2\sigma^2)^2} = 0 \end{cases} \tag{3.29}$$

最终得到

$$\begin{cases} \mu = \overline{x} = \dfrac{1}{N}\displaystyle\sum_{i=1}^{N} x_i \\ \sigma^2 = \dfrac{1}{N}\displaystyle\sum_{i=1}^{N} (x_i - \overline{x})^2 \end{cases} \tag{3.30}$$

2. 指标的数学表达

继续逻辑回归的主线，先清算一下已知条件和未知目标。

已知条件包括：一定量的有标注数据集 $D = < \boldsymbol{X}, \boldsymbol{y} >$，以及逻辑回归模型 $y_i = \text{sigmoid}(\boldsymbol{x}_i^{\mathrm{T}} \boldsymbol{w})$。

未知的目标：逻辑回归模型中的参数，就是 $\boldsymbol{w}$ 向量。

指标的数学表达，就是预测值 $\hat{y}$ 与真实值 y 的距离，通常被称为**损失函数**（Loss Function）。

在逻辑回归中，损失函数描述的是一种概率。

先看 D 中的一个样本 $d_i = <\boldsymbol{x}_i, y_i>$。逻辑回归计算输出值为 1 的概率：

$$
\begin{aligned}
P(y_i = 1|\boldsymbol{x}_i, \boldsymbol{w}) &= \text{sigmoid}(\boldsymbol{x}_i^{\mathrm{T}}\boldsymbol{w}) = \frac{1}{1+\mathrm{e}^{-\boldsymbol{x}_i^{\mathrm{T}}\boldsymbol{w}}} \\
&= \frac{\mathrm{e}^{\boldsymbol{x}_i^{\mathrm{T}}\boldsymbol{w}}}{1+\mathrm{e}^{\boldsymbol{x}_i^{\mathrm{T}}\boldsymbol{w}}} = \varPhi(z_i)
\end{aligned} \tag{3.31}
$$

我们将 $P(y_i = 1|\boldsymbol{x}_i, \boldsymbol{w})$ 简记为 $\varPhi(z_i)$，其中，$z_i = \boldsymbol{x}_i^{\mathrm{T}}\boldsymbol{w}$，则有

$$
\begin{aligned}
P(y_i = 0|\boldsymbol{x}_i, \boldsymbol{w}) &= \frac{1}{1+\mathrm{e}^{\boldsymbol{x}_i^{\mathrm{T}}\boldsymbol{w}}} \\
&= 1 - \varPhi(z_i)
\end{aligned} \tag{3.32}
$$

由式 (3.31) 和式 (3.32) 可以得到更一般的表达式：

$$
P(y_i|\boldsymbol{x}_i, \boldsymbol{w}) = \left[\varPhi(z_i)\right]^{y_i} \times \left[1 - \varPhi(z_i)\right]^{1-y_i} \tag{3.33}
$$

当 $y_i = 1$ 时，式 (3.33) 退化为式 (3.31)。

当 $y_i = 0$ 时，式 (3.33) 退化为式 (3.32)。

式 (3.33) 表示，针对一个样本 d_i，预测结果等于真实结果的概率。扩展到整个样本集 D，则可采用极大似然估计

$$
\begin{aligned}
L(\boldsymbol{w}) &= \prod_{i=1}^{N} P(y_i|\boldsymbol{x}_i, \boldsymbol{w}) \\
&= \prod_{i=1}^{N} \left[\varPhi(z_i)\right]^{y_i} \times \left[1 - \varPhi(z_i)\right]^{1-y_i}
\end{aligned} \tag{3.34}
$$

通常会对似然函数取对数，将连乘运算转化为求和运算，则对数极大似然函数为

$$
l(\boldsymbol{w}) = \ln(L(\boldsymbol{w})) = \sum_{i=1}^{N} \left[y_i \ln(\varPhi(z_i)) + (1 - y_i)\ln(1 - \varPhi(z_i))\right] \tag{3.35}
$$

式 (3.36) 即逻辑回归指标的数学表达，也就是损失函数，用于评价模型的好坏。逻辑回归损失函数背后的本质，就是极大似然估计，采用可能性最大的情况，对未知事物进行估计。

3.3.3 逻辑回归算法

根据极大似然估计原理，逻辑回归算法就是求解令对数极大似然函数 $l(\boldsymbol{w})$ 取最大值的参数 $\boldsymbol{w}$。

逻辑回归的损失函数为

$$l(\boldsymbol{w})=\sum_{i=1}^{N}\left[y_i\ln(\varPhi(z_i))+(1-y_i)\ln(1-\varPhi(z_i))\right] \tag{3.36}$$

为了求出式 (3.36) 的极大值，直观想法自然是计算其关于 $\boldsymbol{w}$ 的导函数。由于 Sigmoid 函数 $\varPhi(z_i)=\text{sigmoid}(x_i^{\mathrm{T}}w)$ 的导函数为 $\varPhi(z_i)*(1-\varPhi(z_i))$，因此有

$$\frac{\partial l(\boldsymbol{w})}{\partial \boldsymbol{w}}=\sum_{i=1}^{N}\left[\frac{y_i\varPhi(z_i)(1-\varPhi(z_i))x_i}{\varPhi(z_i)}-\frac{(1-y_i)(1-\varPhi(z_i))\varPhi(z_i)x_i}{1-\varPhi(z_i)}\right] \tag{3.37}$$

化简式 (3.37)，得到

$$\frac{\partial l(\boldsymbol{w})}{\partial \boldsymbol{w}}=\sum_{i=1}^{N}\{y_i(1-\varPhi(z_i))x_i-(1-y_i)\varPhi(z_i)x_i\} \tag{3.38}$$

最终，可以得到

$$\begin{aligned}\frac{\partial l(\boldsymbol{w})}{\partial \boldsymbol{w}}&=\sum_{i=1}^{N}(y_i-\varPhi(z_i))x_i\\&=\sum_{i=1}^{N}(y_i-\text{sigmoid}(\boldsymbol{x}_i^{\mathrm{T}}\boldsymbol{w}))\boldsymbol{x}_i\end{aligned} \tag{3.39}$$

至此，令 $\dfrac{\partial l(\boldsymbol{w})}{\partial \boldsymbol{w}}=0$，得到

$$\sum_{i=1}^{N}(y_i-\text{sigmoid}(\boldsymbol{x}_i^{\mathrm{T}}\boldsymbol{w}))\boldsymbol{x}_i=0 \tag{3.40}$$

上述式子的求解非常复杂，很难直接写出 $\boldsymbol{w}$ 的表达式，需要借助优化算法来求解逻辑回归的对数似然函数。

3.4 节将首先介绍随机梯度下降，然后基于随机梯度下降实现逻辑回归算法。

3.4　随机梯度下降

梯度下降法是一种优化算法，常用的有随机梯度下降（Stochastic Gradient Descent）、批量梯度下降（Batch Gradient Descent）、小批量梯度下降（Mini-batch Gradient Descent）等。本节关注随机梯度下降法，以及基于随机梯度下降实现的逻辑回归算法。

3.4.1　随机梯度下降法

函数的梯度（$\boldsymbol{\nabla}$）是个方向向量，是该函数的一阶偏导，表示函数变化最快的方向。

一元函数 $y = f(x)$ 在点 x_0 处的梯度为

$$\nabla f(x_0) = \frac{\mathrm{d}f}{\mathrm{d}x}\Big|_{x=x_0} \tag{3.41}$$

二元函数 $z = f(x, y)$ 在点 (x_0, y_0) 处的梯度为

$$\nabla f(x_0, y_0) = \left[\frac{\partial f}{\partial x}\Big|_{(x_0,y_0)}, \frac{\partial f}{\partial y}\Big|_{(x_0,y_0)} \right] \tag{3.42}$$

由此可见，对于一个一元函数 $f(x)$，梯度是其在某个点 x_0 的导数值，记为 $\nabla f(x_0)$。多元函数 $f(\boldsymbol{x})$ 的输入 $\boldsymbol{x}$ 为向量，其在给定向量 $\boldsymbol{x}_0$ 处的梯度就是一个向量，记为 $\nabla f(\boldsymbol{x}_0)$。这个向量表达的是一个方向，含义是函数的值在这个方向上的变化最大。例如，在下降时，某个点 $\boldsymbol{x}_0$ 的梯度为 $\nabla f(\boldsymbol{x}_0)$，意味着该方向最陡，朝这个方向走能最快下降。

下面以图 3.6 为例，说明随机梯度下降的应用。假设从 P_0 点出发下降到达谷底最低处。根据梯度的计算，发现梯度向量 $\overrightarrow{P_0P_1}$ 的方向最陡。为了到达山底最低处，我们尝试走一小步到达 P_1 点（此时 $\vec{P_1} = \vec{P_0} + \overrightarrow{P_0P_1}$）。在 P_1 点重复梯度计算，得到梯度向量 $\overrightarrow{P_1P_2}$ 的方向最陡，因此又走一小步到达 P_2 点（此时 $\vec{P_2} = \vec{P_1} + \overrightarrow{P_1P_2}$）。在 P_2 点，重复前面过程，又到了 P_3 点（此时 $\vec{P_3} = \vec{P_2} + \overrightarrow{P_2P_3}$）。经过多次循环，终于到达谷底。

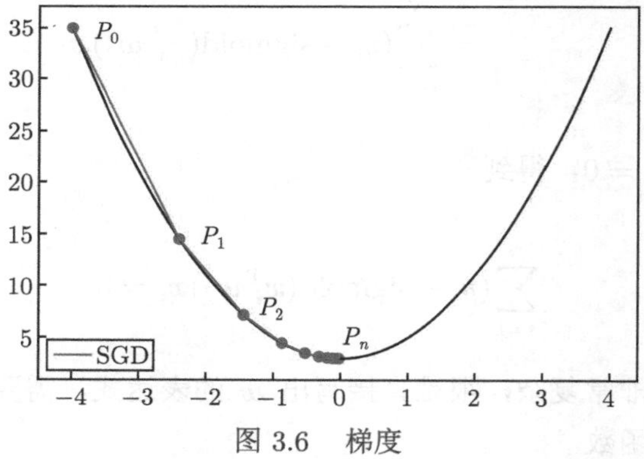

图 3.6 梯度

对上面的过程进行抽象，就是利用梯度方向更新当前的位置，即 $\vec{P_n} = \vec{P}_{n-1} + \overrightarrow{P_{n-1}P_n}$。这样的下降方法，在不知道谷底在哪时会非常奏效。

随机梯度下降过程中，更新公式为

$$\boldsymbol{x} = \boldsymbol{x} - \alpha \nabla f(\boldsymbol{x}) \tag{3.43}$$

随机梯度下降的更新公式引入了学习率 α 这个参数，在建模时，该如何设置它呢？

借助下山问题来直观理解，α 表示每次前进的步长。为了快速到达山底最低处，应该将 α 设置得大一些以快速前进。然而，过大的 α 可能发生到达跨越山底的情况，也就是在步子过大的情况下，围绕山底走过来、走过去，却始终到不了山底处的最低点。图 3.7 给出了不同 α 对梯度下降影响的示意图。

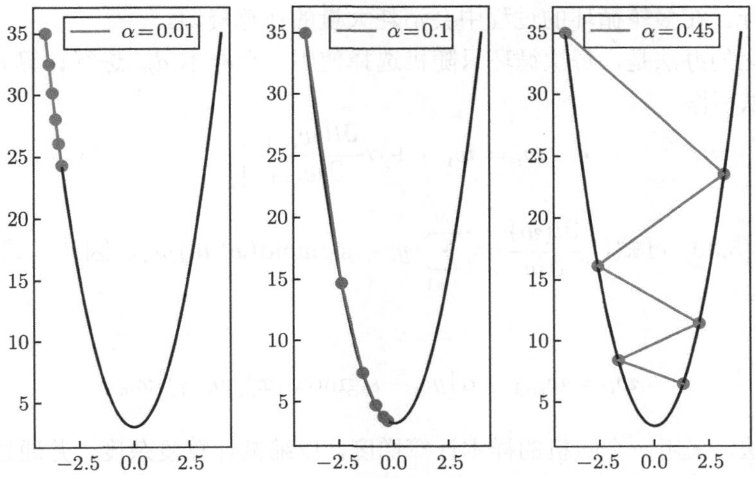

图 3.7　学习率的选择

图中，当学习率 $\alpha = 0.01$ 时，步长过小，需要循环很多次才能找到最小值；当学习率 $\alpha = 0.45$ 时，步长过大，容易出现在最低点附近震荡的情况。而当学习率设置为 $\alpha = 0.1$ 时，步长合适，能快速找到最小值。

在随机梯度下降法中，学习率的选择很重要。合适的学习率取值能助力随机梯度下降法快速找到最优值。

3.4.2　基于 SGD 实现逻辑回归

随机梯度下降法通过随机抽取一个样本计算梯度，利用梯度值逐步更新参数值。本节介绍基于随机梯度下降法求解逻辑回归的对数极大似然函数，从而建立逻辑回归模型。

前面内容直接计算损失函数的偏导时，计算公式 (3.40) 面临困难。本节将基于随机梯度下降法求解逻辑回归的对数极大似然函数。

随机梯度下降过程中，更新公式为

$$\boldsymbol{x} = \boldsymbol{x} - \alpha \nabla f(\boldsymbol{x}) \tag{3.44}$$

逻辑回归算法需要求解损失函数，即求解令损失函数 $l(\boldsymbol{w})$ 取最大值的 $\boldsymbol{w}$，也就是令 $-l(\boldsymbol{w})$ 取最小值的 $\boldsymbol{w}$。这和下山找山底的例子非常相似，在这里我们进行类比，将随机梯度下降切换到逻辑回归的场景。在逻辑回归中，每次循环更新 $\boldsymbol{w}_i$ 的值。每次循环前进的“方向”是损失函数 $-l(\boldsymbol{w})$ 的梯度，即 $-\dfrac{\partial l(\boldsymbol{w})}{\partial \boldsymbol{w}}$。而每次循环前进的“一小步”，可以定义为系数 α，通常被称作学习率。这样，可以得到逻辑回归中的参数更新公式为

$$\boldsymbol{w}_i = \boldsymbol{w}_{i-1} + \alpha \frac{\partial l(\boldsymbol{w}_{i-1})}{\partial \boldsymbol{w}_{i-1}} \tag{3.45}$$

利用上述参数更新公式进行多次循环，就可以找到使得损失函数 $l(\boldsymbol{w})$ 最大时的 $\boldsymbol{w}$ 的值。但是，公式 (3.45) 的循环效率可能会比较低，因为式中梯度的计算需要在全部的

数据集上执行。在多轮循环的过程中会消耗大量的计算资源。

一个优化的办法是，每次循环只随机选择使用一个样本 d_m 进行计算。那么，公式 (3.45) 就可以写作

$$\boldsymbol{w}_i = \boldsymbol{w}_{i-1} + \alpha \left.\frac{\partial l(\boldsymbol{w}_{i-1})}{\partial \boldsymbol{w}_{i-1}}\right|_{\boldsymbol{x}_m} \tag{3.46}$$

回顾式 (3.39) 可知，$\dfrac{\partial l(\boldsymbol{w})}{\partial \boldsymbol{w}} = \sum_{i=1}^{N}(y_i - \text{sigmoid}(\boldsymbol{x}_i^T \boldsymbol{w}))\boldsymbol{x}_i$，因此，式 (3.46) 可以写作：

$$\boldsymbol{w}_i = \boldsymbol{w}_{i-1} + \alpha\left[y_m - \text{sigmoid}(\boldsymbol{x}_m^{\mathrm{T}} \boldsymbol{w}_{i-1})\right]\boldsymbol{x}_m \tag{3.47}$$

这种方法，采用一个随机的样本计算梯度，以缩减计算复杂度，并通过多轮循环让损失函数的值不断下降，最终得到最优化的结果，这就是随机梯度下降法的原理。

式 (3.47) 就是基于随机梯度下降实现逻辑回归算法的参数更新公式，也是逻辑回归算法的核心。基于式 (3.47)，我们给出基于随机梯度下降实现的逻辑回归算法伪代码。

算法 3.1: 逻辑回归算法

输入: 数据集 $D = (\boldsymbol{X}, \boldsymbol{y})$

输出: 模型参数 $\boldsymbol{w}$

```
初始化 w;
初始化参数 α;
初始化最大循环次数 maxLoop;
for i = 0 : maxLoop do
    随机选择一个样本 (X_m, y_m);
    计算梯度 ∇w = [y_m − sigmoid(x_m^T w)] x_m;
    更新参数 w = w + α∇w;
Return w;
```

3.5 本章小结

本章提供了机器学习领域的基础知识，这些都是学习强化学习的必备基础。其中，线性回归与逻辑回归为机器学习领域的两大常用基础算法，通过学习相应内容，可以帮助读者了解机器学习方法的具体过程和关键要素。除此之外，本章还对机器学习常用优化算法——随机梯度下降进行了介绍，并将其应用于逻辑回归的求解。

第4章

神经网络

学习目标与要求

1. 掌握神经网络中神经元的结构及实现原理。
2. 掌握感知机的结构及实现原理。
3. 掌握神经网络的构建过程。
4. 了解神经网络训练中的梯度消失现象。

神经网络

神经网络算法是机器学习算法的一种，是深度强化学习的基础。了解相关知识的读者可以略过此章，直接进入下一章内容的学习。

4.1 神经元

神经元是生物神经系统最基本的结构和功能单元。生物神经元由树突、细胞体、轴突和突触组成。

(1) 树突：接收其他神经元传送的信号。

(2) 细胞体：具有连接整合输入信息和传递信息的功能。

(3) 轴突：接收外来刺激，然后从细胞体中排出。

(4) 突触：把经过轴突的信号转化为下一个神经元的输入信号。突触产生的信号有兴奋性和抑制性两种。

人工神经元由输入、激活函数和输出组成，模拟细胞体加工和处理信号的过程。生物神经元和人工神经元的对比见表 4.1。

表 4.1　生物神经元和人工神经元的对比

生物神经元	人工神经元	作　用
树突	输入层	接收输入数据
细胞体	加权和	加工处理数据
轴突	激活函数	控制输出
突触	输出层	输出结果

激活函数是人工神经元的重要组成部分，当神经元传递兴奋信号时，

激活函数应输出 1，当神经元传递抑制信号时，激活函数应输出 0。阶跃函数满足上述需求，阶跃函数的公式为

$$u(z)=\begin{cases}1, & z\geqslant 0\\ 0, & z<0\end{cases} \tag{4.1}$$

但是，阶跃函数具有不连续性，实际应用中常采用 Sigmoid 函数作为激活函数。Sigmoid 函数的公式为

$$\text{sigmoid}(z)=\frac{1}{1+\mathrm{e}^{-z}} \tag{4.2}$$

图 4.1 给出了这两种激活函数的函数图，可以看出 Sigmoid 函数是光滑连续的，并且在实际应用中，其导函数容易被求解。

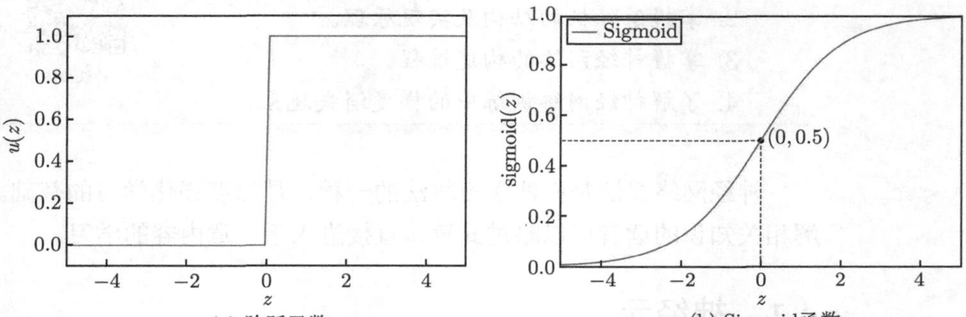

图 4.1　激活函数例子

以 Sigmoid 函数作为激活函数为例，人工神经元的基本结构如图 4.2 所示。

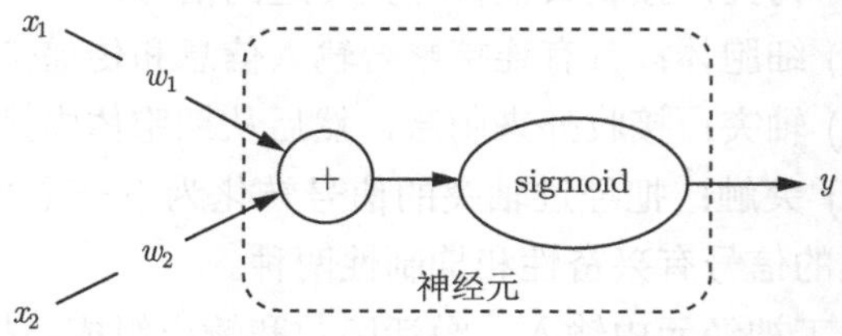

图 4.2　人工神经元的基本结构

假设输入特征 $\boldsymbol{x}$ 包含两个维度的特征 x_1 和 x_2，经线性变换后，再经过 Sigmoid 函数，即得到了输出 y。其中输入与输出的关系为

$$\begin{aligned} y &= \frac{1}{1+\mathrm{e}^{-(w_1x_1+w_2x_2)}} \\ &= \frac{1}{1+\mathrm{e}^{-\boldsymbol{x}^{\mathrm{T}}\boldsymbol{w}}} \end{aligned} \tag{4.3}$$

其中，$\boldsymbol{x}^{\mathrm{T}}=[x_1,x_2]$，$\boldsymbol{w}=\begin{bmatrix}w_1\\ w_2\end{bmatrix}$。

4.2　感知机

神经元传递信号的过程就是信息加工、处理、决策的过程。感知机（Perceptron）是基于神经元构建的，感知机模型是一个线性分类模型，无法对非线性问题建模，其分类效果通常不是很好。但是，感知机是神经网络和深度学习的基础。掌握感知机的实现原理有助于理解后续内容。

本节同样从监督学习三要素入手，分析感知机的模型、指标和算法。其中，模型用于作出决策，指标用于评价模型，算法用于修正模型。

4.2.1　感知机模型

感知机由两层神经元组成，包括输入层和输出层。感知机模型的输入是实例的特征向量，输出是实例的类别。感知机模型对输入进行加权求和，再利用符号函数（Sign Function）得到输出。感知机的模型框图如图 4.3 所示。

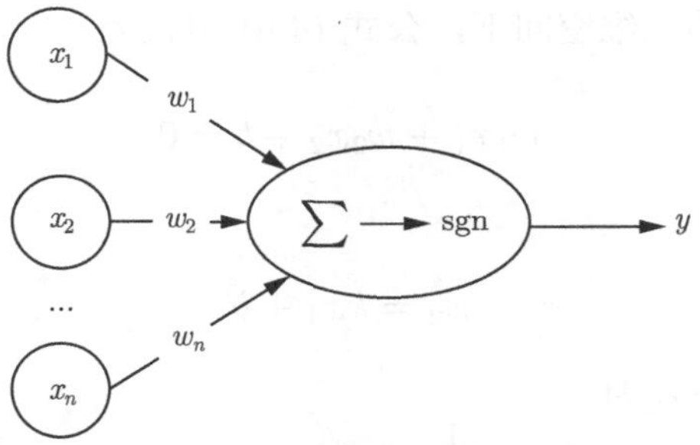

图 4.3　感知机的模型框图

流程上，感知机模型先对所有的输入变量进行加权求和，再用符号函数求出分类的结果。由于加权求和就是线性求和，且符号函数不会影响数值的相对关系，因此感知机模型与逻辑回归一样，也是线性模型，无法处理非线性问题（例如异或问题）。

感知机的激活函数为符号函数，记为 sgn。符号函数的公式为

$$\text{sgn}(z) = \begin{cases} 1, & z \geqslant 0 \\ -1, & z < 0 \end{cases} \tag{4.4}$$

对于一个输入实例，其特征值分别输入到输入结点中。通过不同的权值 w_i 进行加权求和。最后再使用符号函数 sgn() 对求和的结果进行分类。

感知机模型的数学表达式为

$$y = \text{sgn}(\boldsymbol{w}^{\mathrm{T}}\boldsymbol{x} + b) \tag{4.5}$$

感知机模型就是要通过实例的数据集合，求解出最优的 $\boldsymbol{w}$ 和 b。

4.2.2 感知机指标

损失函数衡量预测值与真实值的距离，用于评价模型。损失函数的选择没有标准方法，损失函数只满足对参数 w 连续可导即可。

假设输入特征 $\boldsymbol{x}$ 包含两个维度的特征 x_1 和 x_2，感知机模型就是二维空间下一条用于分类的直线。如果特征空间大于二维，则模型就是高维度空间下的一个超平面。

感知机模型本质上就是希望找到一个超平面，最大可能地将样本实例按照不同的标签区分开。

因此，可以计算被错误区分的样本点到超平面的距离之和，将其作为感知机模型的损失函数。

基于上述思路，需要计算空间中的点 $\boldsymbol{x}_0$ 到超平面 S 的距离。利用高中数学的知识，在高维空间 $\boldsymbol{R}^n$ 下，超平面 S 的表达式为

$$S : \boldsymbol{w}^{\mathrm{T}}\boldsymbol{x} + b = 0 \tag{4.6}$$

特别地，在 $n = 2$ 的二维空间下，公式 (4.6) 退化为

$$w_1x_1 + w_2x_2 + b = 0 \tag{4.7}$$

也就是

$$x_2 = kx_1 + b \tag{4.8}$$

点到超平面距离的公式为

$$\frac{1}{||\boldsymbol{w}||}|\boldsymbol{w}^{\mathrm{T}}\boldsymbol{x}_0 + b| \tag{4.9}$$

其中，$||\boldsymbol{w}||$ 为 $\boldsymbol{w}$ 的 L_2 范数，即

$$||\boldsymbol{w}|| = \sqrt{w_1^2 + w_2^2 + \ldots + w_n^2} \tag{4.10}$$

其次，基于公式 (4.9) 计算被错误区分的点到超平面距离之和，可以得到

$$\frac{1}{||\boldsymbol{w}||}\sum_{\boldsymbol{x}_i \in M}|\boldsymbol{w}^{\mathrm{T}}\boldsymbol{x}_i + b| \tag{4.11}$$

其中，M 为所有错误分类的样本点集合。

公式 (4.11) 是损失函数的原始形态，包含大型求和、求 L_2 范数、绝对值、集合符号等复杂运算因子。如果不进行化简，会令人感到异常困扰。

接下来对公式 (4.11) 进行化简。

感知机模型的数学表达式为

$$y = \mathrm{sgn}(\boldsymbol{w}^{\mathrm{T}}\boldsymbol{x} + b) = \begin{cases} 1, & \boldsymbol{w}^{\mathrm{T}}\boldsymbol{x} + b \geqslant 0 \\ -1, & \boldsymbol{w}^{\mathrm{T}}\boldsymbol{x} + b < 0 \end{cases} \tag{4.12}$$

由于感知机模型的预测值 $\hat{y}$ 是符号函数的输出值，因此模型的预测值 $\hat{y}$ 必然与加权求和输出值 $\boldsymbol{w}^{\mathrm{T}}\boldsymbol{x}+b$ 同符号。又由于研究样本为错误分类，所以真实值 y 与预测值 $\hat{y}$ 的符号不同。因此，对于错误分类的数据样本 $(\boldsymbol{x}_i^{\mathrm{T}}, y_i)$ 来说，$\boldsymbol{w}^{\mathrm{T}}\boldsymbol{x}_i+b$ 的符号始终与 y_i 不同，感知机错误分类的分析见表 4.2。

表 4.2　感知机错误分类的分析

$\boldsymbol{w}^{\mathrm{T}}\boldsymbol{x}+b$	预测值 $\hat{y}$	真实值 y	预测结果	$-y_i(\boldsymbol{w}^{\mathrm{T}}\boldsymbol{x}_i+b)$
+	+1	-1	错误分类	+
-	-1	+1	错误分类	+

将感知机错误分类分析表中所示的错误分类情况用数学公式表达，有

$$-y_i(\boldsymbol{w}^{\mathrm{T}}\boldsymbol{x}_i+b)>0 \tag{4.13}$$

因此，对于所有错误分类的点，公式 (4.13) 的绝对值部分有如下的结果

$$|\boldsymbol{w}^{\mathrm{T}}\boldsymbol{x}_i+b|=-y_i(\boldsymbol{w}^{\mathrm{T}}\boldsymbol{x}_i+b) \tag{4.14}$$

利用公式 (4.14) 修改公式 (4.11)，则有

$$-\frac{1}{||\boldsymbol{w}||}\sum_{\boldsymbol{x}_i\in M} y_i(\boldsymbol{w}^{\mathrm{T}}\boldsymbol{x}_i+b) \tag{4.15}$$

对于所有样本的损失值而言，$\dfrac{1}{||\boldsymbol{w}||}$ 是一个正数，且可被视为常数。因此，式 (4.15) 可以忽略该项。

最终，我们得到感知机模型的损失函数

$$L(\boldsymbol{w},b)=-\sum_{\boldsymbol{x}_i\in M} y_i(\boldsymbol{w}^{\mathrm{T}}\boldsymbol{x}_i+b) \tag{4.16}$$

感知机模型的损失函数计算了错误分类样本与分类超平面的距离。

4.2.3　感知机算法

感知机模型的参数为 $\boldsymbol{w}$ 和 b，其中，$\boldsymbol{w}$ 是一个列向量，b 是一个标量。感知机算法的目标是在给定的数据集求解参数 $\boldsymbol{w}$ 和 b，使损失函数最小，即

$$\min L(\boldsymbol{w},b)=-\sum_{\boldsymbol{x}_i\in M} y_i(\boldsymbol{w}^{\mathrm{T}}\boldsymbol{x}_i+b) \tag{4.17}$$

其中，M 为错误分类的点的集合。式 (4.17) 是一个最优化问题，需要对全部错误分类的样本进行计算。

可以采用随机梯度下降法求解该最优化问题。

首先计算式 (4.17) 的梯度。计算损失函数 $L(\boldsymbol{w},b)$ 关于所有自变量的偏导

$$\begin{cases}\dfrac{\partial L(\boldsymbol{w},b)}{\partial \boldsymbol{w}}=-\displaystyle\sum_{\boldsymbol{x}_i\in M} y_i\boldsymbol{x}_i \\ \dfrac{\partial L(\boldsymbol{w},b)}{\partial b}=-\displaystyle\sum_{\boldsymbol{x}_i\in M} y_i\end{cases} \tag{4.18}$$

随机梯度下降法采用一个随机的样本计算梯度以缩减计算复杂度，让损失函数的值不断下降，最终得到最优化的结果。既然是随机选取一个样本，那么式 (4.18) 中的求和符号就可以消失。因此，参数更新的规则为

$$\begin{cases}\boldsymbol{w}\leftarrow \boldsymbol{w}+\eta y_i\boldsymbol{x}_i \\ b\leftarrow b+\eta y_i\end{cases} \tag{4.19}$$

其中，η 是学习率，通常设置为 0~1 的小数。具体算法流程如下。

算法 4.1: 感知机算法

输入: 数据集 $D=(\boldsymbol{X},\boldsymbol{y})$

输出: 最优模型的参数 $\boldsymbol{w}$、b

```
初始化 w、b;
初始化学习率 η;
初始化最大循环次数 maxLoop;
for i = 0 : maxLoop do
    随机选择一个样本 d_m = (X_m, y_m);
    利用当前的模型对 d_m 进行预测;
    if y_i * (w^T x_i + b) ⩽ 0 then
        w ← w + η y_i x_i;
        b ← b + η y_i;
return w，b;
得到最终模型：y = sgn(w^T x + b);
```

例 4.1 利用感知机模型建立位运算“与”的模型。

解 首先分析“与”运算的规则，见表 4.3。因为感知机模型的预测值为 1 和 +1，所以我们将位运算结果的 0 用 −1 替换。

表 4.3 “与”运算的规则

样本编号	x_1	x_2	x_1 and x_2	y
1	0	0	0	-1
2	1	0	0	-1
3	0	1	0	-1
4	1	1	1	1

接下来，运用感知机学习算法建立感知机预测模型。

数据集的特征包括两个维度，因此模型参数包括 w_1、w_2 和 b，则感知机模型为

$$y = \mathrm{sgn}(w_1x_1 + w_2x_2 + b) \tag{4.20}$$

接下来利用感知机学习算法建立模型。

初始化参数，假设 $w_1 = w_2 = 1$，$b = 0$。设置学习率 $\eta = 0.6$，此时模型为

$$y = \mathrm{sgn}(1 \times x_1 + 1 \times x_2 + 0) \tag{4.21}$$

(1) 随机选取样本 2，计算出预测值 y 为 1，与真实值 1 不同，则更新参数。

$$\begin{cases} w_1 = 1 + 0.6 \times (-1) \times 1 = 0.4 \\ w_2 = 1 + 0.6 \times (-1) \times 0 = 1 \\ b = 0 + 0.6 \times (-1) = -0.6 \end{cases} \tag{4.22}$$

此时模型为

$$y = \mathrm{sgn}(0.4 \times x_1 + 1 \times x_2 - 0.6) \tag{4.23}$$

(2) 随机选取样本 3，计算出预测值 y 为 1，与真实值 1 不同，则更新参数。

$$\begin{cases} w_1 = 0.4 + 0.6 \times (-1) \times 0 = 0.4 \\ w_2 = 1 + 0.6 \times (-1) \times 1 = 0.4 \\ b = -0.6 + 0.6 \times (-1) = -1.2 \end{cases} \tag{4.24}$$

此时模型为

$$y = \mathrm{sgn}(0.4x_1 + 0.4x_2 - 1.2) \tag{4.25}$$

(3) 随机选取样本 4，计算出预测值 y 为 -1，与真实值 1 不同，则更新参数。

$$\begin{cases} w_1 = 0.4 + 0.6 \times 1 \times 1 = 1 \\ w_2 = 0.4 + 0.6 \times 1 \times 1 = 1 \\ b = -1.2 + 0.6 \times 1 = -0.6 \end{cases} \tag{4.26}$$

此时模型为

$$y = \mathrm{sgn}(1 \times x_1 + 1 \times x_2 - 0.6) \tag{4.27}$$

(4) 随机选取样本 2，计算出预测值 y 为 1，与真实值 1 不同，则更新参数。

$$\begin{cases} w_1 = 1 + 0.6 \times (-1) \times 1 = 0.4 \\ w_2 = 1 + 0.6 \times (-1) \times 0 = 1 \\ b = -0.6 + 0.6 \times (-1) = -1.2 \end{cases} \tag{4.28}$$

此时模型为

$$y = \mathrm{sgn}(0.4x_1 + 1x_2 - 1.2) \tag{4.29}$$

(5) 随机选取样本 3，计算出预测值 y 为 1，与真实值 1 不同，则更新参数。

$$\begin{cases} w_1 = 0.4 + 0.6 \times (-1) \times 0 = 0.4 \\ w_2 = 1 + 0.6 \times (-1) \times 1 = 0.4 \\ b = -1.2 + 0.6 \times (-1) = -1.8 \end{cases} \tag{4.30}$$

此时模型为

$$y = \mathrm{sgn}(0.4x_1 + 0.4x_2 - 1.8) \tag{4.31}$$

(6) 随机选取样本 4，计算出预测值 y 为 −1，与真实值 1 不同，则更新参数。

$$\begin{cases} w_1 = 0.4 + 0.6 \times 1 \times 1 = 1 \\ w_2 = 0.4 + 0.6 \times 1 \times 1 = 1 \\ b = -1.8 + 0.6 \times 1 = -1.2 \end{cases} \tag{4.32}$$

此时模型为

$$y = \mathrm{sgn}(1 \times x_1 + 1 \times x_2 - 1.2) \tag{4.33}$$

至此，所有的 4 个样本中，没有错误分类的样本。模型训练结束，最终模型为

$$y = \mathrm{sgn}(1 \times x_1 + 1 \times x_2 - 1.2) \tag{4.34}$$

如图 4.4 所示，蓝色点表示分类为 −1 的数据，红色点表示分类为 +1 的数据。虚线为学习到的分类超平面 $x_1 + x_2 - 1.2 = 0$。可见，所有样本都被正确分开。

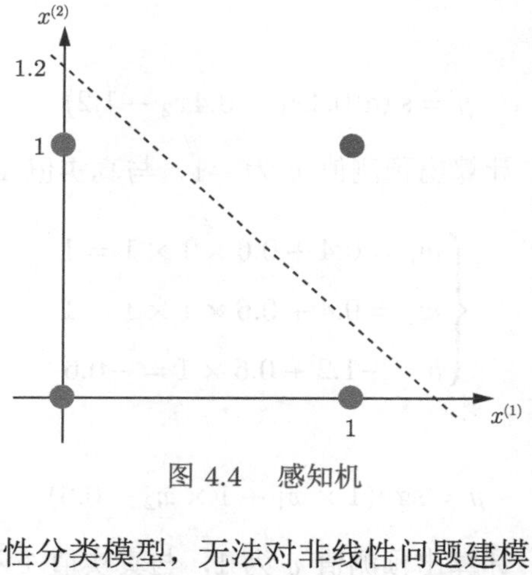

图 4.4 感知机

感知机模型是一个线性分类模型，无法对非线性问题建模，其分类效果通常不会很好。虽然感知机模型的效果不是很好，但它是很多高级模型的基础。当前机器学习的复杂模型，例如神经网络、深度神经网络，都是以感知机为雏形，通过不断增加隐藏层个数完成的复杂问题建模。这与人脑也是类似的。单个神经元处理信息有限，但人脑是由复杂、多层的神经元构建而成，从而支撑人脑进行非线性的复杂运算。

4.3　神经网络

神经网络技术是深度学习的基石，是机器学习方向的重大突破。因此，想掌握强化学习中深度学习的相关知识，就必须深入理解神经网络的基本原理。

人类大脑的神经单位是神经元，大脑是由多个神经元经过组合叠加得到的。神经网络是对人类神经运行规律进行模拟的计算模型，神经网络的组织结构能够模拟生物神经系统对真实世界作出的交互反应。

前两节介绍了神经元，以及由两层神经元组成的感知机模型，本节将对多个感知机模型进行组合叠加，得到神经网络模型。感知机模型是一个线性分类器，不能有效地处理非线性问题，对于非线性的预测束手无策。而神经网络通过对多个感知机的组合叠加，能有效地处理非线性问题，是一个强有力的非线性分类器。

神经网络是一种机器学习算法，包括模型、指标和算法这三个重要元素。

(1) 模型：用于作出决策，$\boldsymbol{y} = f(\boldsymbol{w}; \boldsymbol{x}^{\mathrm{T}})$。

(2) 指标：用于评价模型，$L(\boldsymbol{w}) = \mathrm{loss}(\boldsymbol{y}, \hat{\boldsymbol{y}})$。

(3) 算法：用于修正模型，$\boldsymbol{w} = \underset{\boldsymbol{w}}{\mathrm{argmin}}(L(\boldsymbol{w}))$。

神经网络建模的过程同样遵循监督学习建模的原则，首先构造模型框架，用某种方式连接输入特征 $\boldsymbol{x}$ 与输出标签 $\boldsymbol{y}$，给出模型函数 $\boldsymbol{y} = f(\boldsymbol{w}; \boldsymbol{x}^{\mathrm{T}})$；其次，寻找指标建立损失函数，度量真实值 $\boldsymbol{y}$ 和预测值 $\hat{\boldsymbol{y}}$ 之间的距离 $L(\boldsymbol{w})$；最后，选择优化算法，寻找使得损失函数 $L(\boldsymbol{w})$ 达到最小值时的模型参数 $\boldsymbol{w}$，得到最优模型。

4.3.1　神经网络模型

神经网络的基本结构来自感知机模型。如图 4.5 所示，图 4.5(a) 是感知机模型的结构。由于符号函数在 0 点不连续，所以不易于求导。考虑到 Sigmoid 函数和符号函数的图像非常相似，且 Sigmoid 函数处处连续可导，我们将图 4.5(a) 中虚线框的符号函数更改为 Sigmoid 函数，得到图 4.5(b)。Sigmoid 函数也被称作激活函数。随后，将每个输入的第 i 维特征 x^i 用一个独立结点承载。再用一个大结点表示求和以及 Sigmoid 函数激活，这样就构成了一个最简单的神经网络。

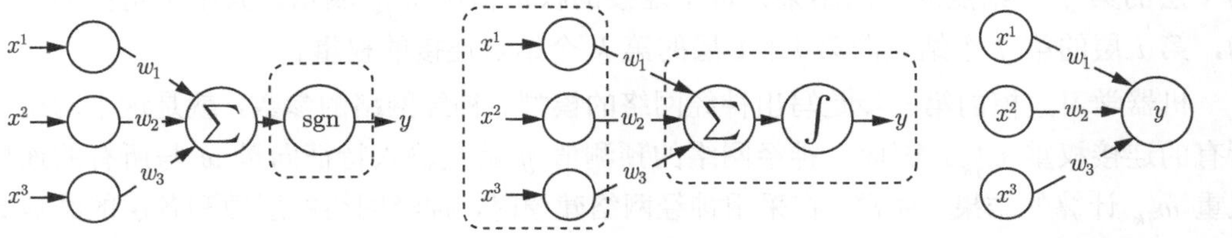

(a) 感知机的结构　　(b) 优化感知机结构　　(c) 神经网络的基本结构

图 4.5　感知机与神经网络的基本结构对比

图 4.5(c) 为神经网络的基本结构。神经网络模型由结点和有向连接组成。有向连接表示的是个权重值 w_i，它接收某个结点的输出值，和自身的权重值相乘之后，再输入给下一个结点。而结点的功能则是将所有输入求和，再进行激活，得到结点的输出值。

复杂神经网络是基于神经网络的基本结构构成的。如图 4.6(a) 所示，有两个结构一样的神经网络，其输入结点相同，输入权重不同，得到不同的输出。我们将这两个神经网络进行合并简化，得到图 4.6(b) 所示的神经网络。可以将图 4.6(b) 的输出 y_1 和 y_2 当作某个基本结构的输入，在图 4.6(b) 的右侧再增加一个基本结构。如图 4.6(c) 所示，我们得到了一个三层的神经网络，其输出变量记为 y_3。

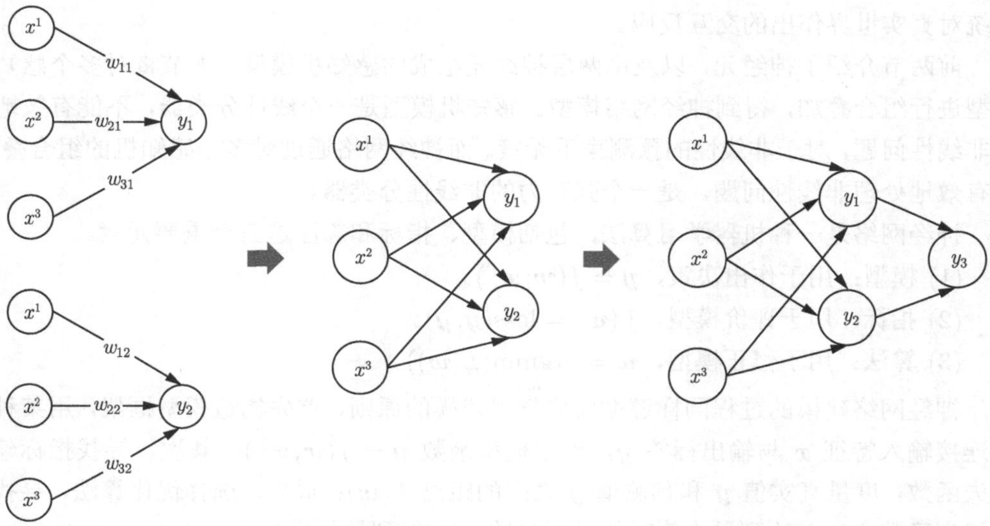

(a) 基础两层神经网络　　(b) 复杂两层神经网络　　(c) 三层神经网络

图 4.6　神经网络的层级结构

根据实际建模的需要，神经网络可以有任意多个层次，每层里可以有任意多个结点。通常，最左边一层的结点被称作输入层。输入层之后、最后一层之前可能包含很多个层次，统称为隐藏层。最后一层称为输出层，它的输出结果就是预测值。

除了输入层，其他结点都会通过求和与激活函数输出一个计算结果。在本书中，层数从 0 开始计数，输入层就是第 0 层。如图 4.7 所示，输入层以外的结点，用 y_{ij} 表示第 i 层的第 j 个结点的输出结果。每个连接的权重值用 w_{jk}^i 表示。其中下角标的含义为，第 i 层的第 j 个结点向第 $i+1$ 层的第 k 个结点连接的权重。

机器学习建模的第一步是写出神经网络的模型。神经网络的参数，就是这个网络中所有的连接权重 w_{jk}^i。因此，神经网络的预测值 y 就是输入特征向量 $\boldsymbol{x}$ 与所有的连接权重 w_{jk}^i 计算的结果。通常，在采用神经网络建模时，神经网络的层数和各层的结点数是预先设置好的，即层数和各层结点数是已知的。以图 4.7 为例，我们给出神经网络模型的数学表达：

$$y = y_{21} = \operatorname{sigmoid}\left(\sum_{k=1}^{2} y_{1k} \times w_{k1}^1\right) \tag{4.35}$$

其中

$$y_{1k} = \text{sigmoid}\left(\sum_{i=1}^{3} x^i \times w_{ik}^0\right) \tag{4.36}$$

对于第 $i+1$ 层第 j 个结点的输出，更广义的写法为

$$y_{i+1,j} = \text{sigmoid}\left(\sum_{k=1}^{n} y_{ik} \times w_{kj}^i\right) \tag{4.37}$$

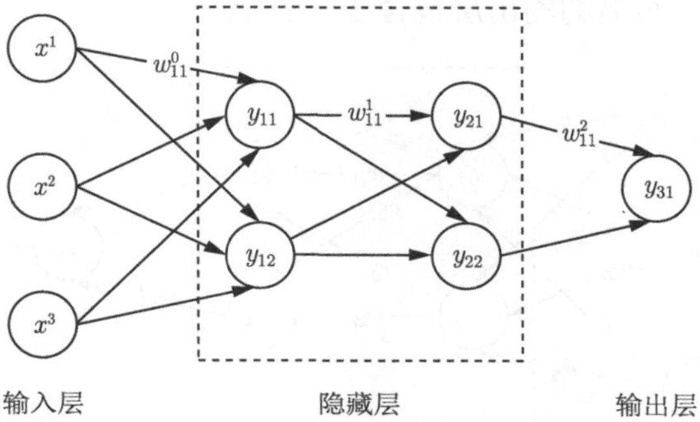

图 4.7　神经网络的参数标记

4.3.2　神经网络指标

机器学习建模的第二步是制定用于评价模型的指标，即选择损失函数。损失函数可以根据不同问题灵活选择。在这里，我们选择最小二乘误差作为神经网络的损失函数。

最小二乘损失函数计算的是所有样本点真实值 y 与预测值 $\hat{y}$ 之间差值的平方和。在已知数据集 $<\boldsymbol{x}_i, y_i>$ 的条件下，损失函数是关于模型参数 w_{jk}^i 的函数，则有

$$L(\boldsymbol{w}) = \frac{1}{2}\sum_{i=1}^{N}(\hat{y}_i - y_i)^2 \tag{4.38}$$

其中，N 为样本量，预测值 $\hat{y}_i$ 是关于 $\boldsymbol{w}$ 的函数。

该损失函数也被称作 $L2$ 损失函数或欧几里得损失函数，其数学意义为评估计算神经网络预测结果向量与正确标签向量之间的欧几里得距离。因此，如果可以找到一个算法能最小化损失函数，我们就有可能学习到一个能得出正确预测结果的神经网络。

4.3.3　神经网络算法

机器学习建模的第三步是设计用于优化模型的算法。在确定神经网络架构，预设权重值（以全部置零为例）并定义损失函数后，可以给定多个输入向量，通过一个前向传播（Forward Propagation）预测得到多个输出向量。将这些输出向量以及对应的输出标签代入损失函数后可以发现，不经过权重训练的神经网络基本不能以我们想要的方式进行预测。此时，我们需要使用某个神经网络算法在标签的“监督”下对该神经网络进行训练。其中，最基础、最经典的神经网络训练方法要属梯度下降法（Gradient Descent）。

为了让读者了解训练神经网路的基本过程，本节内容主要涉及神经网络的前向传播过程、求解梯度的反向传播过程（Back Propagation，BP），以及随机梯度下降法。

1. 前向传播过程

一般将神经网络从输入层往输出层的传播过程称为前向传播；反之称为后向传播。神经网络通过前向传播得到预测的输出结果。图 4.8 给出了一个 4 层神经网络的例子来阐述前向传播的全部计算过程。如图 4.8 所示，其输入层包含 3 个结点；隐藏层有 2 层，各包含 2 个结点；最后的输出层包含 1 个结点。

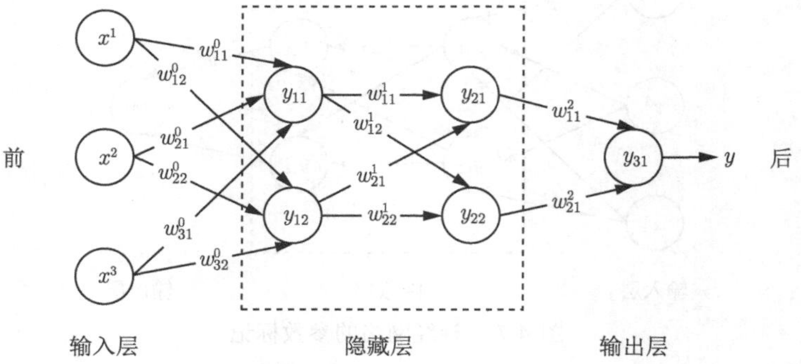

图 4.8　前向传播过程

机器学习建模的目的是建立输入到输出的映射函数 $y = f(x)$。基于图 4.8 中的神经网络结构，我们尝试写出这个映射函数。首先，从输入层开始有如下映射关系：

$$y_{11} = \text{sigmoid}(x^1 w_{11}^0 + x^2 w_{21}^0 + x^3 w_{31}^0) \tag{4.39}$$

$$y_{12} = \text{sigmoid}(x^1 w_{12}^0 + x^2 w_{22}^0 + x^3 w_{32}^0) \tag{4.40}$$

以式 (4.39) 和式 (4.40) 的中间映射结果为输入，继续进行下一层的前向映射计算

$$y_{21} = \text{sigmoid}(y_{11} w_{11}^1 + y_{12} w_{21}^1) \tag{4.41}$$

$$y_{22} = \text{sigmoid}(y_{11} w_{12}^1 + y_{12} w_{22}^1) \tag{4.42}$$

最后，可以得到输出层的最终预测结果

$$y = y_{31} = \text{sigmoid}(y_{21} w_{11}^2 + y_{22} w_{21}^2) \tag{4.43}$$

2. 反向传播过程

前面说过，不经过训练的神经网络基本上是无法对样本输入做出正确预测的。此时，我们需要寻找一种训练方法，基于训练样本集中的正确标签“监督”神经网络来学习如何做正确的预测。一个最直接的方式，就是通过最小化损失函数训练神经网络权重参数。其中梯度下降法是最小化损失函数最常用的经典方法，而反向传播则是通过应用

复合函数求导链式法则计算梯度的一种方法。因此，梯度下降法的过程可以理解为，我们需要基于损失函数进行反向传播梯度计算，从而求解得到令损失函数最小化的神经网络参数，即 $\boldsymbol{w} = \underset{\boldsymbol{w}}{\operatorname{argmin}}(L(\boldsymbol{w}))$，其中向量 $\boldsymbol{w}$ 表示神经网络中所有的连接权重。这里值得注意的是，权重向量 $\boldsymbol{w}$ 中的每一个权重元素都需要被训练。因此，在反向传播的过程中，需要利用链式法则为每一个连接权重计算其梯度。

下面继续以图 4.8 中的神经网络为例，阐述如何采用反向传播算法（BP 算法）计算每一个连接权重的梯度，即计算损失函数对于每一个权重的偏导。

为了避免表示歧义，我们不写损失函数式 (4.38) 中的下角标，改写为

$$L(\boldsymbol{w}) = \frac{1}{2}\sum(\hat{y} - y)^2 \tag{4.44}$$

首先计算损失函数关于输出层结点的偏导，如图 4.9 所示，有

$$\frac{\partial L(\boldsymbol{w})}{\partial y} = -\sum(\hat{y} - y) \tag{4.45}$$

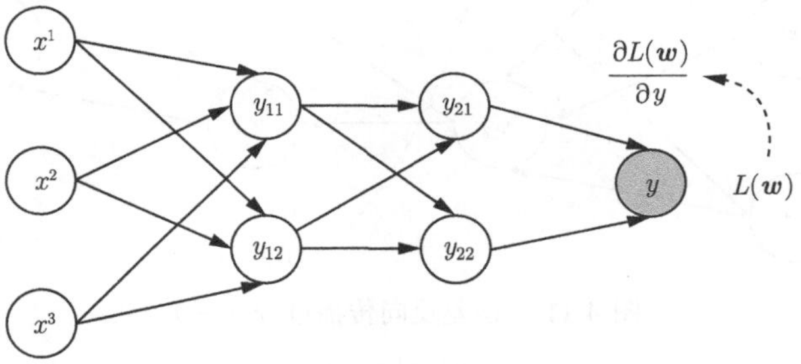

图 4.9 误差反向传播过程（一）

接着计算损失函数关于 y_{21} 和 y_{22} 的偏导。需要注意的是，Sigmoid 函数有一个很好的性质可以简化求导运算

$$f'(x) = f(x)(1 - f(x)) \tag{4.46}$$

如图 4.10 所示，结合式 (4.45) 和式 (4.43) 有

$$\begin{aligned}\frac{\partial L(\boldsymbol{w})}{\partial y_{21}} &= \frac{\partial L(\boldsymbol{w})}{\partial y} \cdot \frac{\partial y}{\partial y_{21}} \\ &= -\sum(\hat{y} - y)y(1 - y)w_{11}^2\end{aligned} \tag{4.47}$$

最后再计算损失函数关于 y_{11} 的偏导。如图 4.11 所示，结合式 (4.41)~式 (4.43)，有

$$\frac{\partial L(\boldsymbol{w})}{\partial y_{11}} = \frac{\partial L(\boldsymbol{w})}{\partial y_{21}} \cdot \frac{\partial y_{21}}{\partial y_{11}} + \frac{\partial L(\boldsymbol{w})}{\partial y_{22}} \cdot \frac{\partial y_{22}}{\partial y_{11}} \tag{4.48}$$

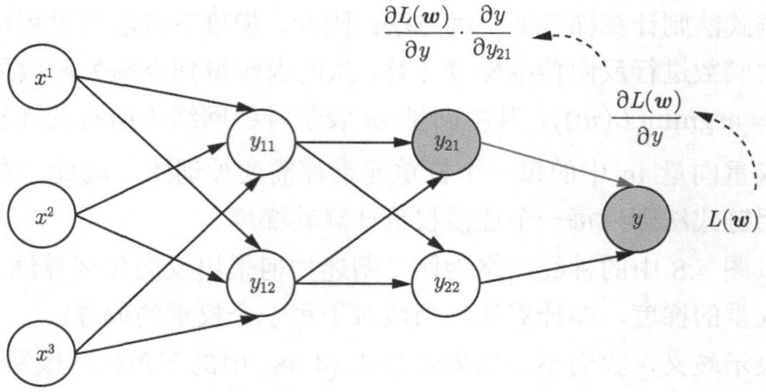

图 4.10　误差反向传播过程（二）

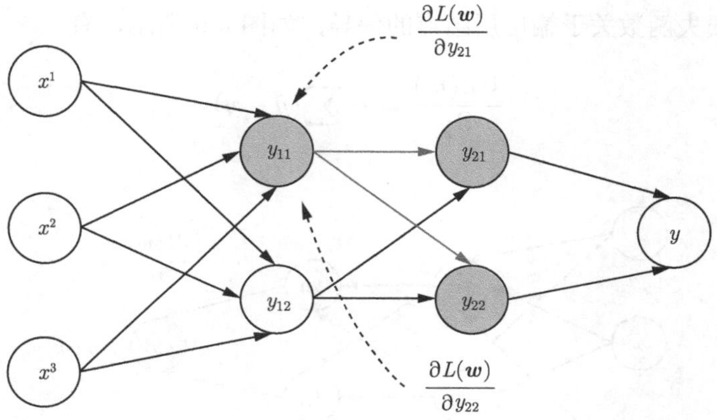

图 4.11　误差反向传播过程（三）

代入公式 (4.47) 的计算结果，则有

$$\begin{aligned}\frac{\partial L(\boldsymbol{w})}{\partial y_{11}} = &-\sum(\hat{y}-y)y(1-y)w_{11}^2 y_{21}(1-y_{21})w_{11}^1 \\ &-\sum(\hat{y}-y)y(1-y)w_{21}^2 y_{22}(1-y_{22})w_{12}^1\end{aligned} \tag{4.49}$$

对式 (4.49) 进行简单的化简，得到

$$\frac{\partial L(\boldsymbol{w})}{\partial y_{11}} = -\sum(\hat{y}-y)y(1-y)[w_{11}^2 y_{21}(1-y_{21})w_{11}^1 + w_{21}^2 y_{22}(1-y_{22})w_{12}^1] \tag{4.50}$$

到这里，我们计算了损失函数关于每个中间结点的梯度。接下来再看一下损失函数关于神经网络连接权重参数的梯度。先看最后的第 2 层的链接权重，由式 (4.43) 可知，

$$\begin{aligned}\frac{\partial L(\boldsymbol{w})}{\partial w_{11}^2} &= \frac{\partial L(\boldsymbol{w})}{\partial y} \cdot \frac{\partial y}{\partial w_{11}^2} \\ &= -\sum(\hat{y}-y)y(1-y)y_{21}\end{aligned} \tag{4.51}$$

接着是隐藏层之间连接权重的梯度，有

$$\begin{aligned}\frac{\partial L(\boldsymbol{w})}{\partial w_{11}^1} &= \frac{\partial L(\boldsymbol{w})}{\partial y_{21}} \cdot \frac{\partial y_{21}}{\partial w_{11}^1} \\ &= -\sum(\hat{y}-y)y(1-y)w_{11}^2 y_{21}(1-y_{21})y_{11}\end{aligned} \tag{4.52}$$

最后是损失函数关于输入层连接权重的梯度，有

$$\begin{aligned}\frac{\partial L(\boldsymbol{w})}{\partial w_{11}^0} &= \frac{\partial L(\boldsymbol{w})}{\partial y_{11}} \cdot \frac{\partial y_{11}}{\partial w_{11}^0} \\ &= -\sum(\hat{y}-y)y(1-y)\left[w_{11}^2 y_{21}(1-y_{21})w_{11}^1\right. \\ &\quad \left.+ w_{21}^2 y_{22}(1-y_{22})w_{12}^1\right] y_{11}(1-y_{11})x_1\end{aligned} \tag{4.53}$$

式 (4.51) ~ 式 (4.53) 就是参数梯度的数学表达式，它们是损失函数关于结点的梯度。不难发现，神经网络的梯度是“由后向前”逐层计算偏导得到的。因此，常常把这样的神经网络称作反向传播神经网络（Back Propagation Neural Network, BPNN）。

3. 随机梯度下降法

直接求解神经网络的最优化参数非常复杂。对于图 4.8 中的网络结构而言，输入层与隐藏层之间共有 6 个参数，也就是有 6 个偏导。同理，隐藏层之间共有 4 个偏导。最后的隐藏层和输出层之间又有 2 个偏导。为了求解损失函数的最小值，需要联立 6 + 4 + 2 个偏导等于零的方程组。同时，每个偏导的计算都需要在全部样本集合上进行求和。

在一个复杂神经网络的结构中，这种直接求解损失函数最小值的计算过程将会极其复杂。

本节采用随机梯度下降法来建立 BPNN 模型，以求解损失函数最小值。

随机梯度下降法的思路是，用一个随机的样本计算梯度以缩减计算复杂度，让损失函数的值不断下降，最终得到最优化的结果。

既然是“用一个随机样本计算”，那么式 (4.51) ~ 式 (4.53) 中的大型求和符号就随之消失。

假设随机选择了第 m 个样本 $<\boldsymbol{x}_m, y_m>$，则损失函数为

$$L(\boldsymbol{w}) = \frac{1}{2}(\hat{y}_m - y_m)^2 \tag{4.54}$$

式 (4.51) ~ 式 (4.53) 分别可以重写为

$$\frac{\partial L(\boldsymbol{w})}{\partial w_{11}^2} = -(\hat{y}_m - y_m)y_m(1-y_m)y_{21} \tag{4.55}$$

$$\frac{\partial L(\boldsymbol{w})}{\partial w_{11}^1} = -(\hat{y}_m - y_m)y_m(1-y_m)w_{11}^2 y_{21}(1-y_{21})y_{11} \tag{4.56}$$

$$\frac{\partial L(\boldsymbol{w})}{\partial w_{11}^0} = -(\hat{y}_m - y_m)y_m(1-y_m)\Big[w_{11}^2 y_{21}(1-y_{21})w_{11}^1 + w_{21}^2 y_{22}(1-y_{22})w_{12}^1\Big]y_{11}(1-y_{11})x_m^{(1)} \tag{4.57}$$

由此，我们就可以利用式 (4.58) 不断迭代更新权重值，直到达到终止条件。其中，α 为学习率。

$$\boldsymbol{w}_{i+1} = \boldsymbol{w}_i - \alpha \frac{\partial L(\boldsymbol{w}_i)}{\partial \boldsymbol{w}_i} \tag{4.58}$$

基于图 4.8 中的网络结构，采用随机梯度下降法给出相应的神经网络算法。

算法 4.2: BP 算法

输入: 数据集 $D = (\boldsymbol{X}, \boldsymbol{y})$；BPNN 网络结构，包括隐藏层数和各层的结点数

输出: BPNN 网络参数 $\boldsymbol{w}$

初始化学习率 α;
初始化迭代次数 M;
初始化误差阈值 ε;
初始化网络的参数 $\boldsymbol{w} = [w_1, w_2, ..., w_n]$;
for $i = 0 : M$ **do**
    随机选择一个样本 $d_m = (\boldsymbol{X}_m, \boldsymbol{y}_m)$;
    利用式 (4.51) $\sim$ 式 (4.53) 反向传播计算梯度;
    利用式 (4.58) 更新网络参数 $\boldsymbol{w}$;
    当整体误差已经小于 ε 或网络参数长期不变时终止循环;
Return $\boldsymbol{w}$;

本节介绍了 BPNN 的前向传播过程和误差反向传播过程，通过计算损失函数关于每个参数的偏导，并利用随机梯度下降法，可以建立 BP 算法。

4.3.4 梯度消失现象

在神经网络中，当隐藏层数增加时，梯度逐层减小。

神经网络中的连接权重系数 w 通常是绝对值小于 1 的小数。同时，网络中任意一个结点的输出值 y_k 都是某个 Sigmoid 函数的输出结果，也是一个绝对值小于 1 的小数。这样连乘起来，η 的值将是一个远小于 1 的小数。当网络的层数较多时，前面层次的梯度值将会变得非常小，甚至趋近于零。这就会导致在使用随机梯度下降法进行最优化求解参数时，某些参数的梯度值为 0。

在神经网络中，这个现象叫作**梯度消失**。梯度消失示例如图 4.12 所示。

出现梯度消失的主要原因之一是激活函数。在前面的 BPNN 中，我们选取 Sigmoid 函数作为激活函数。在计算梯度时，会发现逐层都多了 Sigmoid 函数偏导的因子，即 $y_i(1-y_i)$ 项，其中，y_i 是 Sigmoid 函数的输出，这就意味着 $y_i \in (0,1)$。当 $y_i = 0.5$ 时，Sigmoid 函数的导函数取最大值 0.25。

Sigmoid 函数的导函数的取值范围为

$$y' = y(1-y) \in (0, 0.25) \tag{4.59}$$

式 (4.59) 表明，即使在最乐观的情况下，梯度值也会逐层减少至上层的四分之一左右。那么，在神经网络隐藏层数较高时，梯度值会快速衰减，甚至消失。

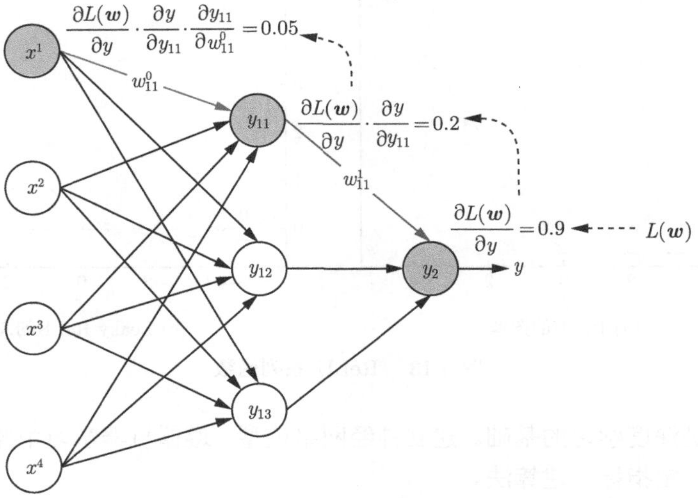

图 4.12　梯度消失示例

在深度学习算法中，解决梯度消失问题有很多种方法。修正激活函数是解决梯度消失问题的常用方法之一。本节仅从激活函数的视角解决梯度消失问题。

ReLU 系列函数作为激活函数是当前的主流方法。

线性整流函数（Rectified Linear Unit，ReLU）的表达式非常简单，为

$$\text{ReLU}(x) = \max(0, x) \tag{4.60}$$

ReLU 函数的图像如图 4.13(a) 所示。ReLU 函数的导数在正数部分恒等于 1。因此，在深层网络中使用 ReLU 激活函数就不会导致梯度消失的问题。

但 ReLU 也存在一定问题。由于 ReLU 函数的导数在负数部分恒为 0，所以会导致一些神经元永远无法被激活或者迭代。

借鉴 ReLU 函数的思想，又衍生出 Leaky ReLU 函数。

Leaky ReLU 的表达式为

$$\text{Leaky ReLU}(x) = \max(kx, x) \tag{4.61}$$

其中，k 是一个小于 1 的正数。

当 $k = 0.2$ 时，Leaky ReLU 的图像如图 4.13(b) 所示。

Leaky ReLU 继承了 ReLU 的全部优势，同时也克服了 ReLU 的不足。

随着神经网络隐藏层数量的增加，神经网络的建模效果会朝着好的方向发展。但在计算梯度时，就会逐层衰减，甚至消失，这就是梯度消失。梯度消失与激活函数的选取有重要的联系。将 Sigmoid 函数替换为 ReLU 或 Leaky ReLU 可以有效解决梯度消失问题。

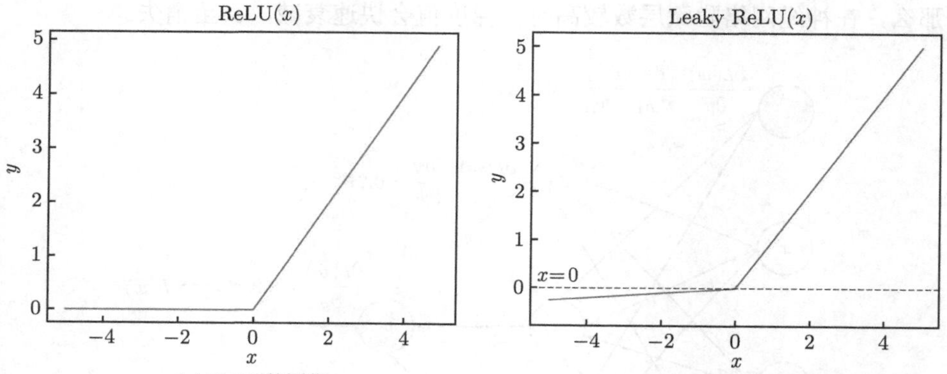

(a) ReLU的图像　(b) Leaky ReLU的图像

图 4.13　ReLU 系列函数

神经网络是深度学习的基础。建立神经网络模型，遵循机器学习中监督建模的三个步骤：选模型、定指标、建算法。

4.4　本章小结

神经网络作为机器学习的一项重要技术，是实现深度学习的基础。本章介绍了最基础的神经元结构、感知机模型原理，以及如何基于一个神经网络进行机器学习建模。读者通过学习本章，可以掌握机器学习建模过程，以及神经网络算法的基本原理。在后续章节中，我们会介绍到强化学习的近似求解法，其根本原理就是基于可训练的神经网络进行最优控制问题的求解。

第5章

深度学习

学习目标与要求

1. 了解深度学习的相关背景知识。
2. 掌握卷积神经网络的基本结构和原理。
3. 掌握循环神经网络的基本结构和原理。
4. 了解 LSTM（长短期记忆）网络结构和深度循环神经网络。

深度学习

2006 年，深度学习被 Geofrey Hinton 提出后，很快成为人工智能领域的热门。深度学习领域的繁荣主要原因是数据、算力和算法这三个方面的发展。移动互联网的发展使得网络数据量呈现爆炸性增长，海量数据远超过传统机器学习算法能够处理的规模。算法上的创新可以提高模型训练速度，超强的算力使得深度学习模型的训练成为可能。

深度学习通常指训练大型深度神经网络的过程。深度学习的本质是基于海量的训练数据，利用深度模型自动提取特征，使得分类或预测更加容易。深度学习通过学习样本数据的内在规律和表示层次，让机器能够像人一样具有分析学习的能力。

5.1 深度神经网络

深度神经网络是具有很多隐含层的神经网络，区别于传统的神经网络，深度神经网络有两个特点：一是模型的深度增大，即隐含层层数增多；二是明确了特征学习的重要性。

传统神经网络采用 BP 算法作为模型优化算法，但是 BP 算法在深度神经网络中存在梯度消失，收敛到局部最小值等问题。

深度神经网络不再使用 BP 算法，其训练过程主要分为两个阶段：

(1) 自底向上（从输入层到输出层）的特征学习过程：从底层的输入层开始，依次训练各层的参数，使得每层的输出与输入保持一致，从而得到比输入更具有表示能力的特征。

(2) 自顶向下（从输出层到输入层）的参数微调过程：基于第一步的

各层参数，通过带标签的数据计算误差并自顶向下传输，对网络参数进行微调。

由于神经网络的初始参数不再是随机化生成，而是基于第一步的特征学习生成，这使得模型参数的初始值更接近全局最优。取代人工设计的特征，自动进行特征学习，是深度学习的主要特点。

5.2 卷积神经网络

在计算机视觉领域，早期人们将手工设计的图像特征用于机器学习，这些手工设计的特征可以描述图像的颜色、纹理等基础特质。深度学习出现之后，卷积神经网络（Convolutional Neural Network, CNN）成为提取图像特征的主要手段。

与普通神经网络相比，卷积神经网络引入了卷积和池化两个操作。CNN 主要通过卷积运算完成特征提取，通过池化操作压缩数据。本节通过详细的例子来讲解卷积神经网络的关键原理。

5.2.1 图像

在计算机中，图像由数字矩阵表示，图像中不可分割的最小单位被称为像素（Pixel）。

黑白图像中点的颜色深度由灰度表示，灰度的取值范围一般为 $[0,255]$，0 表示黑色，255 表示白色，因此黑白图像通常也被称为灰度图像，在医学影像等众多领域有广泛的应用。

彩色图像由红（R）、绿（G）、蓝（B）三原色组成，三原色的取值范围一般为 $[0,255]$，通常由 (R, G, B) 三个数字表示一个颜色，例如 $(255,0,0)$ 表示红色，$(0,255,0)$ 表示绿色等。

通道（Channel）可以理解为表示一幅图像所需像素矩阵的数量。

灰度图像的通道为 1，因为只需要一个像素矩阵就可以表示不同的灰度，体现图片中明暗的区别。一幅灰度图像可以用一个整数的矩阵表示，图像矩阵中的元素是 0~255 的整数。

彩色图像的通道为 3，由红（R）、绿（G）、蓝（B）三个颜色的像素矩阵组成。如图 5.1 所示，一幅彩色猫咪图像在计算机中的存储形式是 R、G、B 三个矩阵，其中，

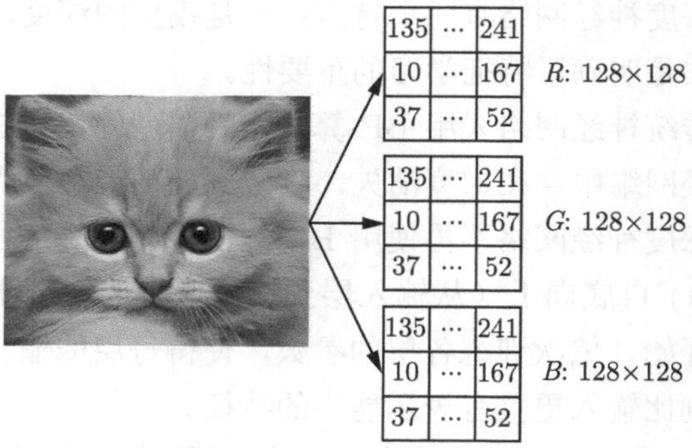

图 5.1 计算机中彩色图像的表示

这里设定的图像分辨率是 128×128 像素。

5.2.2　卷积

通常采用一个形状较小的矩阵作为卷积核（Convolution Kernel），用卷积核对图像矩阵做卷积，得到新的图像矩阵，这个新图像矩阵可以看作一幅新的图像。

图像没有边缘轮廓时，图像像素值变换较小；图像有竖向边缘时，竖向边缘两侧的像素值差异较大；图像有横向边缘时，横向边缘两侧的像素值差异较大。

通过设计不同种类的卷积核，提取不同维度的特征。卷积核的大小通常设定为 3×3 或者 5×5 的矩阵。

如图 5.2 所示，通过设计的卷积核，可以提取图像的竖向边缘特征。从图 5.2 中可以看出，原图像经过卷积操作得到的新图像矩阵中，每列的数值与相邻列的数值差异明显，卷积操作很好地提取了原图像的竖向边缘。

1	0	−1
1	0	−1
1	0	−1

×

245	253	24	255	255	255
255	255	17	241	245	247
249	255	25	247	255	255
255	255	55	238	171	184
254	248	31	172	87	254
255	249	15	231	87	187

=

255	20	255	14
255	39	255	40
255	101	255	36
255	111	244	16

图 5.2　卷积提取竖向边缘

接下来给出图 5.2 中卷积计算的详细步骤。

如图 5.2 所示，将卷积核与大红色方框内的像素矩阵做卷积计算，计算公式如下

$$
\begin{aligned}
&\begin{bmatrix} 1 & 0 & -1 \\ 1 & 0 & -1 \\ 1 & 0 & -1 \end{bmatrix} \times \begin{bmatrix} 245 & 253 & 24 \\ 255 & 255 & 17 \\ 249 & 255 & 25 \end{bmatrix} \\
&= 1 \times 245 + 0 \times 253 + (-1) \times 24 \\
&\quad + 1 \times 255 + 0 \times 255 + (-1) \times 17 \\
&\quad + 1 \times 249 + 0 \times 255 + (-1) \times 25 = 683
\end{aligned} \tag{5.1}
$$

由于像素值在 0~255，于是图 5.2 中卷积核与大红色方框内的图像矩阵进行卷积计算后，得到小红色方框的值为

$$
\min(683, 255) = 255 \tag{5.2}
$$

如图 5.2 所示，将卷积核与大蓝色方框内的像素矩阵做卷积计算，计算公式如下

$$
\begin{bmatrix} 1 & 0 & -1 \\ 1 & 0 & -1 \\ 1 & 0 & -1 \end{bmatrix} \times \begin{bmatrix} 253 & 24 & 255 \\ 255 & 17 & 241 \\ 255 & 25 & 247 \end{bmatrix}
$$

$$
\begin{aligned}
&= 1 \times 253 + 0 \times 24 + (-1) \times 255 \\
&\quad + 1 \times 255 + 0 \times 17 + (-1) \times 241 \\
&\quad + 1 \times 255 + 0 \times 25 + (-1) \times 247 = 20
\end{aligned} \tag{5.3}
$$

将方框依次向右平移一格，计算完第一行的值之后，将方框移到下一行的最左侧开始计算，直到结束。

从上述的卷积操作可以看出，提取竖向边缘的卷积核作用于像素矩阵时，计算了原图像上每个 3×3 区域内左右像素的差值，从图像中提取了竖向边缘特征。

如图 5.3 所示，通过设计的卷积核，可以提取图像的横向边缘特征。从图 5.3 中可以看出，原图像经过卷积操作得到的新图像矩阵中，每行的数值与相邻行的数值差异明显，卷积操作很好地提取了原图像的横向边缘。

1	1	1
0	0	0
−1	−1	−1

×

245	253	24	255	255	255
255	255	17	241	245	247
249	255	25	247	255	255
255	255	55	238	171	184
254	248	31	172	87	254
255	249	15	231	87	187

=

7	5	7	8
38	35	39	140
4	76	237	244
46	53	131	88

图 5.3　卷积提取横向边缘

接下来给出图 5.3 中卷积计算的详细步骤。

如图 5.3 所示，将卷积核与大红色方框内的像素矩阵做卷积计算，计算公式如下：

$$
\begin{bmatrix} 1 & 1 & 1 \\ 0 & 0 & 0 \\ -1 & -1 & -1 \end{bmatrix} \times \begin{bmatrix} 255 & 255 & 17 \\ 249 & 255 & 25 \\ 255 & 255 & 55 \end{bmatrix}
$$

$$
\begin{aligned}
&= 1 \times 255 + 1 \times 255 + 1 \times 17 \\
&\quad + 0 \times 249 + 0 \times 255 + 0 \times 25 \\
&\quad (-1) \times 255 + (-1) \times 255 + (-1) \times 55 = -38
\end{aligned} \tag{5.4}
$$

由于像素值在 0～255，于是图 5.3 中卷积核与大红色方框内的图像矩阵进行卷积计算后，得到小红色方框的值为

$$
\text{abs}(-38) = 38 \tag{5.5}
$$

如图 5.3 所示，将卷积核与大蓝色方框内的像素矩阵做卷积计算，计算公式如下：

$$\begin{aligned}
&\begin{bmatrix} 1 & 1 & 1 \\ 0 & 0 & 0 \\ -1 & -1 & -1 \end{bmatrix} \times \begin{bmatrix} 255 & 17 & 241 \\ 255 & 25 & 247 \\ 255 & 55 & 238 \end{bmatrix} \\
&= 1 \times 255 + 1 \times 17 + 1 \times 241 \\
&\quad + 0 \times 255 + 0 \times 25 + 0 \times 247 \\
&\quad + (-1) \times 255 + (-1) \times 55 + (-1) \times 238 = -35
\end{aligned} \tag{5.6}$$

由于像素值在 0~255，于是图 5.3 中卷积核与大蓝色方框内的图像矩阵进行卷积计算后，得到小蓝色方框的值为

$$\text{abs}(-35) = 35 \tag{5.7}$$

将方框依次向右平移一格，计算完第一行的值之后，将方框移到下一行的最左侧开始计算，直到结束。

从上述的卷积操作可以看出，提取横向边缘的卷积核作用于像素矩阵时，计算了原图像上每个 3×3 区域内上下像素的差值，从图像中提取了横向边缘特征。

5.2.3　填充

以 5.2.2 节的卷积过程为例，像素矩阵的尺寸在卷积后会减小。在某些情况下，我们想保证输出图像的大小与输入图像的大小一致。在这种情况下，可以在原图片的边缘进行填充（Padding）操作。

如图 5.4 所示，原图大小为 6×6，我们在原图的边缘填充了一圈 0，原图进行填充操作后，尺寸变为 8×8。将填充后的图像矩阵与 3×3 大小的卷积核进行卷积计算，得到大小仍为 6×6 的输出图像。

填充操作能保证经过卷积操作后图像的尺寸与原输入图像的尺寸保持一致。

1	1	1
0	0	0
-1	-1	-1

*

0	0	0	0	0	0	0	0
0	245	253	24	255	255	255	0
0	255	255	17	241	245	247	0
0	249	255	25	247	255	255	0
0	255	255	55	238	171	184	0
0	254	248	31	172	87	254	0
0	255	249	15	231	87	187	0
0	0	0	0	0	0	0	0

=

255	255	255	255	255	255
6	7	5	7	8	0
0	38	35	39	140	137
2	4	76	237	244	169
6	46	53	131	88	81
255	255	255	255	255	255

图 5.4　填充

5.2.4 池化

卷积神经网络在计算卷积时，卷积核依次滑过图像矩阵的每一个像素，重叠部分导致重复扫描了很多像素值，计算了很多冗余信息。池化（Pooling）操作可以去除这些冗余信息并且加快计算。

如图 5.5 所示，将 4×4 的图像矩阵切割成 4 个 2×2 的小矩阵。在每个小矩阵中取最大值（Max Pooling），所得结果形成一个新矩阵，这就是最大池化的过程。如果在计算过程中对每个小矩阵取平均值，则为平均池化（Average Pooling）。

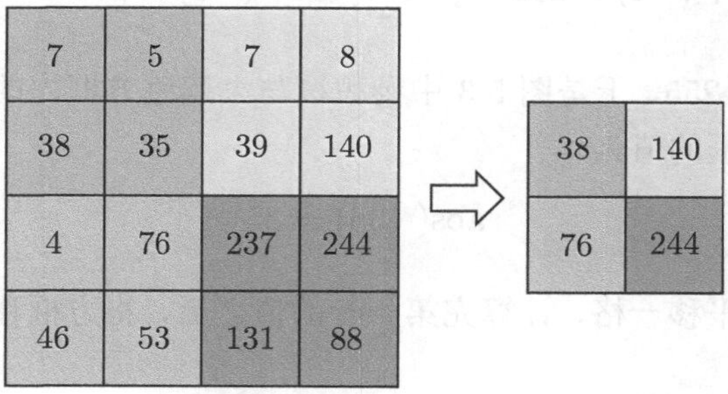

图 5.5　最大池化

在图 5.5 中，原图像矩阵经过池化后，矩阵的长和宽都缩小到原图的 $\frac{1}{2}$，特征图中的数据量减少为原图的 $\frac{1}{4}$。

在卷积神经网络，我们通常在卷积层后加入池化层。经过多层卷积、池化操作后，所得特征图的分辨率远小于输入图像的分辨率，减少了计算量，加快了计算速度。

5.3 循环神经网络

循环神经网络（Recurrent Neural Network，RNN）是一种善于处理序列（Sequence）信息的神经网络。为了引入时序的概念，循环神经网络的神经元在不同的时刻 t 有不同的隐藏状态 $\boldsymbol{s}_t$。因为人类的自然语言属于一种时序信息，以循环神经网络结构为基础的深度神经网络在自然语言处理方面有着天然的优势。除此之外，循环神经网络在引入长短期记忆网络（Long Short-Term Memory, LSTM）结构后，在对有用时序信息的“记忆”和没用时序信息的“忘记”上有着强大的处理能力。

5.3.1 循环神经网络的基本结构

图 5.6 展示了一个循环神经网络单个神经元的基本结构，我们称之为一个循环单元。其中 $\boldsymbol{x}_t$ 为神经元在 t 时刻的输入，$\boldsymbol{s}_t$ 为神经元在 t 时刻的隐藏状态，$\boldsymbol{W}$ 和 $\boldsymbol{U}$ 为权重矩阵。这时可以通过式 (5.8) 计算下一时刻的隐藏状态 $\boldsymbol{s}_{t+1}$：

$$\boldsymbol{s}_{t+1} = g(\boldsymbol{W}\boldsymbol{x}_t + \boldsymbol{U}\boldsymbol{s}_t) \tag{5.8}$$

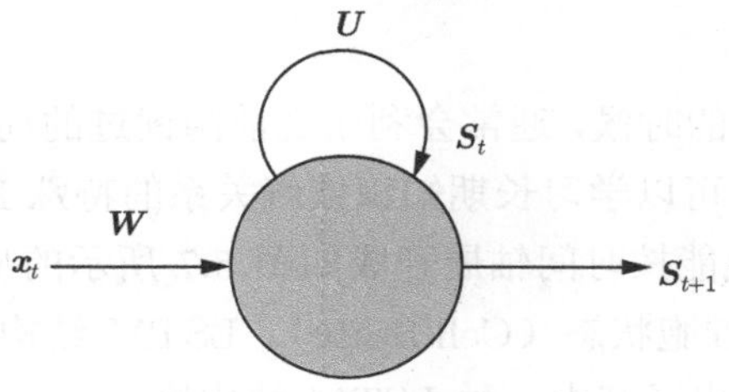

图 5.6　循环单元

为了让读者更容易理解循环单元的工作机制，我们将图 5.6 中的循环单元按时间轴展开成图 5.7 所示的形式，其中 $\boldsymbol{y}_t$ 为循环单元在 t 时刻的输出。

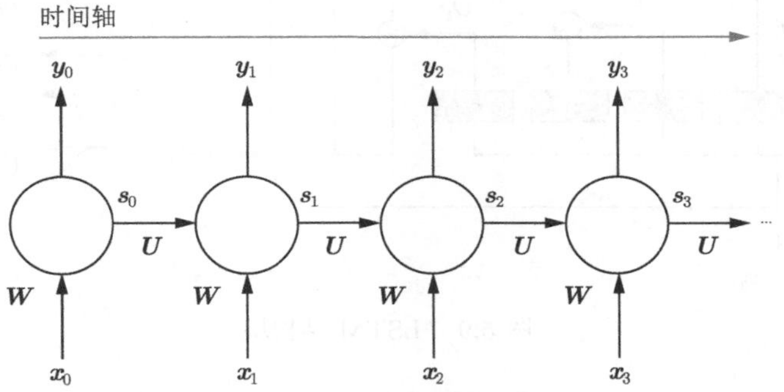

图 5.7　循环单元（按时间轴展开）

通过观察可以发现，在 t 时刻的隐藏状态 $\boldsymbol{s}_t$ 包含了前面输入序列 $\boldsymbol{x}_0, \boldsymbol{x}_1, \cdots, \boldsymbol{x}_{t-1}$ 的信息。前面这些被保留的序列信息都会被用来作为输出 $\boldsymbol{y}_t$ 的参考。机器翻译是循环神经网络的经典应用之一。图 5.8 给出了一个机器翻译的例子。当要将输入的英文翻译成中文时，需要根据前面编码器（Encoder）的英文输入判断解码器（Decoder）在当前时刻应该输出的中文字，但其参考信息却没有必要，且不能保留前面的所有内容。因此，一个优秀的循环神经网络要学会“记得”关键的信息并“忘记”无关信息，其实现技术为 LSTM。

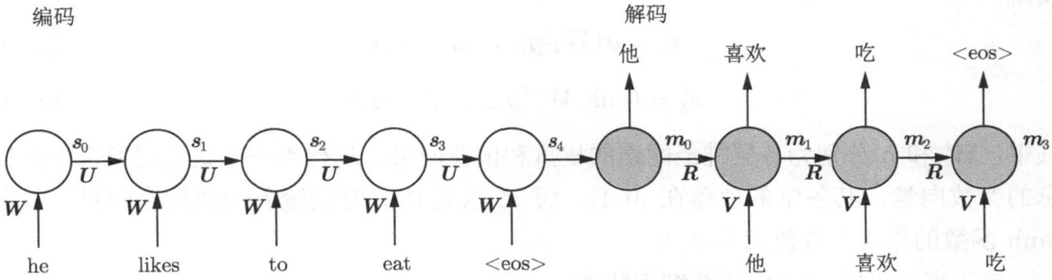

图 5.8　循环神经网络：机器翻译

5.3.2 LSTM 结构

当人们阅读一篇文章的时候，通常会利用之前阅读过的词语作为背景知识理解后面的词语。LSTM 就是一种可以学习长期知识依赖关系的特殊 RNN 结构。作为 RNN 的一种结构形式，LSTM 也能按时间轴展开成如图 5.7 所示的形式。这里把 LSTM 神经单元的隐藏状态 $\boldsymbol{s}_t$ 称作细胞状态（Cell State）。LSTM 结构根据具体的问题可以设计成不同的结构，图 5.9 给出了其中一种 LSTM 结构块。

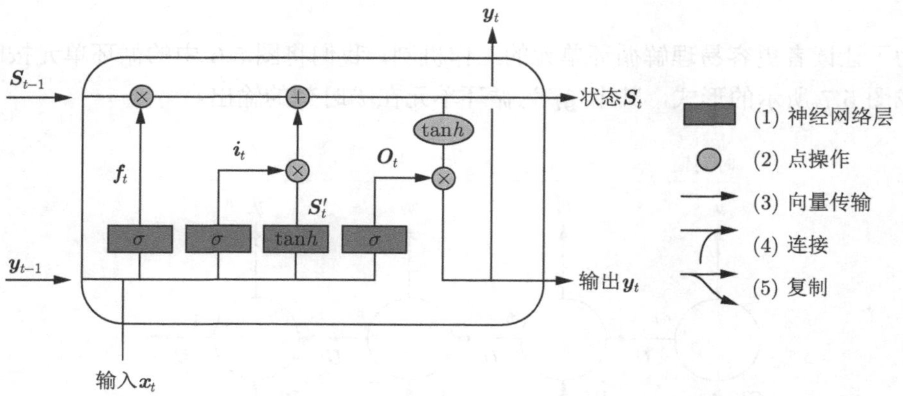

图 5.9 LSTM 结构块

LSTM 的一次循环可以分为四个部分，分别是遗忘门（Forget Gate）、输入门（Input Gate）、细胞状态更新（Update Cell State）和输出门（Output Gate）。

遗忘门用来忘记之前状态中不相关或已经不重要的部分。这可以通过公式 (5.9) 实现。

$$\boldsymbol{f}_t = \sigma(\boldsymbol{W}_f[\boldsymbol{y}_{t-1}, \boldsymbol{x}_t] + \boldsymbol{b}_f) \tag{5.9}$$

其中，$\boldsymbol{W}_f$ 为遗忘门神经网络层权重，$\boldsymbol{b}_f$ 为该层偏置。注意，Sigmoid 函数 σ 的输出范围为 $[0,1]$，遗忘门输出为 0 表明完全遗忘前一状态，输出为 1 表明完全保持前一状态。

输入门和细胞状态更新部分用来选择性更新细胞状态值。

其中，输入门决定哪些新信息要被添加到细胞状态中，这通过式 (5.10) 和式 (5.11) 实现。

$$\boldsymbol{i}_t = \sigma(\boldsymbol{W}_i[\boldsymbol{y}_{t-1}, \boldsymbol{x}_t] + \boldsymbol{b}_i) \tag{5.10}$$

$$\boldsymbol{s}'_t = \tanh(\boldsymbol{W}_s[\boldsymbol{y}_{t-1}, \boldsymbol{x}_t] + \boldsymbol{b}_s) \tag{5.11}$$

其中，$\boldsymbol{W}$ 和 $\boldsymbol{b}$ 分别为各层神经网络的权重和偏置向量。$\boldsymbol{i}_t$ 作为一个决定保留多少新信息的参数向量，其各维的值落在 $[0,1]$；而 $\boldsymbol{s}'_t$ 就是在 t 时刻输入的新候选信息，其在 tanh 函数的作用下取值为 $[-1,1]$。

接下来通过式 (5.12) 更新细胞状态。

$$\boldsymbol{s}_t = \boldsymbol{f}_t\boldsymbol{s}_{t-1} + \boldsymbol{i}_t\boldsymbol{s}'_t \tag{5.12}$$

式 (5.12) 中的前半部分表示对不相关信息的遗忘，后半部分表示向细胞状态添加的新值部分。

通过**输出门**，LSTM 输出本次循环的最终输出，这通过公式 (5.13) 和公式 (5.14) 完成。

$$\boldsymbol{o}_t = \sigma(\boldsymbol{W}_o[\boldsymbol{y}_{t-1}, \boldsymbol{x}_t] + \boldsymbol{b}_o) \tag{5.13}$$

$$\boldsymbol{y}_t = \boldsymbol{o}_t \tan h(\boldsymbol{s}_t) \tag{5.14}$$

其中，式 (5.13) 决定输出更新后的细胞状态的哪一部分，而式 (5.14) 计算最终的输出值。

5.3.3　深度循环神经网络

对于感知机而言，我们通过叠加多个感知机来实现非线性分类器。同样，我们通过叠加多层 LSTM 神经元来增强模型的非线性表达能力。深度循环神经网络（Deep Recurrent Neural Networks, DRNNs）在网络中设置了多个隐藏循环层，其中每层隐藏循环层的输出会传给下一层再进行处理。图 5.10 给出了一个按时间轴展开的有 L 层隐藏循环层的深度循环神经网络，其中，l 层 t 时刻的隐藏状态信息 $\boldsymbol{s}_t^{(l)}$ 用于计算 $t+1$ 时刻 l 层的状态 $\boldsymbol{s}_{t+1}^{(l)}$，以及 t 时刻 $l+1$ 层神经元的状态 $\boldsymbol{s}_t^{(l+1)}$。

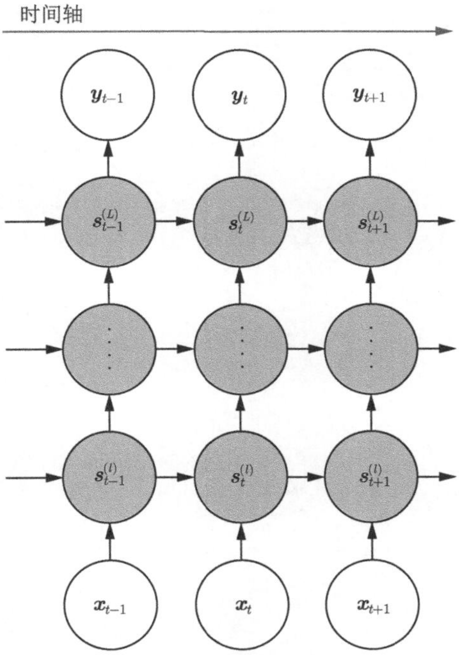

图 5.10　深度循环神经网络

在深度循环神经网络中，第一隐藏循环层的计算和 RNN 相同，即

$$\boldsymbol{s}_t^{(1)} = f_1(\boldsymbol{x}_t, \boldsymbol{s}_{t-1}^{(1)}) \tag{5.15}$$

而第 l $(1 < l \leqslant L)$ 隐藏层的计算，需考虑来自其上一层的隐藏状态，其计算公式如下：

$$\boldsymbol{s}_t^{(l)} = f_l(\boldsymbol{s}_t^{(l-1)}, \boldsymbol{s}_{t-1}^{(l)}) \tag{5.16}$$

最后的输出层基于最后一层隐藏层（第 L 层）计算得到。

$$\boldsymbol{y}_t = g(\boldsymbol{s}_t^{(L)}) \tag{5.17}$$

5.4 本章小结

本章主要介绍了深度学习的背景和优势，并对两大深度神经网络、卷积神经网络和循环神经网络的基本结构和原理进行了介绍。深度强化学习将深度学习的感知能力与强化学习的决策能力相结合，近几年获得大量的关注和研究。例如，DQN 算法通过结合卷积神经网络实现 Atari 游戏图像作为输入数据，这是深度学习与强化学习相结合的经典里程碑式算法。学习本章后，读者会对后续深度强化学习有更深刻的理解。

III

强化学习基础

第6章

强化学习概述

学习目标与要求

1. 掌握强化学习的基本框架。
2. 掌握强化学习的基础概念。
3. 掌握强化学习的主要特点。
4. 掌握强化学习的算法分类。

强化学习概述

6.1 强化学习框架

6.1.1 基本框架

强化学习（Reinforcement Learning, RL）一般具有 5 个构成要素，包括：

(1) **系统环境**（System Environment）。

(2) **智能体**（Agent）。

(3) **观察**（Observation）。

(4) **行动**（Action）。

(5) **奖励**（Reward）。

强化学习的基本框架如图 6.1(a) 所示，智能体对系统环境进行观察后产生行动，从系统环境中获得相应的奖励。智能体观察系统对自己上一次行动的奖励信号后，重新调整自己下一次的行动策略。智能体在学习的过程中，如果某个行为策略得到系统环境的奖励越大，那么智能体以后采用这个行为策略的概率越大。

下面用主人训练狗的例子说明强化学习系统中智能体与环境的交互过程。如图 6.1(b) 所示，主人训练狗的过程就是强化学习过程的一个简单例子。主人想训练狗听从自己的指令，如果狗听从指令，产生了正确的行动，则主人会喂狗粮；如果狗未听从指令，产生了错误的行动，则狗得不到狗粮。在这个强化学习的例子中，主人充当着系统环境的角色，狗是智能体。狗（智能体）通过对主人（系统环境）的指令观察，产生相应的行动，狗粮就是主人对狗行动的奖励。

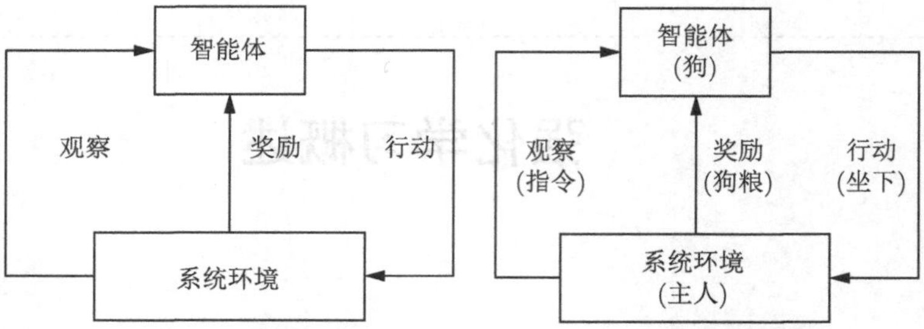

(a) 强化学习的基本框架　(b) 主人训练狗的例子

图 6.1　智能体与系统环境的交互过程

6.1.2　完全观测与不完全观测

6.1.1 节内容是以上帝视角描述问题，而强化学习的概念默认则站在智能体的角度看问题。从本节内容开始，我们将以智能体的视角来分析强化学习问题。

在 t 时刻，系统环境的实际状态记为 S_t^e，智能体观测到的系统状态记为 S_t^a。智能体对系统状态的观测可以分为两种情况。

(1) **完全观测**（Full Observability）。

(2) **不完全观测**（Partial Observability）。

完全观测 O_t 指的是智能体观测到的状态 S_t^a 就是系统真实的全局状态 S_t^e，即完全观测 $O_t = S_t^a = S_t^e$；不完全观测 $\tilde{O}_t$ 指的是智能体只能观测到系统的局部状态，即不完全观测 $\tilde{O} = S_t^a \neq S_t^e$。在接下来的内容中，除非特别说明，我们对系统环境的观测都属于完全观测。在完全观测的情况下，我们将智能体观测到的状态 S_t^a 和系统真实的全局状态 S_t^e 统一简称为**状态**（State）。

图 6.2 给出了在可完全观测的情况下，系统环境与智能体之间的交互过程。在 t 时刻[①]，智能体观测到系统环境的状态 S_t，并产生相应的行动 A_t，系统会在下一个时刻 $t+1$ 给出奖励 R_{t+1}，并进入新状态 S_{t+1}。在强化学习过程中，智能体与系统环境产生的交互形成了相应的历史记录。历史记录是由一系列的状态、行动和奖励组成的序列：$\{S_1, A_1, R_2, \cdots, S_{t-1}, A_{t-1}, R_t, \cdots\}$。

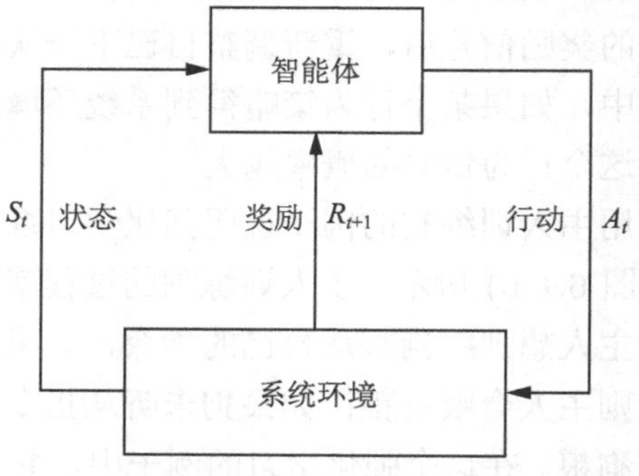

图 6.2　可完全观测的情况

① 除非特别说明，我们仅考虑离散时间的情况，即 $t = 0, 1, 2, \cdots$ 的情况。

在本书中，针对行动 A_t，系统发出的奖励是 R_{t+1}，而不是 R_t，这只是一种针对时间序列的约定，目前大部分强化学习资料都采用这种约定。如果采用以下约定，针对行动 A_t，系统给出的奖励是 R_t，也是可以的，只需要在上下文环境中保持一致即可。

为了与现有资料保持一致，在本书中约定，在 t 时刻，智能体观测到系统状态 S_t，智能体根据自身的策略采取相应的行动 A_t，系统针对该行动给出奖励 R_{t+1}，与此同时，系统进入下一个状态 S_{t+1}。

6.2　强化学习要素

采用上帝视角时，我们知道一个强化学习系统内的所有情况。而在强化学习的实际应用中，智能体才是强化学习的实际使用者。因此，我们需要从智能体的角度来研究强化学习。除非特别说明，后续内容都将从智能体的视角分析强化学习问题。

强化学习的智能体一般具有三个构成要素，包括：

(1) **策略**（Policy），是智能体在观测环境后产生的行动方案。

(2) **值函数**（Value Function），是针对状态或行动的评价函数。

(3) **模型**（Model），是智能体对观测到的系统环境建立的模拟模型。

接下来用数学语言来详细描述这 3 个概念。

在强化学习过程中，智能体的目标不是最大化即时奖励，而是最大化长期回报。也就是说，智能体更关心行动产生的长期回报。虽然某次行动获得的奖励很低，但是可能存在以下情形：由这次行动产生的后续行动产生了额外奖励。例如，学生在学习过程中，看书会获取知识奖励，而休息则不会，但是当人疲惫时，选择休息虽然当下没有知识奖励，但从长远来看，学习效率更高，获得的知识奖励将更大。

由 6.1 节的内容可知，针对 t 时刻的状态 S_t 和行动 A_t，系统产生的奖励是 R_{t+1}。长期回报是未来奖励在当前时刻的累计值，那么，由 t 时刻的状态和行动产生的长期回报是 $G_t = R_{t+1} + R_{t+2} + R_{t+3} + \cdots$ 吗？

答案是不一定。为什么呢？

因为这里涉及一个经济学的概念：**折现**（Discounting）。

先看一个例子。

小明计划一年后买辆 10 万元的代步车，为了防止自己乱花钱，他决定把购车需要的款项存银行定期。他去银行了解到，目前银行的一年期定期利率为 3%，于是打算存一年银行定期。请问，小明现在要存入多少钱，一年后能有 10 万元的购车款？

假设小明现在有 x 元，小明存一年银行定期，一年后的钱为 10 万元，那么有以下公式成立：$x(1+3\%) = 100000$，解得 $x = 97087$。当前小明只需要去银行存 9.7087 万元，一年后就能有 10 万元的购车款。也就是说，一年后的 10 万元和现在的 9.7087 万元是等价的。在这个例子里，把一年后的钱换算到现在，需要乘以折现因子 $\gamma = 0.97087$。

同理，强化学习过程将未来的奖励计入目前的回报时，需要将未来的奖励乘以**折现因子**（Discount Factor），记为 γ。小明存钱的例子和未来回报计入目前奖励的图解如图 6.3 所示。这里需要强调 6.1 节的知识点，t 时刻的奖励是 R_{t+1}。$t+1$ 时刻的奖励 R_{t+2} 折现到 t 时刻为 γR_{t+2}，$t+2$ 时刻的奖励 R_{t+3} 折现到 t 时刻为 $\gamma^2 R_{t+3}$，以此类推，$t+k$ 时刻的奖励 R_{t+k+1} 折现到 t 时刻为 $\gamma^k R_{t+k+1}$。

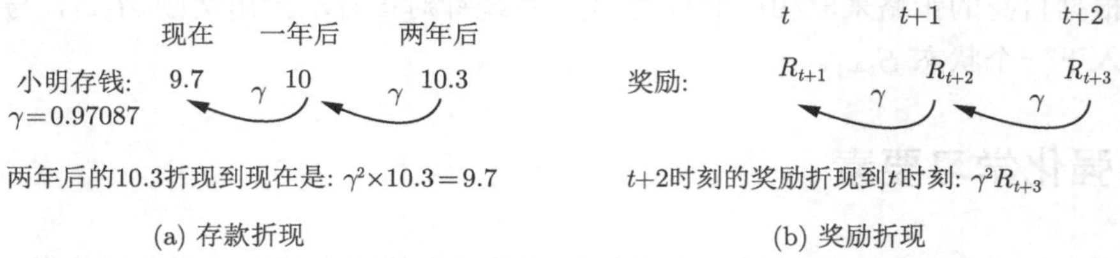

图 6.3　折现因子的图解

理解折现因子后，我们给出**长期回报**（Return）的定义：

$$
\begin{aligned}
G_t &\doteq R_{t+1} + \gamma R_{t+2} + \gamma^2 R_{t+3} + \cdots \\
&= \sum_{k=0}^{\infty} \gamma^k R_{t+k+1}
\end{aligned}
\tag{6.1}
$$

其中 $\gamma \in [0,1]$，当 $\gamma = 0$ 时，长期回报 $G_t = R_{t+1}$；当 $\gamma = 1$ 时，长期回报 $G_t = R_{t+1} + R_{t+2} + R_{t+3} + \cdots$。也就是说，$\gamma$ 的取值越小，智能体越看中即时奖励；γ 的取值越大，智能体越看中长期回报。

6.2.1　值函数

接下来基于长期回报来给出值函数的数学定义。值函数是针对状态或行动的评价函数，具体可分为两种。

(1) **状态值函数**（State Value Function），是针对状态的评价指标。

(2) **行动值函数**（Action Value Function），是针对行动的评价指标。

由于行动是在给定状态下才产生的，一般也将行动值函数更明确地表达为**状态-行动值函数**（State-Action Value Function）。为了明确起见，在接下来的内容中，我们将统一使用“状态-行动值函数”。

状态值函数 $v_\pi(s)$ 是给定策略 π，评价状态 s 的指标。具体地，状态值函数 $v_\pi(s)$ 定义为：采用策略 π，从状态 s 开始获得期望回报（Expected Return），即

$$
v_\pi(s) \doteq E_\pi[G_t | S_t = s] \tag{6.2}
$$

状态-行动值函数 $q_\pi(s,a)$ 是给定策略 π，在状态 s 下评价动作 a 的指标。具体地，状态-行动值函数 $q_\pi(s,a)$ 定义为：采用策略 π，在状态 s 下采用动作 a 获得的期望回报，即

$$
q_\pi(s,a) \doteq E_\pi[G_t | S_t = s, A_t = a] \tag{6.3}
$$

6.2.2 模型

强化学习中的模型是指智能体对观测到的系统环境建立的模拟模型。现实世界中的环境是十分复杂的，为了实施的可行性，一般基于具体问题把复杂的现实环境进行抽象和模拟，最终获得一个简化的环境模型。前面介绍的状态、奖励、行动、折现因子这些强化学习要素，都是为了模拟现实环境，以及与环境的互动抽象设计的。我们一般会用马尔可夫决策过程（Markov Decision Process, MDP）模拟智能体遵循的策略以及获得的回报。一般来说，环境状态的改变及其反馈都是随机的，马尔可夫决策过程利用五元组 $(S, A, \boldsymbol{P}, R, \gamma)$ 描述强化学习中与环境的互动过程，其中 $\boldsymbol{P}$ 为状态转移概率矩阵。根据转移概率矩阵 $\boldsymbol{P}$ 是否已知，强化学习方法可以分为有模型的（Model-based）和无模型的（Model-free）。有模型的强化学习方法主要依赖于规划（Planning），而无模型的强化学习方法主要依赖于学习（Learning）。规划这个术语在不同的学科中出现过，而在强化学习中指的是对智能体与环境互动时遵循策略进行优化计算的过程。

有模型的强化学习方法，智能体学习一个模型。在学习的过程中，智能体基于环境反馈不断更新对状态转移概率矩阵 $\boldsymbol{P}$ 和奖励 R 的估计，使得模型逐渐贴近现实中的环境，然后通过一些规划算法获得最优策略。有模型的强化学习方法使得智能体能在具体采取一个行动之前就能预测下一时刻的状态和奖励，而这是无模型的强化学习方法不能实现的。

在强化学习中，不对环境建模也能学习最优策略。最经典的无模型方法是 Q-Learning。Q-Learning 算法的原理是直接对状态-行动值函数 $q(s, a)$ 进行估计，根据 6.1 节对状态-行动值函数的定义可以知道，如果存在一个 $q(s, a)$ 能对未来长期期望回报有足够精准的估计，就可以根据 $q(s, a)$ 获得每个状态 s 下拥有最大状态-行动值对应的行动 a，进而提取出最优策略。关于 Q-Learning 算法的具体内容，会在后面的异策略学习章节中介绍到。

6.3 本章小结

本章作为强化学习的基础章节，为读者介绍一系列基础概念和定义，以方便后续对强化学习算法的学习与理解。本章给出了强化学习的基本框架，以及涉及的 5 个要素：系统环境、智能体、观察、行动和奖励。其中智能体又由策略、值函数和模型这 3 个构成要素组成。读者学习完本章后应该掌握强化学习的所有基础概念，并能顺利理解本书后续章节对强化学习概念和算法过程的描述。

第7章

马尔可夫决策过程

学习目标与要求

1. 掌握马尔可夫过程的基本形式。
2. 掌握马尔可夫奖励过程和贝尔曼方程。
3. 掌握马尔可夫决策过程。
4. 掌握最优策略和贝尔曼最优方程。

马尔可夫决策过程

强化学习是智能体为了达到长期回报最大化的目标，通过观测系统环境不断试错进行学习的过程。强化学习的目标是针对随机动态系统的不确定性按时间顺序给出最优策略。由此可见，强化学习的本质是**序贯决策问题**（Sequential Decision Problem）。序贯决策是用于分析不确定性随机动态系统的方法，其目标是获得按时间顺序给出的最优策略。

马尔可夫决策过程（Markov Decision Process, MDP）是解决序贯决策问题的经典方法。几乎所有的强化学习问题都可以由马尔可夫决策过程的数学框架来描述。用马尔可夫决策过程对强化学习问题进行数学建模是强化学习课程的基础。本章主要介绍马尔可夫决策过程的相关概念和基本原理。

学习本章知识需要掌握概率论和随机过程的基础知识，读者可先对第 2 章“概率统计与随机过程”进行学习。

7.1 马尔可夫过程

7.1.1 基本概念

马尔可夫性（Markov Property）是指一个随机过程的未来状态，只与当前状态有关，而与过去的所有状态无关。

马尔可夫性通常也称为无后效性。

具备马尔可夫性（无后效性）的随机过程称为**马尔可夫过程**。马尔可夫过程的未来状态只与当前状态有关，而与过去的所有状态无关。

状态离散的马尔可夫过程称为**马尔可夫链**（Markov Chain）。马尔可夫链也具备无后效性。

一般地，在强化学习中提及的马尔可夫过程指的就是马尔可夫链。

根据随机过程的时间参数类型，马尔可夫链可分为离散时间马尔可夫链和连续时间马尔可夫链。

除非特别说明，马尔可夫链均指离散时间马尔可夫链。

马尔可夫链 $\{X(n,s), n \in T, s \in S\}$ 通常简记为 $\{X_n\}$，其时间参数集 $T = \{1, 2, \cdots, n, \cdots\}$ 是离散的时间集合，状态空间 $S = \{s_1, s_2, \cdots\}$ 是离散的状态集合。

下面给出马尔可夫链的具体数学定义。

随机过程 $\{X_n\}$，若对于任意的自然数 $n \in T$ 和任意 $s_t \in S$，满足式 (7.1)：

$$\begin{aligned} & P\{X_{n+1} = s_{n+1} | X_n = s_n, \cdots, X_1 = s_0, X_0 = s_0\} \\ & = P\{X_{n+1} = s_{n+1} | X_n = s_n\} \end{aligned} \tag{7.1}$$

则称随机过程 $\{X_n\}$ 为**马尔可夫链**。

公式 (7.1) 就是马尔可夫性的准确数学表达式。

将 $t = n$ 看作现在的时刻，$t = n + 1$ 就是未来，$t = n - 1, \cdots, t = 2, t = 1$ 就是过去，$X(n) = s_n$ 表示系统在时刻 $t = n$ 时所处的状态 s_n。在已知现在状态 s_n 的情况下，具备马尔可夫性系统的未来状态 s_{n+1} 只与现在的状态 s_n 有关，与过去的所有状态 $s_{n-1}, \cdots, s_2, s_1$ 无关。

7.1.2 转移概率

条件概率 $P\{X_{n+1} = s_{n+1} | X_n = s_n\}$ 表示马尔可夫链在时刻 n 处于状态 s_n，在时刻 $n+1$ 处于状态 s_{n+1} 的概率。

马尔可夫链的统计特性完全由条件概率 $P\{X_{n+1} = s_{n+1} | X_n = s_n\}$ 决定，该条件概率通常被称为**转移概率**（Transition Probability）。

为了便于介绍概念，我们将状态空间中的状态值简记为 $\{1, 2, \cdots\}$。若马尔可夫链 $\{X_n\}$ 在第 n 次随机试验（通常被称为第 n 步）处于状态 i（$i \in \mathbb{N}$），则记为 $X_n = i$。

下面给出转移概率的具体数学定义。

从第 n 步的状态 i 转移到第 $n+1$ 步的状态 j 的条件概率

$$p_{ij}(n) \doteq P\{X_{n+1} = j | X_n = i\}, \forall m, n \in T, \forall i, j \in S \tag{7.2}$$

称为马尔可夫链 $\{X_n\}$ 的一步转移概率，通常简称为**转移概率**。

当马尔可夫链 $\{X_n\}$ 的转移概率 $p_{ij}(n)$ 与时间参数 n 无关时，该马尔可夫链具有平稳转移概率 [34]。

通常称具有平稳转移概率的马尔可夫链是齐次的（Homogeneous）。

齐次马尔可夫链的转移概率 $p_{ij}(n)$ 可简记为 p_{ij}。

强化学习中提到的马尔可夫过程一般指的就是齐次马尔可夫连，本书只考虑齐次马尔可夫链的情况。

若初始时间 $t=1$，则马尔可夫链 $\{X_n\}$ 的**初始概率**定义为 $p_i \doteq P\{X_1=i\}$；初始概率向量记为 $\boldsymbol{P}(1)=(p_1,p_2,\cdots)$。

马尔可夫链 $\{X_n\}$ 的绝对概率定义为 $p_j(n) \doteq P\{X_n=j\}$；n 时刻的**绝对概率**向量记为 $\boldsymbol{P}(n)=(p_1(n),p_2(n),\cdots)$。

绝对概率 $p_j(n)$（$\forall j \in S$ 和 $n \geqslant 1$）的性质：

(1) $p_j(n)=\sum\limits_{i \in S} p_i p_{ij}^{(n)}$。

(2) $\boldsymbol{P}(n)=\boldsymbol{P}(1)\boldsymbol{P}^{(n)}$，其中 $\boldsymbol{P}^{(n)}$ 为 n 步转移概率矩阵。

该定理通常用于求解绝对概率和绝对概率向量。

马尔可夫链 $\{X_n\}$ 的（一步）**转移概率矩阵** $\boldsymbol{P}=[p_{ij}]$ 是（一步）转移概率 p_{ij} 的 $|S| \times |S|$ 维矩阵，具体地，

$$
\boldsymbol{P}=\begin{array}{c}
\\ s_1 \\ s_2 \\ \vdots \\ s_i \\ \vdots
\end{array}
\begin{array}{c}
\begin{array}{ccccc} s_1 & s_2 & \cdots & s_j & \cdots \end{array} \\
\left[\begin{array}{ccccc}
p_{11} & p_{12} & \cdots & p_{1j} & \cdots \\
p_{21} & p_{22} & \cdots & p_{2j} & \cdots \\
\vdots & \vdots & & \vdots & \\
p_{i1} & p_{i2} & \cdots & p_{ij} & \cdots \\
\vdots & \vdots & & \vdots &
\end{array}\right]
\end{array} \tag{7.3}
$$

转移概率矩阵的性质：

(1) $p_{ij} \geqslant 0$，$\forall i,j \in S$。

(2) $\sum\limits_{j \in S} p_{ij}=1$，$\forall i \in S$。

满足上述两条性质的矩阵称为随机矩阵。

转移概率矩阵是随机矩阵。

转移概率矩阵的性质表明：

(1) 转移概率的取值均大于或等于 0。

(2) 转移概率矩阵中任意一行的概率和都为 1。

从第 m 步的状态 i 转移到第 $m+n$ 步的状态 j 的条件概率

$$
p_{ij}^{(n)} \doteq P\{X_{m+n}=j|X_m=i\}, \forall m,n \in T, \forall i,j \in S \tag{7.4}
$$

称为马尔可夫链 $\{X_n\}$ 的 n **步转移概率**。

0 步转移概率 $p_{ij}^{(0)}$ 的取值定义如下：

$$
p_{ij}^{(0)}=\begin{cases} 0, & i \neq j \\ 1, & i=j \end{cases} \tag{7.5}
$$

马尔可夫链 $\{X_n\}$ 的 n **步转移概率矩阵** $\boldsymbol{P}^{(n)}=\left[p_{ij}^{(n)}\right]$ 是 n 步转移概率 $p_{ij}^{(n)}$ 的 $|S|\times|S|$ 维矩阵，具体地，

$$\boldsymbol{P}^{(n)}=\begin{array}{c} \\ s_1 \\ s_2 \\ \vdots \\ s_i \\ \vdots \end{array}\begin{array}{c} \begin{array}{ccccc} s_1 & s_2 & \cdots & s_j & \cdots \end{array} \\ \begin{bmatrix} p_{11}^{(n)} & p_{12}^{(n)} & \cdots & p_{1j}^{(n)} & \cdots \\ p_{21}^{(n)} & p_{22}^{(n)} & \cdots & p_{2j}^{(n)} & \cdots \\ \vdots & \vdots & & \vdots & \\ p_{i1}^{(n)} & p_{i2}^{(n)} & \cdots & p_{ij}^{(n)} & \cdots \\ \vdots & \vdots & & \vdots & \end{bmatrix} \end{array} \tag{7.6}$$

n 步转移概率矩阵的性质如下：

(1) $p_{ij}^{(n)}\geqslant 0$，$\forall i,j\in S$。

(2) $\sum\limits_{j\in S}p_{ij}^{(n)}=1$，$\forall i\in S$。

(3) $\boldsymbol{P}^{(n)}=\boldsymbol{P}\boldsymbol{P}^{(n-1)}$。

(4) $\boldsymbol{P}^{(n)}=\boldsymbol{P}^{n}$。

从前两条性质可以看出，n 步转移概率矩阵也是随机矩阵。

后两条性质通常用于求解 n 步转移概率矩阵，其中，$\boldsymbol{P}^{(n)}$ 表示 n 步转移概率矩阵，$\boldsymbol{P}^{n}$ 表示 n 个 $\boldsymbol{P}$ 相乘。

下面以求解两步转移概率矩阵为例，说明 n 步转移概率矩阵的求解方法。

若一步转移概率矩阵为

$$\boldsymbol{P}=\begin{bmatrix} p_{11} & p_{12} \\ p_{21} & p_{22} \end{bmatrix} \tag{7.7}$$

那么，二步转移概率矩阵为

$$\begin{aligned}\boldsymbol{P}^{(2)}&=\begin{bmatrix} p_{11}^{(2)} & p_{12}^{(2)} \\ p_{21}^{(2)} & p_{22}^{(2)} \end{bmatrix}=\begin{bmatrix} p_{11} & p_{12} \\ p_{21} & p_{22} \end{bmatrix}\begin{bmatrix} p_{11} & p_{12} \\ p_{21} & p_{22} \end{bmatrix}\\ &=\begin{bmatrix} p_{11}p_{11}+p_{12}p_{21} & p_{11}p_{12}+p_{12}p_{22} \\ p_{21}p_{11}+p_{22}p_{21} & p_{21}p_{12}+p_{22}p_{22} \end{bmatrix}\end{aligned} \tag{7.8}$$

例 7.1　状态空间 $S=\{1,2\}$，状态 1 和状态 2 之间的状态转移图及（一步）转移概率矩阵如图 7.1 所示，初始概率 $p_1=1$，$p_2=0$，求由状态 1 到状态 2 的两步转移概率 $p_{12}^{(2)}$。

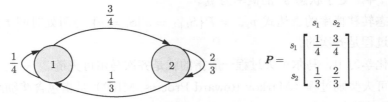

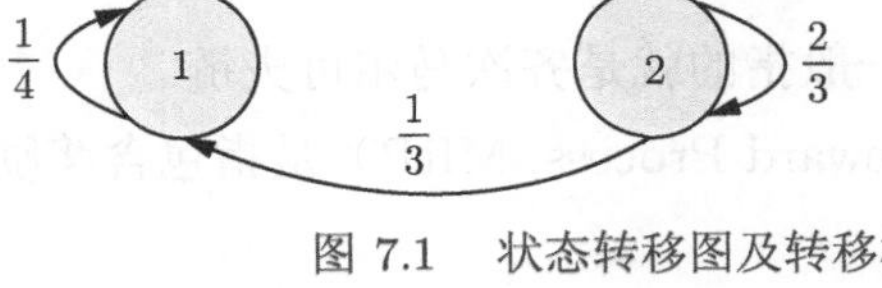

$$\boldsymbol{P}=\begin{array}{c} \\ s_1 \\ s_2 \end{array}\begin{array}{c} \begin{array}{cc} s_1 & s_2 \end{array} \\ \begin{bmatrix} \frac{1}{4} & \frac{3}{4} \\ \frac{1}{3} & \frac{2}{3} \end{bmatrix} \end{array}$$

图 7.1　状态转移图及转移概率矩阵

解 由 n 步转移概率矩阵的性质 $\boldsymbol{P}^{(n)}=\boldsymbol{P}^n$ 可知，两步转移概率矩阵可由式 (7.9) 计算。

$$\begin{aligned}\boldsymbol{P}^{(2)}=\boldsymbol{P}\boldsymbol{P}&=\begin{bmatrix}\frac{1}{4} & \frac{3}{4}\\ \frac{1}{3} & \frac{2}{3}\end{bmatrix}\begin{bmatrix}\frac{1}{4} & \frac{3}{4}\\ \frac{1}{3} & \frac{2}{3}\end{bmatrix}\\ &=\begin{bmatrix}\frac{1}{4}\times\frac{1}{4}+\frac{3}{4}\times\frac{1}{3} & \frac{1}{4}\times\frac{3}{4}+\frac{3}{4}\times\frac{2}{3}\\ \frac{1}{3}\times\frac{1}{4}+\frac{2}{3}\times\frac{1}{3} & \frac{1}{3}\times\frac{3}{4}+\frac{2}{3}\times\frac{2}{3}\end{bmatrix}\end{aligned} \tag{7.9}$$

从两步转移概率矩阵的计算式具体分析本例的状态转移过程。

由状态 1 出发，经两步到达状态 2 的路径有两条：$1\xrightarrow{\frac{1}{4}}1\xrightarrow{\frac{3}{4}}2$ 和 $1\xrightarrow{\frac{3}{4}}2\xrightarrow{\frac{2}{3}}2$，因此 $p_{12}^{(2)}=\frac{1}{4}\times\frac{3}{4}+\frac{3}{4}\times\frac{2}{3}$。

例 7.1 的两步转移概率矩阵为

$$\boldsymbol{P}^{(2)}=\begin{bmatrix}\frac{5}{16} & \frac{11}{16}\\ \frac{11}{36} & \frac{25}{36}\end{bmatrix} \tag{7.10}$$

因此，由状态 1 到状态 2 的两步转移概率 $p_{12}^{(2)}=\frac{11}{16}$。

7.2 马尔可夫奖励过程

7.1 节主要从随机过程的角度回顾了马尔可夫过程的基本知识。下面介绍强化学习中马尔可夫过程的常见表示方法。

> 马尔可夫过程可以由一个二元组 $(S,\boldsymbol{P})$ 表示，其中
> (1) S，是状态空间，由一组有限的状态组成，$S=\{s_1,s_2,\cdots\}$。
> (2) $\boldsymbol{P}$，是状态转移概率矩阵，$p_{ss'}=P\{S_{t+1}=s'|S_t=s\}$。

二元组 $(S,\boldsymbol{P})$ 是强化学习中对马尔可夫过程的常见表示。由此可见，强化学习中的马尔可夫过程具体指的就是马尔可夫链。

状态转移概率 $p_{ss'}=P\{S_{t+1}=s'|S_t=s\}$ 表示在当前时刻 t 系统处于状态 s，在下一时刻 $t+1$ 处于状态 s' 的概率为 $p_{ss'}$。

由状态转移概率的表达式 $p_{ss'}=P\{S_{t+1}=s'|S_t=s\}$ 与所处时间 t 无关可知，该马尔可夫过程是齐次的。

在强化学习中，马尔可夫过程一般指的就是齐次马尔可夫链。

马尔可夫奖励过程（Markov Reward Process, MRP）是指包含奖励函数（Reward Function）的马尔可夫链。

马尔可夫奖励过程可以由一个四元组 $(S, \boldsymbol{P}, R, \gamma)$ 表示，其中
(1) S，是一组有限的状态集合，$S = \{s_1, s_2, \cdots\}$。
(2) $\boldsymbol{P}$，是状态转移概率矩阵，$p_{ss'} = P\{S_{t+1} = s' | S_t = s\}$。
(3) R，是奖励函数，$R_s = E[R_{t+1} | S_t = s]$。
(4) γ，是折现因子，$\gamma \in [0, 1]$。

状态 $S_t = s$ 的状态值函数 $v(S_t)$ 可简记为 v_s，

$$v(S_t) = v(s) = E[G_t | S_t = s] \tag{7.11}$$

由长期回报的定义公式 (6.1) 可知，

$$\begin{aligned} G_t &= R_{t+1} + \gamma R_{t+2} + \gamma^2 R_{t+3} + \cdots \\ &= R_{t+1} + \gamma(R_{t+2} + \gamma R_{t+3} + \cdots) \\ &= R_{t+1} + \gamma G_{t+1} \end{aligned} \tag{7.12}$$

因此，状态值函数的具体计算式如下，

$$\begin{aligned} v(s) &= E[G_t | S_t = s] \\ &= E[R_{t+1} + \gamma G_{t+1} | S_t = s] \\ &= E[R_{t+1} | S_t = s] + \gamma E[G_{t+1} | S_t = s] \\ &= E[R_{t+1} | S_t = s] + \gamma E[v(S_{t+1}) | S_t = s] \\ &= R_s + \gamma \sum_{s'} p_{ss'} v(s') \end{aligned} \tag{7.13}$$

从式 (7.13) 中可以看出，

$$v(s) = E[R_{t+1} + \gamma v(S_{t+1}) | S_t = s] \tag{7.14}$$

式 (7.14) 通常称为**贝尔曼方程**（Bellman Equation）。

贝尔曼方程说明，状态值函数 $v(s)$ 可以分为两部分：

(1) t 时刻状态获得的即时奖励，$E[R_{t+1} | S_t = s]$。

(2) 后续奖励的折现，$\gamma E[v(S_{t+1}) | S_t = s]$。

下面给出贝尔曼方程的推导过程，该部分内容涉及较多的数学公式推导，读者可以根据自身情况选读。$v_s = R_s + \gamma E[G_{t+1} | S_t = s]$，其中，$E[G_{t+1} | S_t = s]$ 为条件期望。在贝尔曼方程的推导过程中，关键点在于理解式 (7.13) 中为何 $E[G_{t+1} | S_t = s]$ 等于 $E[v(S_{t+1}) | S_t = s]$。

$$\begin{aligned} E[G_{t+1} | S_t = s] &= \sum G_{t+1} P\{G_{t+1} | S_t = s\} \\ &= \sum G_{t+1} \sum_{s'} P\{G_{t+1} | S_{t+1} = s', S_t = s\} P\{S_{t+1} = s' | S_t = s\} \end{aligned}$$

$$
\begin{aligned}
&= \sum_{s'} \sum G_{t+1} P\{G_{t+1} | S_{t+1} = s', S_t = s\} P\{S_{t+1} = s' | S_t = s\} \\
&= \sum_{s'} E[G_{t+1} | S_{t+1} = s', S_t = s] P\{S_{t+1} = s' | S_t = s\} \\
&= \sum_{s'} v(S_{t+1}) P\{S_{t+1} = s' | S_t = s\} \\
&= E[v(S_{t+1}) | S_t = s]
\end{aligned}
$$

其中，$\sum\limits_{s'}$ 是 $\sum\limits_{s' \in S}$ 的简写。

$\sum\limits_{s'} v(S_{t+1}) P\{S_{t+1} = s' | S_t = s\}$ 可简记为 $\sum\limits_{s'} v(s') p_{ss'}$。

下面具体分析上述推导过程中第一行到第二行的原理。将 G_{t+1} 简记为事件 A，$S_{t+1} = s'$ 简记为事件 B，$S_t = s$ 简记为事件 C，则：

$$
\begin{aligned}
&P\{G_{t+1} | S_t = s\} = P(A|C) \\
&\sum_{s'} P\{G_{t+1} | S_{t+1} = s', S_t = s\} P\{S_{t+1} = s' | S_t = s\} = \sum_B P(A|BC) P(B|C)
\end{aligned}
$$

$$
\begin{aligned}
P(A|C) = \frac{P(AC)}{P(C)} &= \frac{\sum\limits_B P(ABC)}{P(C)} \\
&= \frac{\sum\limits_B P(A|BC) P(B|C) P(C)}{P(C)} \\
&= \sum_B P(A|BC) P(B|C)
\end{aligned}
$$

即 $P\{G_{t+1} | S_t = s\} = \sum\limits_{s'} P\{G_{t+1} | S_{t+1} = s', S_t = s\} P\{S_{t+1} = s' | S_t = s\}$。

上述推导中涉及的概率公式有：

(1) 条件概率公式，$P(A|C) = \dfrac{P(AC)}{P(C)}$。

(2) 全概率公式，$P(A) = \sum\limits_B P(A|B) P(B) = \sum\limits_B P(AB)$。

综上所述，贝尔曼方程即

$$
\begin{aligned}
v(s) &= E[R_{t+1} + \gamma v(S_{t+1}) | S_t = s] \\
&= R_s + \gamma \sum_{s'} p_{ss'} v(s')
\end{aligned}
$$

通常利用公式 $v(s) = R_s + \gamma \sum\limits_{s'} p_{ss'} v(s')$ 求解贝尔曼方程。下面通过一个简单例子讲解贝尔曼方程的实际应用。

例 7.2　状态空间 $S=\{s_1,s_2,s_3\}$，假设初始 t 时刻处于状态 s_1 的概率为 1，下一时刻 $t+1$ 会转移至状态 s_2 或者状态 s_3，状态转移图及转移概率矩阵如图 7.2 所示，其中，$R_{s_1}=2$，$R_{s_2}=7$，$R_{s_3}=4$，若折现因子 $\gamma=0.5$，试计算：

(1) 采用路径 $s_1\to s_2$ 时状态 s_1 的长期回报 G_{s_1}。

(2) 采用路径 $s_1\to s_3$ 时状态 s_1 的长期回报 G'_{s_1}。

(3) 状态 s_1、s_2 和 s_3 的状态值函数 v_{s_1}、v_{s_2} 和 v_{s_3}。

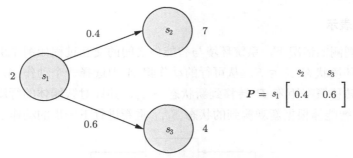

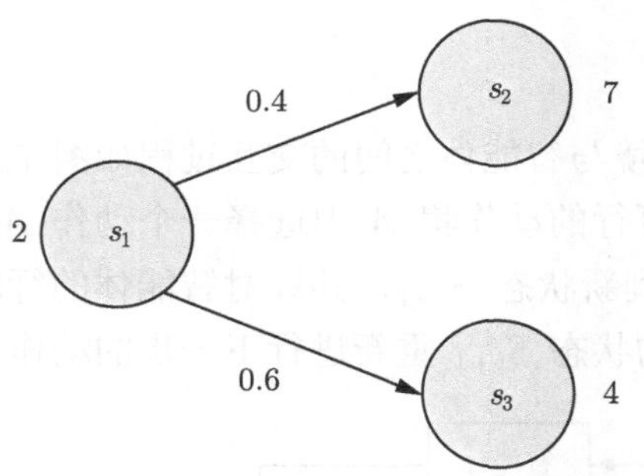

$$\boldsymbol{P}=\begin{array}{c} \\ s_1\end{array}\begin{array}{c}\begin{matrix} s_2 & s_3\end{matrix}\\ \begin{bmatrix}0.4 & 0.6\end{bmatrix}\end{array}$$

图 7.2　状态转移图及转移概率矩阵

解　由图 7.2 可知，状态 s_2 和状态 s_3 没有后续状态，因此，

$$G_{s_2}=R_{s_2}=7$$
$$G_{s_3}=R_{s_3}=4$$

采用路径 $s_1\to s_2$ 时，状态 s_1 的长期回报为

$$G_{s_1}=R_{s_1}+\gamma R_{s_2}=2+0.5\times 7=5.5$$

采用路径 $s_1\to s_3$ 时，状态 s_1 的长期回报为

$$G'_{s_1}=R_{s_1}+\gamma R_{s_3}=2+0.5\times 4=4$$

由于状态 s_2 和状态 s_3 没有后续状态，因此状态值函数分别为

$$v_{s_2}=R_{s_2}=7$$
$$v_{s_3}=R_{s_3}=4$$

依据贝尔曼方程 $v(s)=E[R_{t+1}+\gamma v(S_{t+1})|S_t=s]$，状态 s_1 的状态值函数为

$$\begin{aligned}v_{s_1}&=R_{s_1}+\gamma(p_{12}R_{s_2}+p_{13}R_{s_3})\\&=2+0.5\times(0.4\times 7+0.6\times 4)\\&=4.6\end{aligned}$$

综上所述，$G_{s_1}=5.5$，$G'_{s_1}=4$，$v_{s_1}=4.6$，$v_{s_2}=7$，$v_{s_3}=4$。

7.3 马尔可夫决策过程

马尔可夫决策过程（Markov Decision Process, MDP）是强化学习的理论基石。在强化学习过程中，智能体不间断地观测具有马尔可夫性的系统环境，根据观测到的系统环境状态，智能体依据自身的策略，从可行的动作集中选择一个动作，系统依据其状态转移概率矩阵转换到新状态，智能体根据新观测到的系统状态，根据自身的策略重新进行下一步的动作。

7.3.1 形式化表示

在可完全观测的情况下，系统环境与智能体之间的交互过程如图 7.3 所示。智能体根据观测到的环境状态 $S_t \in S$，从可行的动作集 A 中选择一个动作 A_t 作出决策，系统根据其状态转移概率矩阵 $\boldsymbol{P}$ 转移到新状态 S_{t+1}，并针对智能体的行动 A_t 给出相应的奖励 R_{t+1}，智能体根据新观测到的状态 S_{t+1} 重新进行下一步的动作 A_{t+1}。

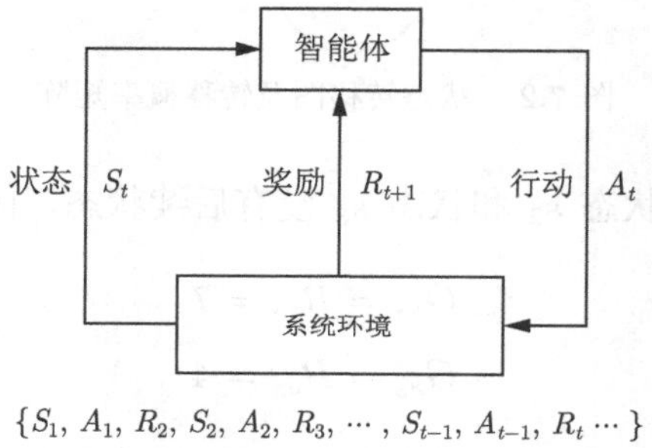

图 7.3 强化学习的 MDP 框架

由此可见，强化学习过程是解决序贯决策问题，可由马尔可夫决策过程完全刻画。马尔可夫决策过程的历史记录是由一系列的状态、行动和奖励所组成的时间序列

$\{S_1, A_1, R_2, S_2, A_2, R_3, \cdots, S_{t-1}, A_{t-1}, R_t, \cdots\}$

按照本书的约定，针对行动 A_t 的即时奖励记为 R_{t+1}，长期回报记为 G_t。

除非特别说明，本书中提到的马尔可夫决策过程都是指有限的马尔可夫决策过程（Finite MDP），具有有限的状态集和行动集。

马尔可夫奖励过程可以由一个四元组 $(S, \boldsymbol{P}, R, \gamma)$ 表示，马尔可夫决策过程就是在马尔可夫奖励过程中加入一组有限的行动集，即马尔可夫决策过程可以由一个五元组 $(S, A, \boldsymbol{P}, R, \gamma)$ 表示。

在五元组 $(S, A, \boldsymbol{P}, R, \gamma)$ 中，S 表示状态空间，A 表示行动空间，$\boldsymbol{P}$ 表示状态转移概率矩阵，R 表示是奖励函数，γ 表示折现因子。

下面给出马尔可夫决策过程的形式化表示。

马尔可夫决策过程可以由一个五元组 $(S, A, \boldsymbol{P}, R, \gamma)$ 表示，其中

(1) S，是一组有限的状态集合，$S = \{s_1, s_2, \cdots\}$。

(2) A，是一组有限的行动集合，$A=\{a_1,a_2,\cdots\}$。

(3) $\boldsymbol{P}$，是状态转移概率矩阵，$p_{ss'}^a=P\{S_{t+1}=s'|S_t=s,A_t=a\}$。

(4) R，是奖励函数，$R_s^a=E[R_{t+1}|S_t=s,A_t=a]$。

(5) γ，是折现因子，$\gamma\in[0,1]$。

7.3.2 策略和值函数

第 6 章的强化学习基本框架就是基于马尔可夫决策过程介绍的。本节首先回顾值函数的定义，再介绍马尔可夫决策过程中的贝尔曼方程。

策略是智能体在观察环境后产生的行动方案，马尔可夫决策过程采取的是随机性策略。具体地，策略描述了智能体采取不同行动的概率，即给定一个状态 s，智能体采取行动 a 的概率为

$$\pi(a|s)=P\{A_t=a|S_t=s\} \tag{7.15}$$

值函数是针对状态或行动的评价函数值函数，包括状态值函数和状态-行动值函数。

状态值函数 $v_\pi(s)$ 是在给定策略 π 下，用于评价状态 s 的指标。具体地，状态值函数 $v_\pi(s)$ 定义为：采用策略 π，状态 s 获得的期望回报，即 $v_\pi(s)\doteq E_\pi[G_t|S_t=s]$。

状态-行动值函数 $q_\pi(s,a)$ 是在给定策略 π 下，用于评价状态 s 下动作 a 的指标。具体地，状态-行动值函数 $q_\pi(s,a)$ 定义为，采用策略 π，在状态 s 下采用动作 a 获得的期望回报，即 $q_\pi(s,a)\doteq E_\pi[G_t|S_t=s,A_t=a]$。

其中，E_π 表示在给定策略 π 下的期望，这只是一种符号约定，E_π 的作用等价于 E。

为了避免概念模糊，同时为了借鉴马尔可夫奖励过程中贝尔曼方程的推导过程，本章统一采用 E 替代状态值函数和状态-行动值函数定义式中的 E_π。

借鉴马尔可夫奖励过程中贝尔曼方程的推导过程，下面直接给出马尔可夫决策过程中的贝尔曼方程。

$$\begin{cases} v_\pi(s)=E[G_t|S_t=s] \\ \qquad\;\;=E[R_{t+1}+\gamma G_{t+1}|S_t=s] \\ \qquad\;\;=E[R_{t+1}+\gamma v_\pi(S_{t+1})|S_t=s] \\ q_\pi(s,a)=E[G_t|S_t=s,A_t=a] \\ \qquad\;\;=E[R_{t+1}+\gamma G_{t+1}|S_t=s,A_t=a] \\ \qquad\;\;=E[R_{t+1}+\gamma q_\pi(S_{t+1},A_{t+1})|S_t=s,A_t=a] \end{cases} \tag{7.16}$$

贝尔曼方程说明，值函数可以分为两部分：

(1) 当前时刻获得的即时奖励。

(2) 后续奖励在当前时刻的累积折现。

状态值函数 $v_\pi(s)$ 与状态-行动值函数 $q_\pi(s,a)$ 之间的关系为

$$v_\pi(s)=E[G_t|S_t=s]$$

$$= \sum_a \pi(a|s) E[G_t|S_t = s, A_t = a]$$

$$= \sum_a \pi(a|s) q_\pi(s,a) \tag{7.17}$$

即 $v_\pi(s) = \sum_a \pi(a|s) q_\pi(s,a)$，其中，$\sum_a$ 是 $\sum_{a\in A}$ 的简写。

下面给出马尔可夫决策过程中贝尔曼方程的推导过程，该部分内容可供选读，其中关键推导步骤可参考马尔可夫奖励过程中贝尔曼方程的推导。

$$\begin{aligned}
v_\pi(s) &= E[G_t|S_t = s] \\
&= \sum_a \pi(a|s) E[G_t|S_t = s, A_t = a] \\
&= \sum_a \pi(a|s) E[R_{t+1} + \gamma G_{t+1}|S_t = s, A_t = a] \\
&= \sum_a \pi(a|s) \Big[E[R_{t+1}|S_t = s, A_t = a] + \gamma E[G_{t+1}|S_t = s, A_t = a]\Big] \\
&= \sum_a \pi(a|s) \Big[R_s^a + \gamma \sum_{s'} v_\pi(S_{t+1}) P\{S_{t+1} = s'|S_t = s, A_t = a\}\Big] \\
&= \sum_a \pi(a|s) \Big[R_s^a + \gamma \sum_{s'} p_{ss'}^a v_\pi(s')\Big]
\end{aligned}$$

由上述 $v_\pi(s)$ 推导过程的第 2 行与第 6 行可知，

$$\begin{aligned}
q_\pi(s,a) &= E[G_t|S_t = s, A_t = a] \\
&= R_s^a + \gamma \sum_{s'} p_{ss'}^a v_\pi(s')
\end{aligned}$$

下面具体分析 $v_\pi(s)$ 推导过程中第 1 行到第 2 行的原理。将 G_t 简记为事件 A，$S_t = s$ 简记为事件 B，$A_t = a$ 简记为事件 C，则

$$E[G_t|S_t = s] = E[A|B]$$

$$\begin{aligned}
\sum_a \pi(a|s) E[G_t|S_t = s, A_t = a] &= \sum_C P(C|B) E[A|BC] \\
&= \sum_C P(C|B) \sum_A A \times P(A|BC) \\
&= \sum_A A \times \frac{\sum_C P(A|BC)P(C|B)P(B)}{P(B)} \\
&= \sum_A A \times \frac{\sum_C P(ABC)}{P(B)}
\end{aligned}$$

$$
\begin{aligned}
&= \sum_A A \times \frac{P(AB)}{P(B)} \\
&= \sum_A A \times P(A|B) \\
&= E[A|B]
\end{aligned}
$$

综上所述，马尔可夫决策过程中的贝尔曼方程为

$$
\begin{aligned}
v_\pi(s) &= E[R_{t+1} + \gamma v_\pi(S_{t+1})|S_t = s] \\
&= \sum_a \pi(a|s)\Big[R_s^a + \gamma \sum_{s'} p_{ss'}^a v_\pi(s')\Big] \\
q_\pi(s,a) &= E[R_{t+1} + \gamma q_\pi(S_{t+1}, A_{t+1})|S_t = s, A_t = a] \\
&= R_s^a + \gamma \sum_{s'} p_{ss'}^a \sum_{a'} \pi(a'|s') q_\pi(s', a')
\end{aligned} \tag{7.18}
$$

为了深入理解马尔可夫决策过程中贝尔曼方程的含义，通过计算示意图讲解状态值函数与状态-行动值函数之间的关系。

MDP 贝尔曼方程的计算图解如图 7.4 所示，图中假设智能体在每种系统状态下有两种动作可以选择，每个动作可能导致两种新的系统状态。系统在 t 时刻处于初始状态 $S_t = s$，智能体采取行动 $A_t = a$，在 $t+1$ 时刻，系统处于状态 $S_{t+1} = s'$，智能体采取行动 $A_{t+1} = a'$。

状态值函数与状态-行动值函数之间的互推关系如图 7.4(a) 所示。状态值函数 $v_\pi(s)$ 是所有可能动作 $\forall a \in A$ 发生的概率 $\pi(a|s)$ 与对应的状态-行动值函数乘积 $q_\pi(s,a)$ 之和 $\sum\limits_a$，即 $v_\pi(s) = \sum\limits_a \pi(a|s) q_\pi(s,a)$。状态值函数 $v_\pi(s)$ 的求解示例如图 7.4(a) 中蓝色虚线框所示。

状态-行动值函数 $q_\pi(s,a)$ 的求解示例如图 7.4(a) 中红色虚线框所示，t 时刻的状态-行动值函数 $q_\pi(s,a)$ 等于当前行动 $A_t = a$ 的奖励 R_s^a，加上该行动导致系统状态变为 $S_{t+1} = s'$ 带来的状态值函数在此刻的折现 $\gamma \sum\limits_{s'} p_{ss'}^a v_\pi(s')$，即 $q_\pi(s,a) = R_s^a + \gamma \sum\limits_{s'} p_{ss'}^a v_\pi(s')$。

t 时刻的状态值函数 $v_\pi(s)$ 与 $t+1$ 时刻的状态值函数 $v_\pi(s')$ 的递推关系如图 7.4(b) 中蓝色虚线框所示，将方程 $q_\pi(s,a) = R_s^a + \gamma \sum\limits_{s'} p_{ss'}^a v_\pi(s')$ 代入方程 $v_\pi(s) = \sum\limits_a \pi(a|s) q_\pi(s,a)$，即可得 $v_\pi(s) = \sum\limits_a \pi(a|s)\Big[R_s^a + \gamma \sum\limits_{s'} p_{ss'}^a v_\pi(s')\Big]$。

t 时刻的状态-行动值函数 $q_\pi(s,a)$ 与 $t+1$ 时刻的状态-行动值函数 $q_\pi(s',a')$ 的递推关系如图 7.4(b) 中红色虚线框所示，t+1 时刻的状态值函数 $v_\pi(s') = \sum\limits_{a'} \pi(a'|s') q_\pi(s',a')$，

将该方程代入方程 $q_\pi(s,a) = R_s^a + \gamma\sum_{s'} p_{ss'}^a v_\pi(s')$，即可得 $q_\pi(s,a) = R_s^a + \gamma\sum_{s'} p_{ss'}^a \cdot \sum_{a'} \pi(a'|s') q_\pi(s',a')$。

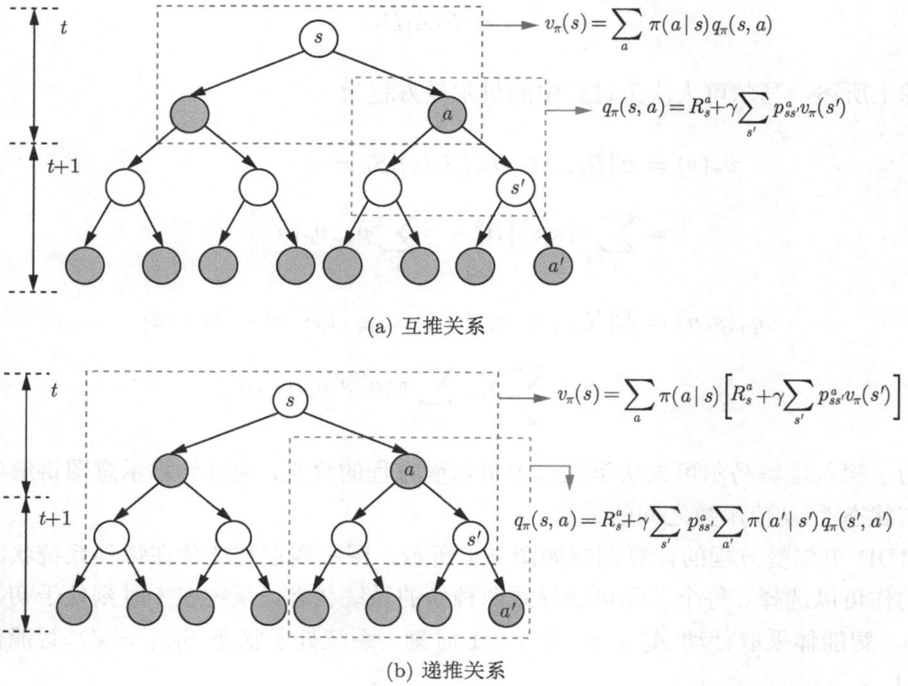

图 7.4　MDP 贝尔曼方程的计算图解

例 7.3　如图 7.5 所示，MDP 的状态空间 $S=\{s_t^1, s_{t+1}^1, s_{t+1}^2, s_{t+1}^3, s_{t+1}^4\}$，行动集 $A=\{a_t^1, a_t^2, a_{t+1}^1, a_{t+1}^2, a_{t+1}^3, a_{t+1}^4, a_{t+1}^5, a_{t+1}^6, a_{t+1}^7, a_{t+1}^8\}$，折现因子 $\gamma=1$。

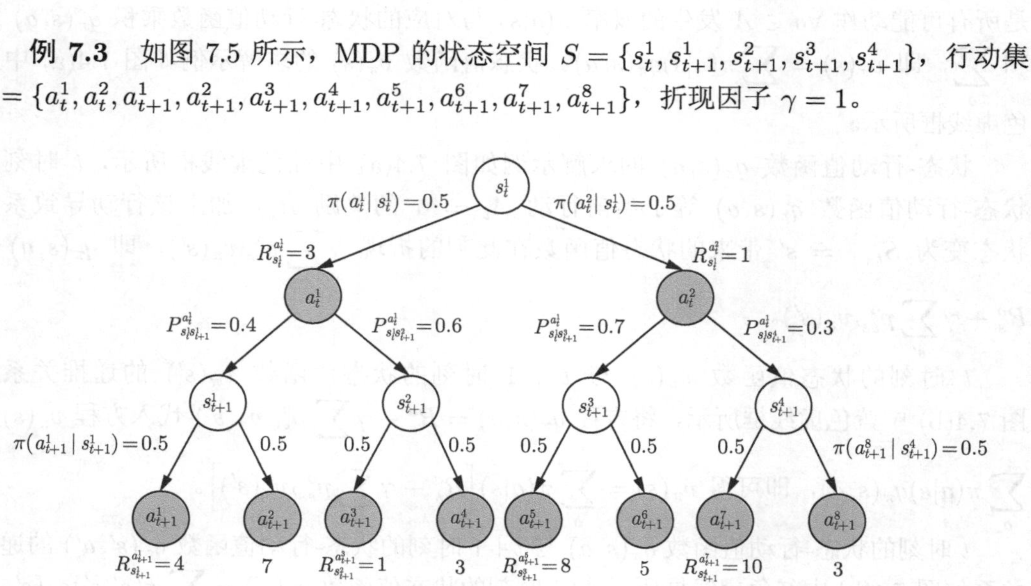

图 7.5　求解 MDP 贝尔曼方程

假设初始 t 时刻处于状态 s_t^1 的概率为 1，t 时刻，智能体采取动作 a_t^1 的概率为 $\pi(a_t^1|s_t^1)=0.5$，此时的奖励函数 $R_{s_t^1}^{a_t^1}=3$；智能体采取动作 a_t^2 的概率为 $\pi(a_t^2|s_t^1)=0.5$，此时的奖励函数 $R_{s_t^1}^{a_t^2}=1$。

若智能体在 t 时刻采取动作 a_t^1，则系统会在 $t+1$ 时刻以概率 $P_{s_t^1 s_{t+1}^1}^{a_t^1}=0.4$ 转移至状态 s_{t+1}^1，以概率 $P_{s_t^1 s_{t+1}^2}^{a_t^1}=0.6$ 转移至状态 s_{t+1}^2；若智能体在 t 时刻采取动作 a_t^2，则系统会在 $t+1$ 时刻以概率 $P_{s_t^1 s_{t+1}^3}^{a_t^2}=0.7$ 转移至状态 s_{t+1}^3，以概率 $P_{s_t^1 s_{t+1}^4}^{a_t^2}=0.3$ 转移至状态 s_{t+1}^4。

若系统在 $t+1$ 时刻转移到状态 s_{t+1}^1，智能体采取动作 a_{t+1}^1 的概率为 $\pi(a_{t+1}^1|s_{t+1}^1)=0.5$，此时的奖励函数 $R_{s_{t+1}^1}^{a_{t+1}^1}=4$；智能体采取动作 a_{t+1}^2 的概率为 $\pi(a_{t+1}^2|s_{t+1}^1)=0.5$，此时的奖励函数 $R_{s_{t+1}^1}^{a_{t+1}^2}=7$。其余情况如图 7.5 所示。

试计算图 7.5 中所有动作的状态-行动值函数，以及所有状态的状态值函数。

解　首先根据方程 $q_\pi(s,a)=R_s^a+\gamma\sum\limits_{s'}p_{ss'}^a v_\pi(s')$ 求解 $t+1$ 时刻的状态-行动值函数，由于没有后续状态和行动，因此，

$$\begin{cases}
q_\pi(s_{t+1}^1,a_{t+1}^1)=R_{s_{t+1}^1}^{a_{t+1}^1}+0=4, q_\pi(s_{t+1}^1,a_{t+1}^2)=R_{s_{t+1}^1}^{a_{t+1}^2}+0=7\\
q_\pi(s_{t+1}^2,a_{t+1}^3)=R_{s_{t+1}^2}^{a_{t+1}^3}+0=1, q_\pi(s_{t+1}^2,a_{t+1}^4)=R_{s_{t+1}^2}^{a_{t+1}^4}+0=3\\
q_\pi(s_{t+1}^3,a_{t+1}^5)=R_{s_{t+1}^3}^{a_{t+1}^5}+0=8, q_\pi(s_{t+1}^3,a_{t+1}^6)=R_{s_{t+1}^3}^{a_{t+1}^6}+0=5\\
q_\pi(s_{t+1}^4,a_{t+1}^7)=R_{s_{t+1}^4}^{a_{t+1}^7}+0=10, q_\pi(s_{t+1}^4,a_{t+1}^8)=R_{s_{t+1}^4}^{a_{t+1}^8}+0=3
\end{cases} \tag{7.19}$$

根据方程 $v_\pi(s)=\sum\limits_a \pi(a|s)q_\pi(s,a)$ 求解 $t+1$ 时刻的状态值函数。

$$\begin{cases}
v_\pi(s_{t+1}^1)=\pi(a_{t+1}^1|s_{t+1}^1)q_\pi(s_{t+1}^1,a_{t+1}^1)+\pi(a_{t+1}^2|s_{t+1}^1)q_\pi(s_{t+1}^1,a_{t+1}^2)\\
\qquad\qquad =0.5\times 4+0.5\times 7=5.5\\
v_\pi(s_{t+1}^2)=\pi(a_{t+1}^3|s_{t+1}^2)q_\pi(s_{t+1}^2,a_{t+1}^3)+\pi(a_{t+1}^4|s_{t+1}^2)q_\pi(s_{t+1}^2,a_{t+1}^4)\\
\qquad\qquad =0.5\times 1+0.5\times 3=2\\
v_\pi(s_{t+1}^3)=\pi(a_{t+1}^5|s_{t+1}^3)q_\pi(s_{t+1}^3,a_{t+1}^5)+\pi(a_{t+1}^6|s_{t+1}^3)q_\pi(s_{t+1}^3,a_{t+1}^6)\\
\qquad\qquad =0.5\times 8+0.5\times 5=6.5\\
v_\pi(s_{t+1}^4)=\pi(a_{t+1}^7|s_{t+1}^4)q_\pi(s_{t+1}^4,a_{t+1}^7)+\pi(a_{t+1}^8|s_{t+1}^4)q_\pi(s_{t+1}^4,a_{t+1}^8)\\
\qquad\qquad =0.5\times 10+0.5\times 3=6.5
\end{cases} \tag{7.20}$$

接下来，根据方程 $q_\pi(s,a)=R_s^a+\gamma\sum\limits_{s'}p_{ss'}^a v_\pi(s')$ 求解 t 时刻的状态-行动值函数。

$$\begin{aligned}
q_\pi(s_t^1,a_t^1)&=R_{s_t^1}^{a_t^1}+\gamma\left(P_{s_t^1 s_{t+1}^1}^{a_t^1}v_\pi(s_{t+1}^1)+P_{s_t^1 s_{t+1}^2}^{a_t^1}v_\pi(s_{t+1}^2)\right)\\
&=3+1\times(0.4\times 5.5+0.6\times 2)=6.4
\end{aligned} \tag{7.21}$$

$$q_\pi(s_t^1,a_t^2)=R_{s_t^1}^{a_t^2}+\gamma\Big(P_{s_t^1 s_{t+1}^3}^{a_t^2}\, v_\pi(s_{t+1}^3)+P_{s_t^1 s_{t+1}^4}^{a_t^2}\, v_\pi(s_{t+1}^4)\Big)$$
$$=1+1\times(0.7\times 6.5+0.3\times 6.5)=7.5 \tag{7.22}$$

最后，根据方程 $v_\pi(s)=\sum_a \pi(a|s)q_\pi(s,a)$ 求解 t 时刻的状态值函数。

$$v_\pi(s_t^1)=\pi(a_t^1|s_t^1)q_\pi(s_t^1,a_t^1)+\pi(a_t^2|s_t^1)q_\pi(s_t^1,a_t^2)$$
$$=0.5\times 6.4+0.5\times 7.5=6.95 \tag{7.23}$$

7.3.3 MDP 与 MRP 的关系

给定马尔可夫决策过程 MDP$(S,A,\boldsymbol{P},R,\gamma)$ 和一个策略 π，其对应的马尔可夫奖励过程为 MRP$(S,\boldsymbol{P}^\pi,R^\pi,\gamma)$，其中，

$$\begin{cases} p_{ss'}^\pi=\sum_a \pi(a|s)p_{ss'}^a \\ R_s^\pi=\sum_a \pi(a|s)R_s^a \end{cases} \tag{7.24}$$

马尔可夫决策过程 MDP$(S,A,\boldsymbol{P},R,\gamma)$ 的贝尔曼方程为

$$\begin{cases} v_\pi(s)=\sum_a \pi(a|s)\Big[R_s^a+\gamma\sum_{s'}p_{ss'}^a v_\pi(s')\Big] \\ q_\pi(s,a)=R_s^a+\gamma\sum_{s'}p_{ss'}^a\sum_{a'}\pi(a'|s')q_\pi(s',a') \end{cases} \tag{7.25}$$

其对应的马尔可夫奖励过程为 MRP$(S,\boldsymbol{P}^\pi,R^\pi,\gamma)$ 的贝尔曼方程

$$v_\pi(s)=R_s^\pi+\gamma\sum_{s'}p_{ss'}^\pi v_\pi(s') \tag{7.26}$$

其中，$\sum_a$ 是 $\sum_{a\in A}$ 的简写，$\sum_s$ 是 $\sum_{s\in S}$ 的简写。

7.4 最优化

7.4.1 最优策略

强化学习的目的是找到最优策略（Optimal Policy），使获得的长期回报最大，即获得最优状态值函数（Optimal State Value Function）和最优状态-行动值函数（Optimal State-Action Value Function）。最优策略可能不止一个，但这些最优策略都拥有相同的最优状态值函数和最优状态-行动值函数。

如果采用策略 π_* 的值函数 $v_{\pi_*}(s)\geqslant v_\pi(s)$，$q_{\pi_*}(s,a)\geqslant q_\pi(s,a)$，$\forall s\in S$，$\forall a\in A$，则称策略 π_* 为最优策略，可记为 $\pi_*\geqslant\pi$，$\forall\pi$；称 $v_{\pi_*}(s)$ 为最优状态值函数，简记为 $v_*(s)$；称 $q_{\pi_*}(s,a)$ 为最优状态-行动值函数，简记为 $q_*(s,a)$。

根据上述定义，最优值函数的定义式为

$$\begin{cases} v_*(s) \doteq \max\limits_{\pi} v_\pi(s) \\ q_*(s,a) \doteq \max\limits_{\pi} q_\pi(s,a) \end{cases} \tag{7.27}$$

也就是说，最优状态值函数 $v_*(s)$ 是所有可能策略下状态值函数中最大的；最优状态-行动值函数 $q_*(s,a)$ 是所有可能策略下状态- 行动值函数中最大的。

1. 定理

对任意马尔可夫决策过程，必存在一个最优策略优于或等于其他策略，即 $\pi_* > \pi$，$\forall \pi$；

对任意马尔可夫决策过程,所有的最优策略都会达到最优值函数,也就是说,$v_{\pi_*}(s) = v_*(s)$，$q_{\pi_*}(s,a) = q_*(s,a)$。

最优策略可以通过最大化 $q_{\pi_*}(s,a)$ 找到，

$$\pi_*(a|s) = \begin{cases} 1, & a = \underset{a\in A}{\operatorname{argmax}}\, q_*(s,a) \\ 0, & a \neq \underset{a\in A}{\operatorname{argmax}}\, q_*(s,a) \end{cases} \tag{7.28}$$

也就是说，当找到最优状态-行动值函数 $q_*(s,a)$ 时，就知道了马尔可夫决策过程的最优策略。

7.4.2 贝尔曼最优方程

由 7.3.2 节可知，$v_\pi(s) = \sum\limits_a \pi(a|s) q_\pi(s,a)$，结合式 (7.28) 可知，最优状态值函数为

$$v_*(s) = \max_a q_*(s,a) \tag{7.29}$$

此处，$\max\limits_a$ 表示相应的动作 $a = \underset{a\in A}{\operatorname{argmax}}\, q_*(s,a)$，对应的 $\pi_*(a|s) = 1$。

由 7.3.2 节可知，$q_\pi(s,a) = R_s^a + \gamma \sum\limits_{s'} p_{ss'}^a v_\pi(s')$，因此，

$$q_*(s,a) = R_s^a + \gamma \sum_{s'} p_{ss'}^a v_*(s') \tag{7.30}$$

由 7.3.2 节可知，$v_\pi(s) = \sum\limits_a \pi(a|s) \left[R_s^a + \gamma \sum\limits_{s'} p_{ss'}^a v_\pi(s') \right]$，结合式 (7.28) 可知，最优状态值函数为

$$v_*(s) = \max_a R_s^a + \gamma \sum_{s'} p_{ss'}^a v_*(s') \tag{7.31}$$

由 7.3.2 节可知，$q_\pi(s,a) = R_s^a + \gamma \sum\limits_{s'} p_{ss'}^a \sum\limits_{a'} \pi(a'|s') q_\pi(s',a')$，结合式 (7.28) 可知，最优状态-行动值函数为

$$q_*(s,a) = R_s^a + \gamma \sum_{s'} p_{ss'}^a \max_{a'} q_*(s',a') \tag{7.32}$$

综上所述，贝尔曼最优方程（Bellman Optimality Equation）为

$$
\begin{aligned}
v_*(s) &= \max_a q_*(s,a) \\
&= \max_a R_s^a + \gamma \sum_{s'} p_{ss'}^a v_*(s') \\
q_*(s,a) &= R_s^a + \gamma \sum_{s'} p_{ss'}^a v_*(s') \\
&= R_s^a + \gamma \sum_{s'} p_{ss'}^a \max_{a'} q_*(s',a')
\end{aligned} \tag{7.33}
$$

例 7.4 如图 7.6 所示，MDP 的状态空间 $S=\{s_t^1, s_{t+1}^1, s_{t+1}^2, s_{t+1}^3, s_{t+1}^4\}$，行动集 $A=\{a_t^1, a_t^2, a_{t+1}^1, a_{t+1}^2, a_{t+1}^3, a_{t+1}^4, a_{t+1}^5, a_{t+1}^6, a_{t+1}^7, a_{t+1}^8\}$，折现因子 $\gamma=1$。奖励函数和状态转移概率如图 7.6 所示，试计算：

(1) 所有动作的最优状态-行动值函数。

(2) 所有状态的最优状态值函数。

(3) 最优策略。

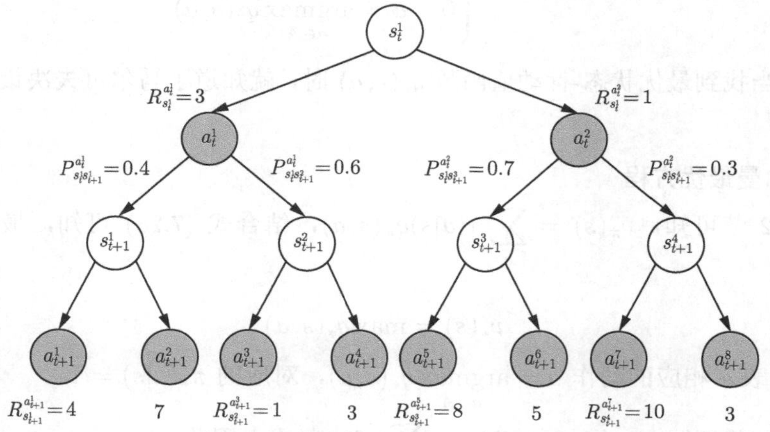

图 7.6 求解贝尔曼最优方程

解 本例题与例 7.3 的区别在于，例 7.3 是求解给定策略下的值函数，而本例没有给定策略，需要寻找最优策略，以及最优值函数。

首先，根据贝尔曼最优方程 $q_*(s,a)=R_s^a+\gamma\sum\limits_{s'}p_{ss'}^a v_*(s')$ 求解 $t+1$ 时刻的最优状态-行动值函数，由于没有后续的状态和行动，因此，$v_*(s')=0$，则有

$$
\begin{cases}
q_*(s_{t+1}^1,a_{t+1}^1)=R_{s_{t+1}^1}^{a_{t+1}^1}+0=4, q_*(s_{t+1}^1,a_{t+1}^2)=R_{s_{t+1}^1}^{a_{t+1}^2}+0=7 \\
q_*(s_{t+1}^2,a_{t+1}^3)=R_{s_{t+1}^2}^{a_{t+1}^3}+0=1, q_*(s_{t+1}^2,a_{t+1}^4)=R_{s_{t+1}^2}^{a_{t+1}^4}+0=3 \\
q_*(s_{t+1}^3,a_{t+1}^5)=R_{s_{t+1}^3}^{a_{t+1}^5}+0=8, q_*(s_{t+1}^3,a_{t+1}^6)=R_{s_{t+1}^3}^{a_{t+1}^6}+0=5 \\
q_*(s_{t+1}^4,a_{t+1}^7)=R_{s_{t+1}^4}^{a_{t+1}^7}+0=10, q_*(s_{t+1}^4,a_{t+1}^8)=R_{s_{t+1}^4}^{a_{t+1}^8}+0=3
\end{cases} \tag{7.34}
$$

根据方程 $v_*(s)=\max\limits_a q_*(s,a)$ 求解 $t+1$ 时刻的最优状态值函数，并且给出相应的最优行动 $a_*=\underset{a\in A}{\operatorname{argmax}}\, q_*(s,a)$。

$$\begin{cases} v_*(s_{t+1}^1)=\max\left(q_*(s_{t+1}^1,a_{t+1}^1),q_*(s_{t+1}^1,a_{t+1}^2)\right) \\ \qquad\qquad\;\, =\max(4,7)=7 \\ \underset{a\in A}{\operatorname{argmax}}\, q_*(s_{t+1}^1,a)=a_{t+1}^2 \end{cases} \tag{7.35}$$

$$\begin{cases} v_*(s_{t+1}^2)=\max\left(q_*(s_{t+1}^2,a_{t+1}^3),q_*(s_{t+1}^2,a_{t+1}^4)\right) \\ \qquad\qquad\;\, =\max(1,3)=3 \\ \underset{a\in A}{\operatorname{argmax}}\, q_*(s_{t+1}^2,a)=a_{t+1}^4 \end{cases} \tag{7.36}$$

$$\begin{cases} v_*(s_{t+1}^3)=\max\left(q_*(s_{t+1}^3,a_{t+1}^5),q_*(s_{t+1}^3,a_{t+1}^6)\right) \\ \qquad\qquad\;\, =\max(8,5)=8 \\ \underset{a\in A}{\operatorname{argmax}}\, q_*(s_{t+1}^3,a)=a_{t+1}^5 \end{cases} \tag{7.37}$$

$$\begin{cases} v_*(s_{t+1}^4)=\max\left(q_*(s_{t+1}^4,a_{t+1}^7),q_*(s_{t+1}^4,a_{t+1}^8)\right) \\ \qquad\qquad\;\, =\max(10,3)=10 \\ \underset{a\in A}{\operatorname{argmax}}\, q_*(s_{t+1}^4,a)=a_{t+1}^7 \end{cases} \tag{7.38}$$

也就是说，状态 s_{t+1}^1 下的最优行动是 a_{t+1}^2；状态 s_{t+1}^2 下的最优行动是 a_{t+1}^4；状态 s_{t+1}^3 下的最优行动是 a_{t+1}^5；状态 s_{t+1}^4 下的最优行动是 a_{t+1}^7。

接下来，求解 t 时刻的最优状态-行动值函数，系统在 t 时刻只有一个状态 s_t^1，此时智能体有两个可供选择的动作 a_t^1 和 a_t^2。根据方程 $q_*(s,a)=R_s^a+\gamma\sum\limits_{s'}p_{ss'}^a v_*(s')$ 可知：

$$\begin{cases} q_*(s_t^1,a_t^1)=R_{s_t^1}^{a_t^1}+\gamma\times\left(P_{s_t^1 s_{t+1}^1}^{a_t^1}v_*(s_{t+1}^1)+P_{s_t^1 s_{t+1}^2}^{a_t^1}v_*(s_{t+1}^2)\right) \\ \qquad\qquad\quad =3+1\times(0.4\times 7+0.6\times 3)=7.6 \\ q_*(s_t^1,a_t^2)=R_{s_t^1}^{a_t^2}+\gamma\times\left(P_{s_t^1 s_{t+1}^3}^{a_t^2}v_*(s_{t+1}^3)+P_{s_t^1 s_{t+1}^4}^{a_t^2}v_*(s_{t+1}^4)\right) \\ \qquad\qquad\quad =1+1\times(0.7\times 8+0.3\times 10)=9.6 \end{cases} \tag{7.39}$$

根据方程 $v_*(s)=\max\limits_a q_*(s,a)$ 求解 t 时刻的状态值函数：

$$\begin{aligned} v_*(s_t^1)&=\max\left(q_*(s_t^1,a_t^1),q_*(s_t^1,a_t^2)\right) \\ &=\max(7.6,9.6)=9.6 \\ \underset{a\in A}{\operatorname{argmax}}\, q_*(s_t^1,a)&=a_t^2 \end{aligned} \tag{7.40}$$

例 7.4 的最优策略为：$\pi(a_t^2|s_t^1)=1$，$\pi(a_{t+1}^5|s_{t+1}^3)=1$，$\pi(a_{t+1}^7|s_{t+1}^4)=1$，其余 $\pi(a|s)=0$，$\forall a\in A$，$\forall s\in S$。具体如图 7.7 中虚线所示，在状态 s_t^1 下的最优策略是采取动作 a_t^2；若系统状态转移至 s_{t+1}^3，则此时的最优策略是采取动作 a_{t+1}^5；若系统状态转移至 s_{t+1}^4，则此时的最优策略是采取动作 a_{t+1}^7。

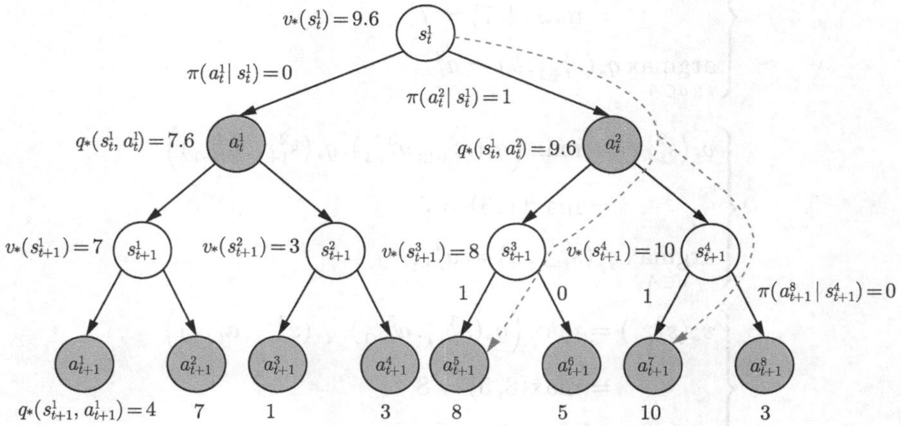

图 7.7　例 7.4 的最优策略

7.5　本章小结

所有强化学习问题的分析都可以基于马尔可夫决策过程进行。基于研究可行性和归纳性的考量，马尔可夫决策过程将现实环境抽象成一个环境模型，公式化地定义了强化学习的几大关键要素，包括状态、行动、奖励、转移概率等。一个有限的马尔可夫决策过程拥有有限的状态、行动和奖励空间。大部分的研究都是基于有限马尔可夫决策过程进行的，尽管现实世界比这更加复杂（如连续状态或行动空间），但这些基于有限马尔可夫决策过程的研究成果，为解决强化学习现实问题提供了理论方面的指导。

IV

表格求解法

第 8 章

动态规划法

学习目标与要求

1. 掌握动态规划的基础知识。
2. 掌握用动态规划求解马尔可夫决策过程。
3. 掌握基于动态规划的预测和控制。
4. 掌握广义策略迭代。

动态规划法

强化学习中的动态规划法依据已知模型来判断一个策略的好坏，并在此基础上通过“规划”（Planning）来寻找最优策略。

马尔可夫决策过程（MDP）具有上述两个属性：贝尔曼方程把问题递归为求解子问题，价值函数就相当于存储了一些子问题的解，可以复用。因此可以使用动态规划来求解 MDP。

8.1 动态规划

8.1.1 算法基础知识

在讲解动态规划前，先回顾计算机算法的相关基础知识。**分治策略**（Divide-and-Conquer）是采用分而治之的思想，将难以直接求解的问题分解成若干容易求解的子问题，通过对各个子问题进行击破，最终合并子问题的解来获得原问题的解。分治策略主要包含三个步骤 [35]：

(1) **分解**（Divide），将原问题分解为多个子问题。

(2) **解决**（Conquer），逐个解决子问题。

(3) **合并**（Combine），合并子问题的解得到原问题的解。

分治策略是一种求解问题的思想。使用分治策略的常见算法有分治算法、递归算法和动态规划等。在实际使用中，如果子问题互不相交，则可采用分治算法，例如归并排序；如果所有子问题都与原问题具有相同的形式，则可采用递归算法；如果具有最优子结构和子问题重叠两个特性，则可采用动态规划。

算法的设计思路一般有两种：**自顶向下**和**自底向上**。自顶向下的设计思路采用**递归**的求解方法，自底向上的设计思路采用**迭代**的求解方法。

下面以著名的 Fibonacci 数列为例，讲解递归算法和迭代算法的实际应用，深入理解自顶向下和自底向上算法的设计思路。

例 8.1 若满足以下条件：

$$F(n)=\begin{cases}0, & n=0\\ 1, & n=1\\ F(n-2)+F(n-1), & n\geqslant 2\end{cases}$$

则称序列 $F(n)$ 为斐波那契（Fibonacci）数列，请编程打印出 Fibonacci 数列前 30 项（$n=0,1,\cdots,29$）的值。例如，打印 Fibonacci 数列前 10 项的结果为：0, 1, 1, 2, 3, 5, 8, 13, 21, 34。

解 本题可采用四种算法求解，包括普通递归算法、基于备忘录的递归算法、基于备忘录的迭代算法，以及无备忘录的迭代算法。普通递归算法和基于备忘录的递归算法采用自顶向下的设计思路，而基于备忘录的迭代算法和无备忘录的迭代算法采用自底向上的设计思路。

最简单的解法是直接采用**普通递归算法**，算法的伪代码如算法 8.1 所示，fib 函数递归地调用自己，直到 $n=1$ 或者 $n=0$ 时进入回溯阶段。此方法的缺点在于，随着输入规模 n 的增长，算法的时间复杂度呈指数级增长，程序运行时间变得异常长。导致该问题的原因在于，给定一个 n' 求解 fib(n) 时，需要计算所有 $n<n'$ 的情况，并且可能遭遇多次重复计算。

以 $n=4$ 为例，采用普通递归算法求解 Fibonacci 数列的图解如图 8.1 所示。按照 Fibonacci 数列的公式 $F(n)=F(n-2)+F(n-1)$，计算 fib(4) 需要计算 fib(2) 和 fib(3)，计算 fib(3) 时又需要重新计算一次 fib(2)。采用普通递归算法求解时，输入规模 n 越大，遭遇的重复计算次数越多，花费时间越长。

算法 8.1: 普通递归

```
if n <= 0 then
    fib(n)=0;
else if n = 1 then
    fib(n)=1;
else
    fib(n)=fib(n − 2)+fib(n − 1);
```

接下来介绍**基于备忘录的递归算法**。采用计算机领域常用的用空间换时间的策略，引入备忘录机制，把已经计算的 fib(n) 存入备忘录中，将显著减小递归算法的时间复杂度。基于备忘录的递归算法伪代码如算法 8.2 所示，算法中定义了名为 past_fib 的备忘录（空字典），在计算 fib(n) 前，首先查找备忘录 past_fib，如果 n 是 past_fib 的键，则直接返回 past_fib[n]；否则先计算 fib(n)，通过递归调用 fib($n-2$) 和 fib($n-1$) 实现，直到计算至 fib(1) 和 fib(0) 时开始回溯。

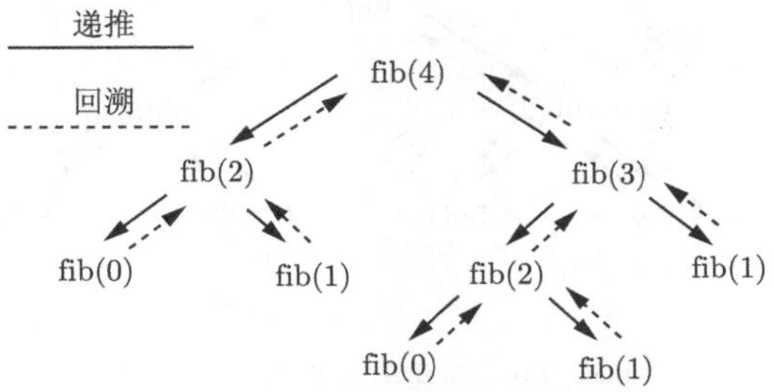

图 8.1 普通递归算法图解

同样，以 $n=4$ 为例，采用基于备忘录的递归算法求解 Fibonacci 数列的图解如图 8.2 所示。按照 Fibonacci 数列的公式 $F(n)=F(n-2)+F(n-1)$，计算 fib(4) 需要计算 fib(2) 和 fib(3)，计算 fib(3) 时需要用到的 fib(2) 由备忘录 past_fib[2] 直接返回。输入规模 n 越大，相比于普通递归算法，基于备忘录的递归算法越多地减少重复计算次数。

算法 8.2: 基于备忘录的递归

```
past_fib={};
if n in past_fib then
    fib(n)=past_fib[n];
else if n <= 0 then
    past_fib[n] = 0;
    fib(n)=0;
else if n = 1 then
    past_fib[n] = 1;
    fib(n)=1;
else
    past_fib[n]=fib(n − 2)+fib(n − 1);
    fib(n)=past_fib[n];
```

虽然基于备忘录的递归算法降低了普通递归算法的时间复杂度，但是不可避免地频繁调用递归函数，增加了相应的开销。既然计算 fib(4) 时需要用到 fib(2) 和 fib(3)，那为何不先计算出 fib(2) 和 fib(3)，再计算 fib(4) 呢？这样可以省掉递归调用的花销。

下面基于自底向上的设计思路，采用迭代的方法求解例 8.1。

基于备忘录的迭代算法求解 Fibonacci 数列的算法伪代码如算法 8.3 所示。基于备忘录的迭代算法中定义了名为 past_fib 的备忘录（空字典），在计算 fib(n) 前，首先查找备忘录 past_fib，如果 n 是 past_fib 的键，则直接返回 past_fib[n]；否则先计算

fib(0)、fib(1)，直到 fib($n-1$) 和 fib(n)，并存入 past_fib。

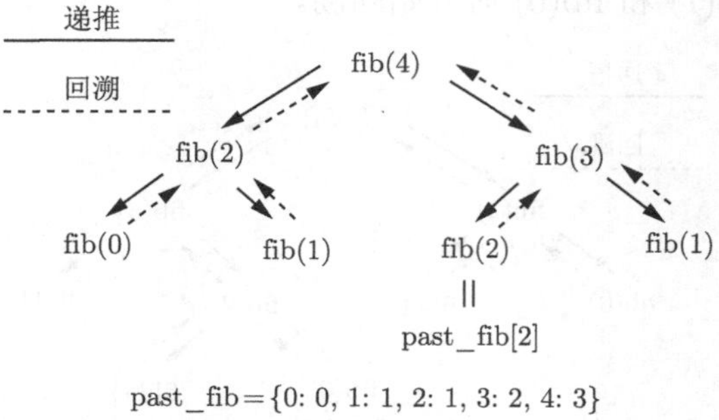

图 8.2　基于备忘录的递归算法图解

基于备忘录的迭代算法与基于备忘录的递归算法的区别在于，基于备忘录的递归算法的计算顺序是先由 fib(n)、fib($n-1$)、fib($n-2$) 递推到 fib(1) 和 fib(0)，再由 fib(0) 和 fib(1) 开始回溯。基于备忘录的迭代算法的计算顺序是 fib(0)、fib(1)，直到 fib($n-2$)、fib($n-1$) 和 fib(n)，如图 8.3。

算法 8.3: 基于备忘录的迭代

```
past_fib={};
past_fib[0]=0;
past_fib[1]=1;
if n in past_fib then
    fib(n)=past_fib[n];
else
    for i = 2 : n do
        past_fib[i] = past_fib[i − 2] + past_fib[i − 1];
```

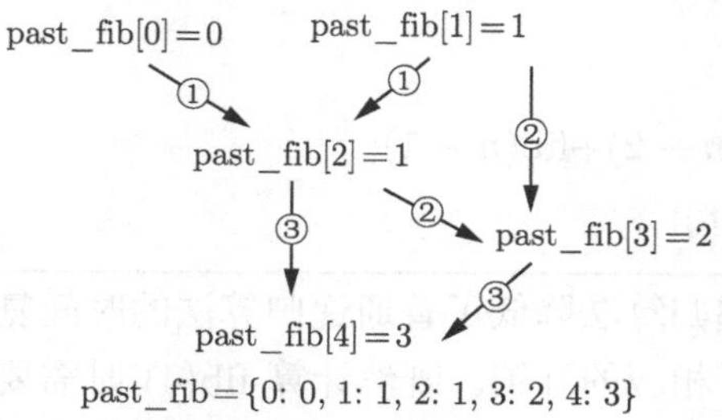

图 8.3　基于备忘录的迭代算法图解

由于 Fibonacci 数列求解问题的特殊性，它还可以采用**无备忘录的迭代算法**求解，算法伪代码如算法 8.4 所示。算法 8.4 只涉及 3 个变量：f_{past}、f_{now}、f_{future}。

同样，以 $n=4$ 为例，采用无备忘录的迭代算法求解 Fibonacci 数列的图解如

图 8.4 所示。在算法的每轮迭代中，先用 $f_{\text{past}} + f_{\text{now}}$ 计算出 f_{future}，再用 f_{now} 代替旧 f_{past} 成为新一轮迭代中的新 f_{past}，f_{future} 代替旧 f_{now} 成为新一轮迭代中的新 f_{now}，在新一轮迭代中，将新 f_{past} 和新 f_{now} 相加得到新 f_{future}，如此迭代下去，直到触发终止条件为止。

算法 8.4: 无备忘录的迭代

```
f_past = 0;
f_now = 1;
for i = 2 : n do
    f_future = f_past + f_now;
    f_past = f_now;
    f_now = f_future;
```

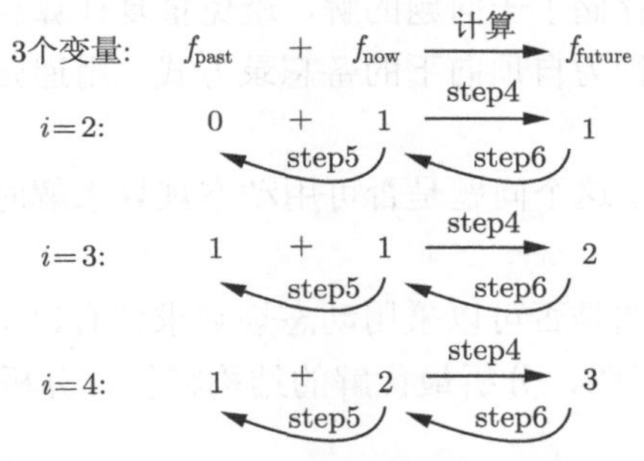

图 8.4　无备忘录的迭代算法图解

总的来说，普通递归算法具有指数级时间复杂度，实际应用中一般不采用此算法；带备忘录的递归算法和迭代算法（基于备忘录的迭代算法和无备忘录的迭代算法）具有相同的时间复杂度，但是由于迭代算法没有频繁调用递归函数的开销，通常迭代算法的时间复杂度函数比递归算法的时间复杂度函数具有更小的系数。相比于基于备忘录的迭代算法，无备忘录的迭代算法没有采用备忘录机制，在保证算法时间复杂度的同时，节约了空间。

动态规划的实现方法包括两种：一种是采用自顶向下思路设计的带备忘录递归法；一种是采用自底向上思路设计的迭代法。在实际应用中，动态规划一般采用基于自底向上的迭代法实现。8.1.2 节将详细介绍动态规划的相关基本知识。

习题 8.1　用 Python 编程实现算法 8.1～算法 8.4，并比较四个算法的运行时间。

8.1.2　动态规划基础知识

动态规划（Dynamic Programming[①]）通常用于解决最优化问题。可采用动态规划方法求解的问题需要具备以下两个特性：**最优子结构**（Optimal Substructure）和**子问**

① 这里的 Programming 不是指编程，而是一种表格法，后续在强化学习的应用中会详细介绍。

题重叠（Overlapping Subproblems）。

如果一个问题可以分解成若干个子问题，若原问题的最优解由其子问题的最优解组合而成，并且这些子问题可以独立求解，则该问题具有最优子结构特性；若子问题之间存在重叠的子问题，则该问题具有子问题重叠特性。

回顾例 8.1 中的 Fibonacci 数列求解问题，$\text{fib}(n)$ 的值由 $\text{fib}(n-2)$ 和 $\text{fib}(n-1)$ 的值相加得到，并且子问题 $\text{fib}(n-2)$ 和子问题 $\text{fib}(n-1)$ 可以独立求解，所以 Fibonacci 数列求解问题具有最优子结构特性；且如图 8.1 所示，在求解 $\text{fib}(4)$ 的二叉树图示中，左子树中的子问题 $\text{fib}(2)$ 与右子树中的子问题 $\text{fib}(2)$ 相同，所以 Fibonacci 数列求解问题具有子问题重叠特性。因为 Fibonacci 数列求解问题同时具有最优子结构和子问题重叠特性，所以 Fibonacci 数列求解问题可以采用动态规划求解。

由动态规划的最优子结构和子问题重叠这两个特性可以看出，动态规划的实质就是在采用分治策略的同时避免重叠子问题的冗余计算。动态规划将原问题分解成可独立求解的子问题，计算过程中存储了子问题的解，避免重复计算相同的子问题。动态规划一般由两种方法来实现：一种为自顶向下的备忘录方式，用递归实现；一种为自底向上的方式，用迭代实现。

遇到一个问题，在判断这个问题是否可用动态规划求解时，一般采用自顶向下的分析思路。

一般地，分析一个问题是否可以采用动态规划求解有以下步骤：

(1) 采用自顶向下的思路，分析最优解的结构特征，分析问题是否存在最优子结构性质。

(2) 分析子问题之间的关联，分析问题是否存在重叠子问题。

如果一个问题同时具有最优子结构和重叠子问题这两个特征，则这个问题可以采用动态规划求解。在实际应用中，先采用自顶向下的直观思路给出解决问题的递归式，然后再采用自底向上的思路完成动态规划算法的设计。

设计一个动态规划算法，通常包含如下 3 个步骤：

(1) 通过自顶向下的分析，用递归的形式定义一个最优解[①]。

(2) 探讨底层的边界问题。

(3) 采用自底向上的方法，根据最优解的形式设计动态规划算法。

下面通过例题深入理解动态规划的实际应用。

例 8.2 小明准备周六勤工俭学，他在培训机构找到一些家教兼职信息，培训机构提供了 8 个家教任务供选择。家教任务的报酬为 $1\sim800$ 百元，价格不等，持续时间不一样。小明按照任务结束时间早晚对 8 个任务进行了排序并编号，任务结束时间最早的编号为 1，结束时间最晚的编号为 8，排序编号结果如图 8.5 所示。图中任务条中间的数值为该家教任务的相应报酬，单位为百元。请问小明应该选择哪些任务，才能使周六一天获得的报酬最大？

① 注意，可能存在多个最优解。

解 该例题是一个最优化问题，可以考虑是否用动态规划求解，采用动态规划求解的分析步骤。

(1) 采用自顶向下的思路，分析最优解的结构特征，分析问题是否存在最优子结构性质。

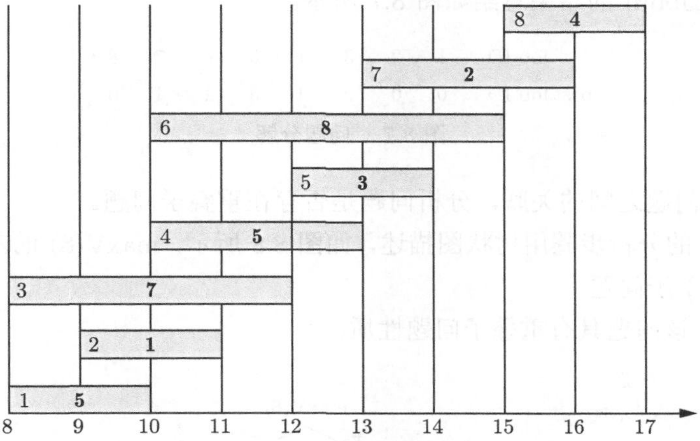

图 8.5 动态规划例题

从任务 8 开始分析，将此时的最大化报酬的策略记为 maxV(8)，针对任务 8 有两种策略：选、不选。

如果选任务 8，由于任务 8 的开始时间是 15 时，接下来只能选择在 15 时前结束的任务，找到任务 6 的结束时间最接近任务 8 的开始时间，相应的策略报酬为 v(8)+maxV(6)。如果不选任务 8，则直接开始分析任务 7，计算相应的最大化报酬策略 maxV(7)。

因此，为了最大化 maxV(8) 的取值，我们在选、不选这两个策略中选择报酬大的策略，也就是

$$\mathrm{maxV}(8)=\max\{\mathrm{v}(8)+\mathrm{maxV}(6),\mathrm{maxV}(7)\} \tag{8.1}$$

其中，maxV(8) 表示针对任务 8 的策略函数，v(8) 表示任务 8 的报酬，max 为取最大值函数。

往下推广可得，任务 i 的最大化报酬策略 maxV(i)，是在选 i 或不选 i 这两个策略中选择报酬大的策略，最优解的结构特征如图 8.6 所示。

$$\mathrm{maxV}(i)=\max\begin{cases}\mathrm{V}(i)+\mathrm{maxV}(\mathrm{pastJob}[i])\\ \mathrm{maxV}(i-1)\end{cases}$$

图 8.6 最优解的结构特征

由此可见，该问题具有最优子结构性质。

pastJob[i] 表示选择任务 i 的前面一个任务的编号，下面分析 pastJob[i] 的结果表示。如果选择做任务 1，做任务 1 前无可做的任务，pastJob[1] = 0；如果选择做任务 2，任务 2 开始前没有已结束的任务，pastJob[2] = 0；同理，pastJob[3] = 0；如果选

择做任务 4，前一个最近的可做任务是任务 1，pastJob[4] = 1；如果选择做任务 5，前一个最近的可做任务是任务 3，pastJob[5] = 3；如果选择做任务 6，前一个最近的可做任务是任务 1，pastJob[6] = 1；如果选择做任务 7，前一个最近的可做任务是任务 4，pastJob[6] = 4；如果选择做任务 8，前一个最近的可做任务是任务 6，pastJob[8] = 6。综上所述，pastJob[i] 的结果总结如图 8.7 所示。

job ID	1	2	3	4	5	6	7	8
pastJob ID	0	0	0	1	3	1	4	6

图 8.7　问题分解

(2) 分析子问题之间的关联，分析问题是否存在重叠子问题。

将第 (1) 步的分析步骤用树状图描述，如图 8.8 所示，maxV(8) 的左子树和右子树都存在 maxV(6) 子问题。

由此可见，该问题具有重叠子问题性质。

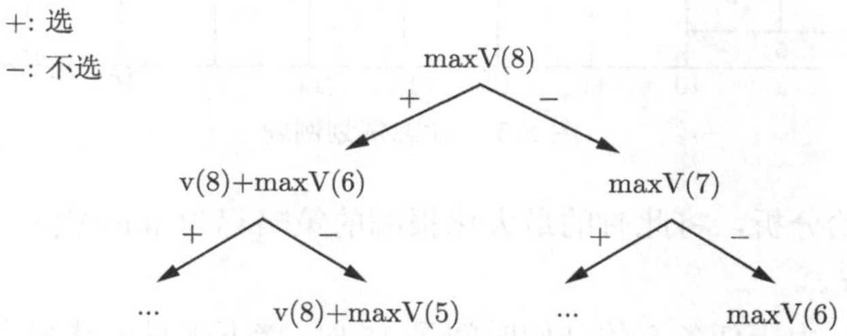

图 8.8　问题分解树状图

动态规划方法自底向上地使用最优子结构，先求得子问题的最优解，然后求原问题的最优解；在求解子问题的过程中，可以存储子问题的最优解，避免后续过程中对重叠子问题的冗余计算，这就是动态规划对最优子结构和重叠子问题这两个性质的应用。

通过以上分析可知，例 8.2 可由动态规划算法求解。下面根据动态规划算法的设计步骤，设计该例题的求解算法。

(1) 通过自顶向下的分析，用递归的形式定义一个最优解。

通过之前自顶向下的分析，已知该问题的最优解可由式 (8.2) 刻画。

$$\text{maxV}(i) = \max\{\text{v}(i) + \text{maxV}(\text{pastJob}[i]), \text{maxV}(i-1)\} \tag{8.2}$$

(2) 探讨底层的边界问题。

例 8.2 最底层的策略是 maxV(1)，针对任务 1 的策略分为选和不选两种，不选的报酬为 0，选的报酬为 5。因此，maxV(1) = max{5, 0} = 5。

(3) 采用自底向上的方法，根据最优解的形式设计动态规划算法。

采用动态规划求解例 8.2 的算法伪代码如算法 8.5 所示。首先，初始化任务价值 v、前一个任务编号 pastJob 和备忘录 maxVMemo，然后，采用自底向上的方法迭代求解 maxV(n)。

下面逐步分析 maxV(8) 的自底向上求解过程。

算法 8.5: maxV(n)

```
v = {1 : 5, 2 : 1, 3 : 7, 4 : 5, 5 : 3, 6 : 8, 7 : 2, 8 : 4};
pastJob = {1 : 0, 2 : 0, 3 : 0, 4 : 1, 5 : 3, 6 : 1, 7 : 4, 8 : 6};
maxVMemo = {0 : 0, 1 : 5};
for i = 2 : n do
    choose = v[i] + maxVMemo[pastJob[i]];
    not_choose = maxVMemo[i − 1];
    maxVMemo[i] = max (choose, not_choose);
Return maxVMemo[n];
```

首先计算 maxV(1)，针对每个任务有两个策略：选、不选。选任务 1 获得报酬 v(0) = 5；若不选任务 1，则在此之前无任务可做，获得的报酬为 maxV(0) = 0。显然，选任务 1 获得的报酬多，因此 maxV(1) = 5。

计算 maxV(2)，选任务 2 获得的报酬 v(2) + maxV(0) = 1；若不选任务 2，则在此之前可选任务 1，获得的报酬为 maxV(1) = 5。显然，不选任务 2 获得的报酬多，因此 maxV(2) = 5。

同理，计算 maxV(3)，选任务 3 获得的报酬 v(3) + maxV(0) = 7；若不选任务 3，则在此之前可选任务 2，获得的报酬为 maxV(2) = 5。显然，选任务 3 获得的报酬多，因此 maxV(3) = 7。

以此类推，具体图解如图 8.9 所示。

maxV(1) = max{v(0)+maxV(0), maxV(0)} = max{5, 0} = 5
maxV(2) = max{v(2)+maxV(0), maxV(1)} = max{1, 5} = 5
maxV(3) = max{v(3)+maxV(0), maxV(2)} = max{7, 5} = 7
maxV(4) = max{v(4)+maxV(1), maxV(3)} = max{5+5, 7} = 10
maxV(5) = max{v(5)+maxV(3), maxV(4)} = max{3+7, 10} = 10
maxV(6) = max{v(6)+maxV(1), maxV(5)} = max{8+5, 10} = 13
maxV(7) = max{v(7)+maxV(4), maxV(6)} = max{2+10, 13} = 13
maxV(8) = max{v(8)+maxV(6), maxV(7)} = max{4+13, 13} = 17

图 8.9　动态规划求解例 8.2 图解

习题 8.2　设计带备忘录的递归算法求解例 8.2，并编程实现。

习题 8.3　用 Python 编程实现算法 8.5。

8.1.3　动态规划求解 MDP

回顾第 7 章相关内容，马尔可夫决策过程中的贝尔曼最优方程为

$$v_*(s) = \max_a R_s^a + \gamma \sum_{s'} p_{ss'}^a v_*(s')$$

$$q_*(s,a) = R_s^a + \gamma \sum_{s'} p_{ss'}^a \max_{a'} q_*(s',a') \tag{8.3}$$

由此可见，马尔可夫决策过程满足动态规划的两个特性：

(1) 最优子结构，最优值函数具有递归形式。

(2) 子问题重叠，存储求解过程中的最优值函数，以便后续使用。

因此，可以采用动态规划求解马尔可夫决策过程。

这里值得注意的是，贝尔曼最优方程中利用后继状态（或行动）的价值估计学习当前状态（或行动）的价值估计，这种方法被称为自举（Bootstrapping）。基于马尔可夫决策过程的动态规划法在学习最优值函数的过程中就是基于自举法进行的。

强化学习有以下两个基本问题。

(1) 预测（Prediction）：给定马尔可夫决策过程 $(S,A,\boldsymbol{P},R,\gamma)$ 和策略 π，求解该策略 π 下的状态值函数 v_π。例 7.3 就属于这种情况。

(2) 控制（Control）：给定马尔可夫决策过程 $(S,A,\boldsymbol{P},R,\gamma)$，求解最优策略 π_* 和最优状态值函数 v_*。例 7.4 就属于这种情况。

8.2 基于动态规划的预测（策略评估）

预测（Prediction）和控制（Control）是强化学习的两个基本问题。在预测问题中，给定 MDP$(S,A,\boldsymbol{P},R,\gamma)$ 和策略 π，需要求解该策略 π 下的状态值函数 v_π。预测问题求解的状态值函数 v_π 通常用于评价给定策略 π 的效果，状态值函数 v_π 的值越大，说明策略 π 的效果越好。因此，预测通常也称为策略评估（Policy Evaluation）。

因为马尔可夫决策过程满足动态规划的两个特性：最优子结构和子问题重叠。因此，可以采用动态规划求解马尔可夫决策过程。

策略评估的迭代算法就是采用动态规划的思想，对给定策略 π 进行评估。基本思路是：初始化状态值函数，依据给定策略、状态转移策略、奖励函数和折现因子，计算贝尔曼方程中的状态值函数，逐步迭代，直至收敛，具体如算法 8.6 所示。

其中，参数 $k=0,1,2,\cdots$ 表示迭代次数；参数 $\varDelta$ 记录每轮迭代中误差 $|v_\pi^{k+1}(s)-v_\pi^k(s)|, \forall s \in S$ 最大的值；参数 θ 是一个很小的正整数，当误差 $\varDelta < \theta$ 时，算法停止迭代。

算法 8.6 的核心在第 5 步，从 $k=0$ 时开始迭代计算，若第 k 轮已经计算出所有的状态值函数，则第 $k+1$ 轮迭代时，可以利用第 k 轮已经计算出的状态值函数，计算第 $k+1$ 轮迭代时的状态值函数，即

$$v_\pi^{k+1}(s) = \sum_a \pi(a|s)\Big[R_s^a + \gamma \sum_{s'} p_{ss'}^a v_\pi^k(s')\Big] \tag{8.4}$$

策略评估的迭代算法中，从第 k 轮到第 $k+1$ 轮迭代的示意图如图 8.10 所示，计算第 $k+1$ 轮迭代的状态值函数 $v_\pi^{k+1}(s)$ 时，利用了第 k 轮计算出的状态值函数 $v_\pi^k(s')$。

算法 8.6： 策略评估的迭代算法

输入： 待评估的策略 π，以及 $\mathrm{MDP}(S, A, \boldsymbol{P}, R, \gamma)$ 的参数

输出： 策略 π 下的状态值函数 $v_\pi(s)$

初始化值函数 $v_\pi^k(s) = 0$，$k = 0$，$\forall s \in S$;

repeat

  $\Delta = 0$;

  foreach $s \in S$ **do**

    $v_\pi^{k+1}(s) = \sum\limits_a \pi(a|s)\left[R_s^a + \gamma \sum\limits_{s'} p_{ss'}^a v_\pi^k(s')\right]$;

    $\Delta = \max\left(\Delta, |v_\pi^{k+1}(s) - v_\pi^k(s)|\right)$;

until $\Delta < \theta$;

$v_\pi(s) = v_\pi^{k+1}(s)$，$\forall s \in S$;

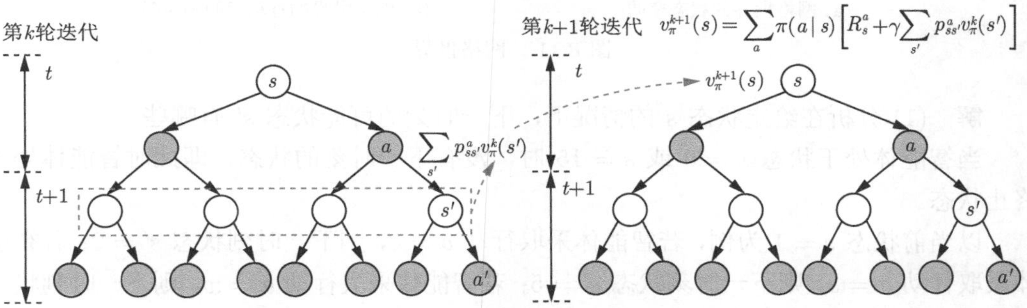

图 8.10 策略评估的迭代算法图解

理论上讲，策略评估的迭代算法收敛时，第 $k+1$ 轮迭代的状态值函数 $v_\pi^{k+1}(s)$ 与第 k 轮迭代的状态值函数 $v_\pi^k(s)$ 相等，但为了提高效率，实际上采用算法 8.6 中的方式，当误差 $|v_\pi^{k+1}(s) - v_\pi^k(s)| < \theta$ 时，即可认为算法收敛。

当策略评估的迭代算法收敛时，即可得到给定策略 π 下的状态值函数 $v_\pi(s)$，得到预测问题的解。根据求解出的状态值函数 $v_\pi(s)$，可对给定策略 π 做出相应的评估。状态值函数 $v_\pi(s)$ 越大，策略 π 的效果越好。

例 8.3 网格世界（Grid World）问题。

如图 8.11 所示的网格世界，总共有 16 个状态，其中状态 0 与状态 15 为终止状态，状态空间为 $S = \{0, 1, 2, 3, 4, 5, 6, 7, 8, 9, 10, 11, 12, 13, 14, 15\}$；处于终止状态的奖励为 $R = 0$，处于其他状态的奖励为 $R = -1$；在每个状态下，智能体有 4 个可能的行动，其行动空间为 $A = \{e, s, w, n\}$；给定状态及行动，可以确定下一步的状态及相应的转移概率，例如，当前状态 $s = 5$，智能体采取行动 $a = n$，则下一个状态为 $s' = 1$，相应的转移概率 $p_{ss'}^n = 1$，$p_{ss'}^e = 0$，$p_{ss'}^s = 0$，$p_{ss'}^w = 0$。

若采取如图 8.11(b) 所示的均匀策略 π，则 $\pi(n|\cdot) = \dfrac{1}{4}$，$\pi(e|\cdot) = \dfrac{1}{4}$，$\pi(s|\cdot) = \dfrac{1}{4}$，以

及 $\pi(w|\cdot)=\dfrac{1}{4}$。假设折现因子 $\gamma=1$，试基于动态规划的思想设计迭代算法，评估策略 π，计算策略 π 下的状态值函数 $v_\pi(s)$。

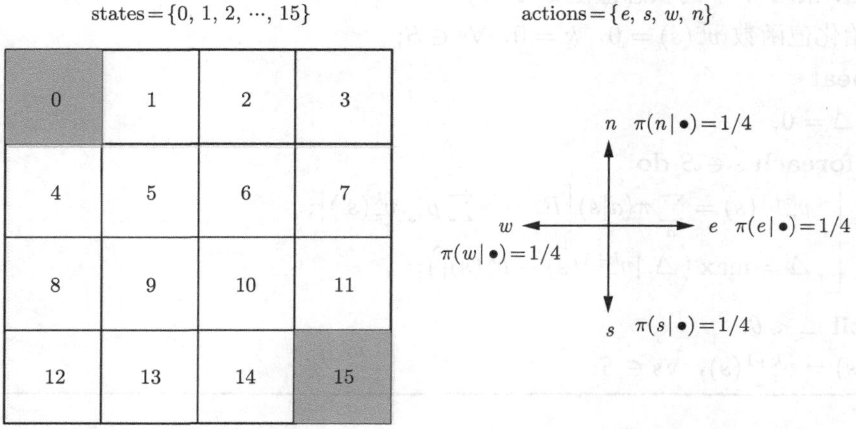

(a) 网格世界的状态空间　　(b) 网格世界的行动空间和策略

图 8.11　网格世界

解　(1) 分析在给定状态 s 的情况下，下一时刻的可能状态 s' 有哪些。

当智能体处于状态 $s=0$ 或 $s=15$ 时，没有下一时刻的状态，即此时智能体处于终止状态。

以当前状态 $s=1$ 为例，若智能体采取行动 $a=e$，则下一时刻状态 $s'=2$；若智能体采取行动 $a=s$，则下一时刻状态 $s'=5$；若智能体采取行动 $a=w$，则下一时刻状态 $s'=0$；若智能体采取行动 $a=n$，则下一时刻状态 $s'=1$，这时智能体往北走碰壁后会返回原位置。因此，当前状态为 $s=1$，其下一时刻可能状态的集合为 $S'=\{2,5,0,1\}$。当 $s=3,7,11,15$ 时，若智能体采取行动 $a=e$，则下一时刻状态为原状态 $s'=s$；当 $s=12,13,14,15$ 时，若智能体采取行动 $a=s$，则下一时刻状态为原状态 $s'=s$；当 $s=4,8,12$ 时，若智能体采取行动 $a=w$，则下一时刻状态为原状态 $s'=s$；当 $s=1,2,3$ 时，若智能体采取行动 $a=n$，则下一时刻状态为原状态 $s'=s$。

其余情况下，当前状态为 s，若智能体采取行动 $a=e$，则下一时刻状态为 $s'=s+1$；若智能体采取行动 $a=s$，则下一时刻状态为 $s'=s+4$；若智能体采取行动 $a=w$，则下一时刻状态为 $s'=s-1$；若智能体采取行动 $a=n$，则下一时刻状态为 $s'=s-4$。

(2) 参考策略评估的迭代算法 8.6 中的核心公式，计算每轮迭代中状态值函数的值。策略评估的迭代算法 8.6 中的核心公式为

$$v_\pi^{k+1}(s)=\sum_a \pi(a|s)\left[R_s^a+\gamma\sum_{s'}p_{ss'}^a v_\pi^k(s')\right] \tag{8.5}$$

初始状态 $k=0$ 时，$v_\pi^0(s)=0,\forall s\in S$。此轮迭代中，所有状态值函数的值如图 8.12 中 $k=0$ 处所示。

根据 $k=0$ 时的状态值函数，计算 $k=1$ 时的状态值函数：

$$
\begin{aligned}
v_\pi^1(s) &= \sum_a \pi(a|s)\Big[R_s^a + \gamma \sum_{s'} p_{ss'}^a v_\pi^0(s')\Big] \\
&= \sum_a \pi(a|s) R_s^a \\
&= \frac{1}{4}\times(-1) + \frac{1}{4}\times(-1) + \frac{1}{4}\times(-1) + \frac{1}{4}\times(-1) \\
&= -1
\end{aligned} \tag{8.6}
$$

此轮迭代中，所有状态值函数的值如图 8.12 中 $k=1$ 处所示。

$k=0$:

0.00	0.00	0.00	0.00
0.00	0.00	0.00	0.00
0.00	0.00	0.00	0.00
0.00	0.00	0.00	0.00

$k=1$:

0.00	−1.00	−1.00	−1.00
−1.00	−1.00	−1.00	−1.00
−1.00	−1.00	−1.00	−1.00
−1.00	−1.00	−1.00	0.00

$k=2$:

0.00	−1.75	−2.00	−2.00
−1.75	−2.00	−2.00	−2.00
−2.00	−2.00	−2.00	−1.75
−2.00	−2.00	−1.75	0.00

$k=3$:

0.00	−2.44	−2.94	−3.00
−2.44	−2.88	−3.00	−2.94
−2.94	−3.00	−2.88	−2.44
−3.00	−2.94	−2.44	0.00

图 8.12　迭代过程中的状态值函数

根据 $k=1$ 时的状态值函数，计算 $k=2$ 时的状态值函数，以 $s=1$ 为例，下一时刻可能的状态 $s' \in \{2,5,0,1\}$，则有

$$
\begin{aligned}
v_\pi^2(s) =& \sum_a \pi(a|s)\Big[R_s^a + \gamma \sum_{s'} p_{ss'}^a v_\pi^1(s')\Big] \\
=& \pi(a=e|s=1)\Big[R_{s=1}^{a=e} + p_{12}^e v_\pi^1(s'=2)\Big] + \\
& \pi(a=s|s=1)\Big[R_{s=1}^{a=s} + p_{15}^s v_\pi^1(s'=5)\Big] + \\
& \pi(a=w|s=1)\Big[R_{s=1}^{a=w} + p_{10}^w v_\pi^1(s'=0)\Big] + \\
& \pi(a=n|s=1)\Big[R_{s=1}^{a=n} + p_{11}^n v_\pi^1(s'=1)\Big] \\
=& \frac{1}{4}\Big[-1+1\times(-1)\Big]\times 3 + \frac{1}{4}\Big[-1+1\times 0\Big] = -1.75
\end{aligned} \tag{8.7}
$$

此轮迭代中，所有状态值函数的值如图 8.12 中 $k=2$ 处所示。

根据 $k=2$ 时的状态值函数，计算 $k=3$ 时的状态值函数，以 $s=3$ 为例，下一时刻可能的状态 $s'\in\{3,7,2,3\}$，则有

$$\begin{aligned}
v_\pi^3(s)=&\sum_a \pi(a|s)\left[R_s^a+\gamma\sum_{s'}p_{ss'}^a v_\pi^2(s')\right]\\
=&\pi(a=e|s=3)\left[R_{s=3}^{a=e}+p_{33}^e v_\pi^2(s'=3)\right]+\\
&\pi(a=s|s=3)\left[R_{s=3}^{a=s}+p_{37}^s v_\pi^2(s'=7)\right]+\\
&\pi(a=w|s=3)\left[R_{s=3}^{a=w}+p_{32}^w v_\pi^2(s'=2)\right]+\\
&\pi(a=n|s=3)\left[R_{s=3}^{a=n}+p_{33}^n v_\pi^2(s'=3)\right]\\
=&\frac{1}{4}\left[-1+1\times(-2)\right]\times 4=-3
\end{aligned}\tag{8.8}$$

此轮迭代中，所有状态值函数的值如图 8.12 中 $k=3$ 处所示。

以此类推，当迭代算法停止时，所有状态值函数的值如图 8.13 所示。

0.00	−14.00	−20.00	−22.00
−14.00	−18.00	−20.00	−20.00
−20.00	−20.00	−18.00	−14.00
−22.00	−20.00	−14.00	0.00

图 8.13　采用策略 π 时的状态值函数 $v_\pi(s)$

习题 8.4　根据 $k=2$ 时的状态值函数，计算 $k=3$ 时 $s=5$ 的状态值函数。
习题 8.5　用 Python 编程实现例 8.3 的求解。

8.3　策略改进

利用**策略评估**计算给定策略 π 下的状态值函数 $v_\pi(s)$，目的之一是改进策略 π，获得更好的策略。如果策略 π' 的所有值函数 $v_{\pi'}(s)$ 都不小于另一个策略 π 的值函数 $v_\pi(s)$，即 $v_{\pi'}(s)\geqslant v_\pi(s),\forall s\in S$，则策略 π' 优于策略 π，记为 $\pi'\geqslant\pi$。依据策略评估计算不同策略下的值函数，通过比较值函数的大小判断不同策略的好坏。

根据 7.4.2 节内容可知，贝尔曼最优方程为 $v_*(s)=\max\limits_a q_*(s,a)$，对应的最优行动 $a_*=\underset{a\in A}{\operatorname{argmax}}\,q_*(s,a)$。

求解策略 π 下的状态值函数 $v_\pi(s)$ 时，在策略评估的迭代过程中，可以寻找每轮的最优行动 $a_* = \underset{a\in A}{\operatorname{argmax}}\, q_\pi(s,a)$，通过贪心算法制定新策略 π'，其中 $\pi'(a_*|s)=1$，其余 $a \neq a_*$ 的行动概率 $\pi'(a|s)=0$，因此有

$$\begin{aligned} v_{\pi'}(s) &= \sum_a \pi'(a|s) q_\pi(s,a) \\ &= q_\pi(s,a_*) \end{aligned} \tag{8.9}$$

可以证明 $v_{\pi'}(s) \geqslant v_\pi(s)$，因此，$\pi' \geqslant \pi$。

回顾 MDP 中，给定策略 π，长期回报和值函数的定义式如下：

$$G_t \doteq R_{t+1} + \gamma R_{t+2} + \gamma^2 R_{t+3} + \cdots = \sum_{k=0}^{\infty} \gamma^k R_{t+k+1}$$

$$v_\pi(s) \doteq E[G_t|S_t=s] = E[R_{t+1} + \gamma v_\pi(S_{t+1})|S_t=s]$$

$$q_\pi(s,a) \doteq E[G_t|S_t=s, A_t=a] = E[R_{t+1} + \gamma q_\pi(S_{t+1},A_{t+1})|S_t=s,A_t=a]$$

因为 $v_{\pi'}(s) = q_\pi(s,a_*)$，且 $a_* = \underset{a\in A}{\operatorname{argmax}}\, q_\pi(s,a)$，所以有

$$v_{\pi'}(s) = q_\pi(s,a_*) \geqslant q_\pi(s,a)$$

$$v_{\pi'}(S_{t+1}) \geqslant q_\pi(S_{t+1},a)$$

$$\begin{aligned} v_{\pi'}(s) &\doteq E[R_{t+1} + \gamma v_{\pi'}(S_{t+1})|S_t=s] \\ &\geqslant E[R_{t+1} + \gamma q_\pi(S_{t+1},a)|S_t=s] \\ &= E[R_{t+1} + \gamma R_{t+2} + \gamma^2 q_\pi(S_{t+2},a)|S_t=s] \\ &= E[R_{t+1} + \gamma R_{t+2} + \gamma^2 R_{t+3} + \gamma^3 q_\pi(S_{t+3},a)|S_t=s] \\ &= E[R_{t+1} + \gamma R_{t+2} + \gamma^2 R_{t+3} + \gamma^3 R_{t+4} + \cdots|S_t=s] \\ &= E\left[\sum_{k=0}^{\infty} \gamma^k R_{t+k+1}|S_t=s\right] = E[G_t|S_t=s] \\ &= v_\pi(s) \end{aligned}$$

由于 $v_{\pi'}(s) \geqslant v_\pi(s)$，因此，$\pi'$ 是 π 的策略改进。

策略改进（Policy Improvement）是指针对原策略 π，找到新策略 π'，使得 $v_{\pi'}(s) \geqslant v_\pi(s)$，即 $\pi' \geqslant \pi$。

策略改进的基本思路是，在针对原策略 π 的评估过程中，通过寻找每次迭代的最优动作，依据贪心算法指定选择最优动作的概率为 1，经过数学证明，该新策略 $\pi' \geqslant \pi$。

回顾 MDP 贝尔曼方程和贝尔曼最优方程中的例子，具体如图 8.14 所示，在策略 π 下，状态值函数 $v_\pi(s_{t+1}^1) = 5.5$。

状态 s_{t+1}^4 下的最优动作为 $a_{t+1}^7 = \underset{a\in A}{\operatorname{argmax}}\, q_\pi(s_{t+1}^4, a)$，如果依据贪心原则制定新策略 π'，使得 $\pi'(a_{t+1}^7|s_{t+1}^4) = 1$，此时 $v_{\pi'}(s_{t+1}^1) = 10$，即 $v_{\pi'}(s_{t+1}^1) > v_\pi(s_{t+1}^1)$，也就是说，$\pi' > \pi$，策略 π' 是对 π 的策略改进。

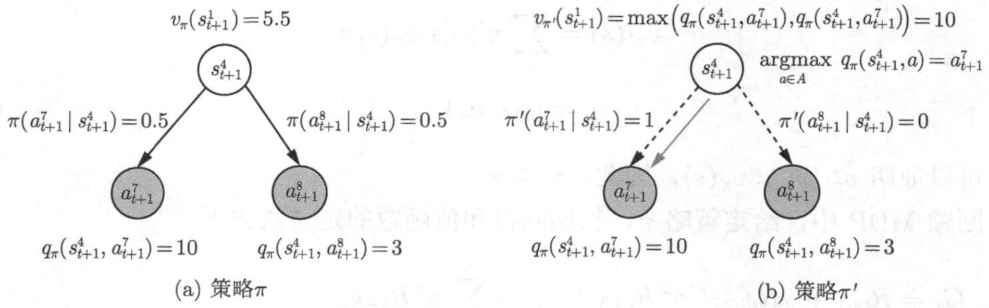

图 8.14 策略改进示例

从图 8.14 中可以看出，策略改进的最终目标是获得最优策略下的贝尔曼最优方程，即 $v_*(s) = \max\limits_a q_*(s,a)$，其中，$\max\limits_a$ 表示相应的动作 $a = \underset{a\in A}{\operatorname{argmax}}\, q_*(s,a)$，对应的 $\pi_*(a|s) = 1$。

策略改进原理（Policy Improvement Theorem）基于式子

$$v_{\pi'}(s) = q_\pi(s, a_*) \geqslant q_\pi(s,a) \tag{8.10}$$

其中，最优行动 $a_* = \underset{a\in A}{\operatorname{argmax}}\, q_\pi(s,a)$。

8.4 基于动态规划的控制

8.4.1 策略迭代

策略迭代（Policy Iteration）就是不断迭代策略评估和策略改进，寻找最优策略的过程。

当策略 π_0 通过策略改进后，得到一个更优的策略 π_1，此时可以通过策略评估算法计算策略 π_1 的状态值函数 $v_{\pi_1}(s)$，再根据策略改进原理找到比策略 π_1 更优的策略 π_2，策略估计和策略改进依次迭代，最终将会得到最优策略。

策略迭代的具体过程示例如下所示：

$$\pi_0 \xrightarrow{E} v_{\pi_0} \xrightarrow{I} \pi_1 \xrightarrow{E} v_{\pi_1} \xrightarrow{I} \pi_2 \xrightarrow{E} \cdots \xrightarrow{I} \pi_* \xrightarrow{E} v_{\pi_*} \tag{8.11}$$

其中，E 表示策略评估，I 表示策略改进。

图 8.15 给出了从第 k 轮开始的策略迭代算法图解。首先进行策略评估，在遵循策略 π_k 的前提下进行第 $k+1$ 轮 $v_{\pi_k}(s)$，$s \in S$ 的更新，直到每轮迭代之间的状态值差小于一定值后停止；接下来进行策略改进，即提取每一个状态的 $a_* = \underset{a\in A}{\operatorname{argmax}}\, q_*(s,a)$，进而得到第 $k+1$ 轮的策略 π_{k+1}。第 $k+2$ 轮的迭代同理。最终，当 $\pi_k = \pi_{k+1}$ 时完成策略迭代算法。图 8.16 给出了多轮交叉策略评估和策略改进的迭代过程。在有限次数的策略迭代中收敛得到一个最优策略和最优值函数。

算法 8.7: 策略迭代

输入: MDP$(S, A, \boldsymbol{P}, R, \gamma)$ 的参数

输出: 最优策略 π_*，最优状态值函数 $v_*(s)$

初始化值函数 $v_{\pi_k}^{k}(s) = 0$，$k = 0$，$\forall s \in S$;

初始化策略 $\pi_k(a|s)$;

repeat

  策略评估阶段;

  $v_{\pi_k}^{k+1}(s) = \sum_a \pi_k(a|s)\left[R_s^a + \gamma \sum_{s'} p_{ss'}^a v_{\pi_k}^k(s')\right]$;

  策略改进阶段;

  $\pi_{k+1}(a|s) = \begin{cases} 1, & \text{if } a = \underset{a\in A}{\operatorname{argmax}}\, q_{\pi_k}(s,a) \\ 0, & \text{if } a \neq \underset{a\in A}{\operatorname{argmax}}\, q_{\pi_k}(s,a) \end{cases}$;

until $\pi_k = \pi_{k+1}$;

$\pi_* = \pi_{k+1}$;

$v_*(s) = v_{\pi}^{k+1}(s), \forall s \in S$;

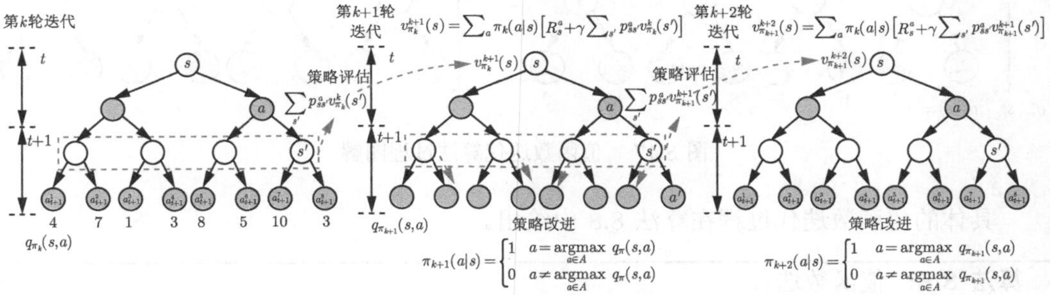

图 8.15 策略迭代算法图解

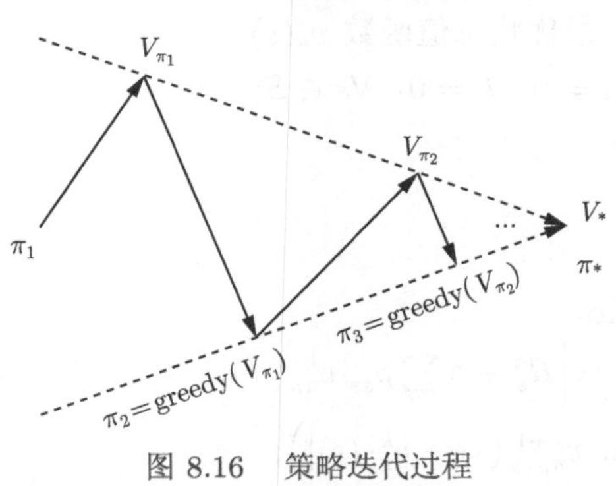

图 8.16 策略迭代过程

8.4.2 值函数迭代

在策略迭代的过程中，最明显的缺点在于，每轮迭代都需要进行策略评估，而策略评估本身是一个需要多次遍历状态集的迭代计算过程。这意味着，每轮的策略迭代都需

要对 v_π 进行精准收敛，而这是非常烦琐的工作。在利用策略迭代解决问题时，我们发现，最佳策略并不一定需要值函数收敛才能得到。因此，策略评估可在保证策略迭代收敛的情况下做“截断”，通常称这个算法为值函数迭代（Value Iteration）。其中，策略改进和被“截断”的策略评估在值函数迭代中被融合成一条更新规则，$s \in S$，

$$v^{k+1}(s) = \max_a \Big[R_s^a + \gamma \sum_{s'} p_{ss'}^a v^k(s')\Big] \tag{8.12}$$

相对于策略迭代，值函数迭代的核心思想在于，迭代利用式 (8.12) 进行值函数更新。

$$v_0 \longrightarrow v_1 \longrightarrow v_2 \longrightarrow \ldots \longrightarrow v_* \tag{8.13}$$

图 8.17 给出值函数迭代算法过程图解。相对于策略迭代，值函数迭代算法在第 k 轮迭代中试采取所有行动，并将得到的最大期望回报赋给第 $k+1$ 轮值函数，从而完成单轮的值函数迭代。

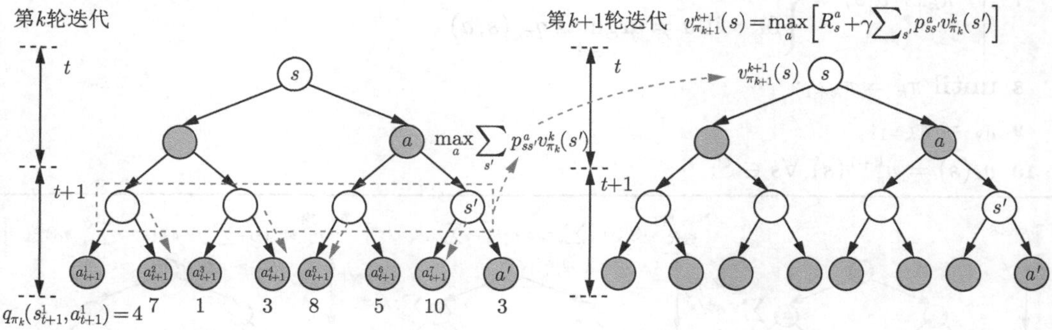

图 8.17　值函数迭代算法过程图解

具体的值函数迭代过程在算法 8.8 中给出。

算法 8.8: 值函数迭代

输入: MDP$(S, A, \boldsymbol{P}, R, \gamma)$ 的参数

输出: 最优策略 π_*，最优状态值函数 $v_*(s)$

初始化值函数 $v_{\pi_k}^k(s) = 0$，$k = 0$，$\forall s \in S$;

初始化策略 $\pi_k(a|s)$;

repeat

　　$\varDelta = 0$;

　　foreach $s \in S$ **do**

　　　　$v_{\pi_{k+1}}^{k+1}(s) = \max_a \Big[R_s^a + \gamma \sum_{s'} p_{ss'}^a v_{\pi_k}^k(s')\Big]$;

　　　　$\varDelta = \max\Big(\varDelta, |v_{\pi_{k+1}}^{k+1}(s) - v_{\pi_k}^k(s)|\Big)$;

until $\varDelta < \theta$;

$\pi_* = \pi_{k+1}$;

$v_* = v_{\pi_{k+1}}^{k+1}$;

通过值函数迭代实验可以发现，值函数迭代算法会基于事先定义的收敛判断规则得到最佳策略 π_*。

8.5 广义策略迭代

策略迭代是策略评估和策略改进不断迭代，寻找最优策略的过程。广义策略迭代（Generalized Policy Iteration, GPI）利用了策略评估和策略改进交互迭代的思想，不考虑具体实施方案，即不一定需要如策略迭代算法那样在单轮策略改进和策略评估中交叉进行。例如值函数迭代，其同样能带来很好的收敛性。几乎所有的强化学习方法都可以用 GPI 描述 [1]。它们都具有可识别的策略和值函数，策略总是基于当前值函数进行贪心改进（策略改进），而值函数总是朝着与当前策略保持一致的方向发展（策略评估），如图 8.18(a) 所示。

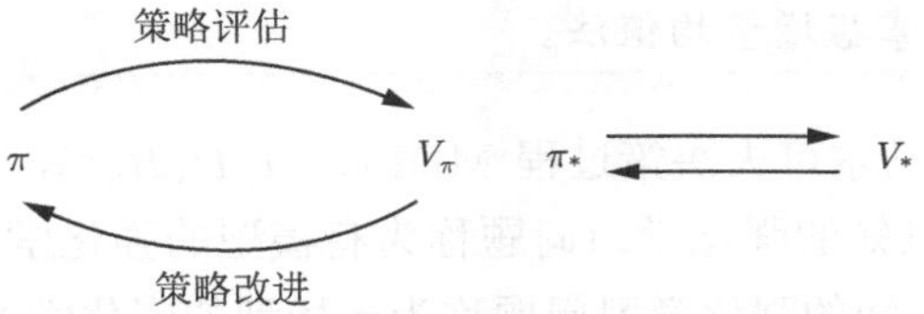

(a) 策略迭代过程　(b) 最优策略和最优状态值函数

图 8.18　广义策略迭代

策略改进和策略评估在不断迭代的过程中趋向于稳定，最终收敛得到最佳值函数 v_* 和最佳策略 π_*。

8.6 本章小结

本章主要介绍了强化学习中的动态规划相关知识。从本章内容可知，动态规划法是一个使用贝尔曼方程解决最优控制问题的过程，而整个分析过程是基于有限的马尔可夫环境模型进行的，其中只涉及规划，而不涉及学习。策略评估和策略改进作为动态规划法的主流方法，都可基于已知环境模型计算最优策略和最优值函数。

几乎所有的强化学习方法都可以看作一个广义策略迭代过程。其中主要涉及两个过程：一是根据当前给的策略进行策略评估，学习对应值函数；二是根据当前给的值函数进行某种方式的策略改进。通过两种过程的交互进行学习最优策略。

在实践中，动态规划法依赖于环境模型，并且计算量大。这使得其难以用于解决现实问题。但动态规划思想依然属于强化学习的核心思想之一，为后续的算法设计提供了很好的理论基础。除了动态规划的规划方法之外，以学习为主的蒙特卡洛法和时序差分法都可用来求取最优策略，分别在第 9、10 章介绍。

第9章

蒙特卡洛法

学习目标与要求

1. 了解蒙特卡洛法的两种实现方式。
2. 掌握二十一点游戏规则及其强化学习求解方法。
3. 掌握蒙特卡洛预测与控制问题求解。
4. 掌握增量均值法。

蒙特卡洛法

给定马尔可夫决策过程 MDP$(S, A, \boldsymbol{P}, R, \gamma)$，我们一般将状态转移矩阵 $\boldsymbol{P}$ 已知的强化学习问题称为**有模型**的强化学习问题，将状态转移矩阵 $\boldsymbol{P}$ 未知的强化学习问题称为**无模型**的强化学习问题。

在有模型的强化学习方法（例如第 8 章基于动态规划的强化学习方法）中，两个基本问题是预测和控制。

(1) 预测：给定马尔可夫决策过程 $(S, A, \boldsymbol{P}, R, \gamma)$ 和策略 π，求解该策略 π 下的状态值函数 v_π。

(2) 控制：给定马尔可夫决策过程 $(S, A, \boldsymbol{P}, R, \gamma)$，求解最优策略 π_* 和最优状态值函数 v_*。

虽然动态规划是求解 MDP 的理论基础，但是一般情况下，MDP 的状态转移矩阵 $\boldsymbol{P}$ 未知。典型的动态规划方法不仅需要预先知道系统环境的状态转移模型，而且每次迭代都会遍历所有的状态和动作，算法的时间复杂度大且效率极低。在实际应用中，一般不会直接采用动态规划求解强化学习问题。

无模型的强化学习问题可由马尔可夫决策过程 $(S, A, \boldsymbol{P}?, R, \gamma)$ 建模，其中 $\boldsymbol{P}?$ 表示状态转移概率未知。在无模型的强化学习方法中，同样有以下两个基本问题。

(1) 预测：给定马尔可夫决策过程 $(S, A, \boldsymbol{P}?, R, \gamma)$ 和策略 π，求解该策略 π 下的状态值函数 v_π。

(2) 控制：给定马尔可夫决策过程 $(S, A, \boldsymbol{P}?, R, \gamma)$，求解最优策略 π_* 和最优状态-行动值函数 q_*。

本章主要介绍采用蒙特卡洛法求解无模型的强化学习问题。蒙特卡洛法对马尔可夫决策过程进行随机采样，通过构建样本序列估算原问题的期望值。采用蒙特卡洛法求解无模型强化问题的前提条件是，每个样本序列必须是一个完整的交互序列（Episode）。在一个完整的交互序列中，智能体与环境的交互最终会达到终止状态（Terminal State）。没有达到终止状态的交互序列是不完整的。

9.1　蒙特卡洛法简介

蒙特卡洛法（Monte Carlo Methods，MC 法）是一种以概率统计为理论基础，基于随机数的数值计算方法。区别于传统的确定性算法，蒙特卡洛法是一种随机性算法。蒙特卡洛法的名字来源于摩纳哥公国的一座小城蒙特卡洛，该城市以博彩业闻名，是与拉斯维加斯齐名的世界级大赌城。

针对难以直接求解的问题，蒙特卡洛法通过构造符合一定规则的随机数求解，例如，对不确定性系统环境进行建模，计算复杂定积分等问题。

蒙特卡洛法最常见的两种实现形式为投点法和平均值法。

9.1.1　投点法

例 9.1　采用蒙特卡洛投点法估算圆周率 π。

解　如图 9.1 所示，使用蒙特卡洛法求解该例题的基本思想是：向该正方形内大量投掷随机点，计算在蓝色圆形内的点数 innerNum 与正方形内总点数 totalNum 的比例。当投掷随机点的数量无穷大时，该比例等于圆形面积与正方形面积的比值。

如图 9.1(a) 所示，长为 2，宽为 2 的正方形的面积为 4，图中圆形的面积为 $\pi\times1^2=\pi$，则有

$$\pi = 4\times\frac{\text{innerNum}}{\text{totalNum}} \tag{9.1}$$

通过式 (9.1) 可以得到用蒙特卡洛法对圆周率的估算值。

图 9.1(b) 给出了用蒙特卡洛法估算圆周率的 Python 代码，可以看到，当 totalNum = 100000 时，圆周率的估算值为 $\pi=3.14088$。投掷随机数的总数 totalNum 越大，圆周率 π 的估算值越精确。

蒙特卡洛法估算圆周率的动态图可参见相关网页资料[①]。

对于难以直接求解的复杂数学问题，蒙特卡洛法通常通过构造大量的特定规则下的随机数求解，最常见的例子是采用蒙特卡洛法求解复杂函数的定积分。

下面通过一个例子讲解如何采用蒙特卡洛法求解复杂函数的定积分。

例 9.2　采用蒙特卡洛投点法计算如图 9.2 所示的定积分 $\int_a^b f(x)\mathrm{d}x$。

解　定积分 $\int_a^b f(x)\mathrm{d}x$ 的值就是如图 9.2 所示蓝色区域的面积。

---

① https://en.wikipedia.org/wiki/Monte_Carlo_method.

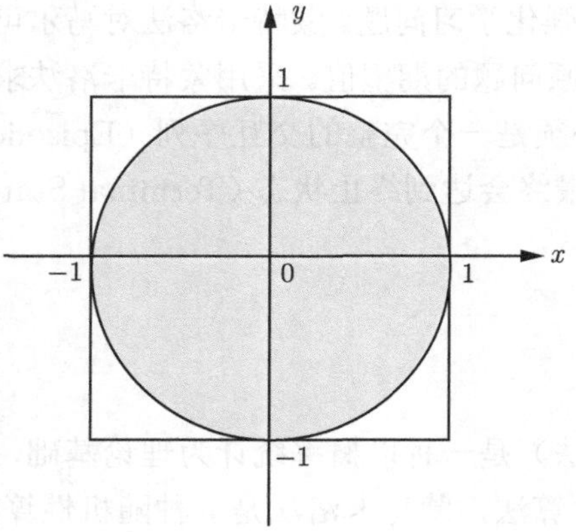


```python
import random
import math

totalNum = 100000
innerNum = 0

for i in range(totalNum):
    x = -1 + 2 * random.random() # x: [-1,1)
    y = -1 + 2 * random.random() # y: [-1,1)
    if math.pow(x, 2) + math.pow(y, 2) < 1:
        innerNum += 1
pi = 4 * innerNum / totalNum
print(f'pi = {pi}')
```

```
pi = 3.14088
```

(a) 求解思路　　　(b) Python代码

图 9.1　蒙特卡洛法估算圆周率

蒙特卡洛法求解该例题的基本思想是：向已知面积的长方形内大量投掷随机点，计算如图 9.2 所示蓝色区域内的点数 innerNum 与长方形内总点数 totalNum 的比例。当投掷随机点的数量无穷大时，该比例等于蓝色区域面积与长方形面积的比值。

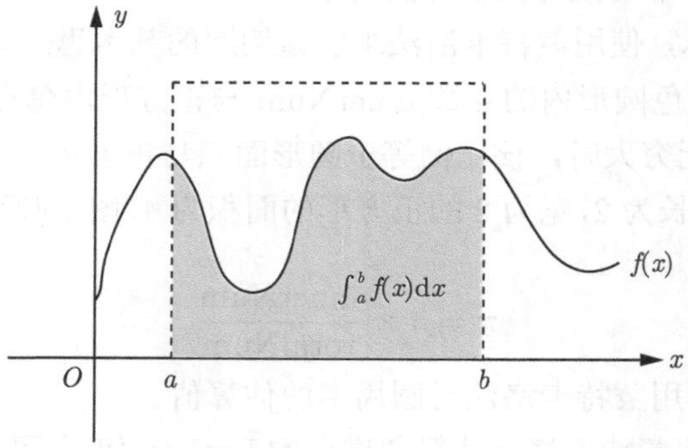

图 9.2　求解定积分

从这两个例题可以看出，基于投点法实现蒙特卡洛法的基本思想是：基于（博雷尔）强大数定律，用大量实验得到事件发生的频率，以此估算事件发生的概率。

（博雷尔）强大数定律：设 n 是事件 A 在 N 次独立试验中出现的次数，p 是每次试验中事件 A 出现的概率，则当 $N\to\infty$ 时，$P\left\{\lim\limits_{N\to\infty}\dfrac{n}{N}=p\right\}=1$。

习题 9.1　如图 9.3 所示，用投点法求解 $\int_0^{\pi}\sin t\mathrm{d}t$。

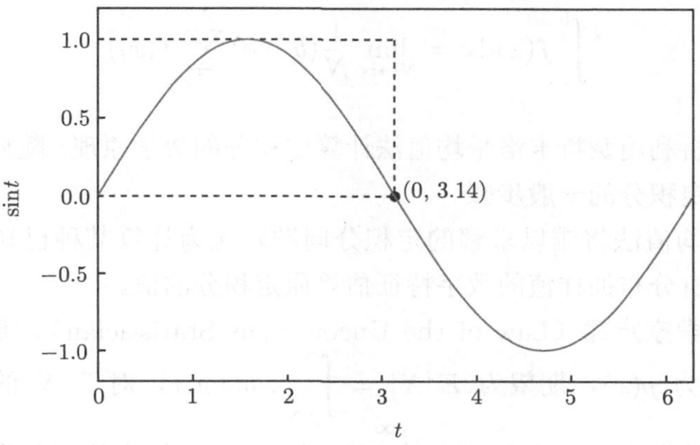

图 9.3　习题 9.1 的配图

9.1.2　平均值法

如图 9.4 所示，可在函数 $f(x)$ 上任取一点 $(x_1, f(x_1))$，用面积 $f(x_1) * (b-a)$ 估算定积分 $\int_a^b f(x)\mathrm{d}x$ 的值。

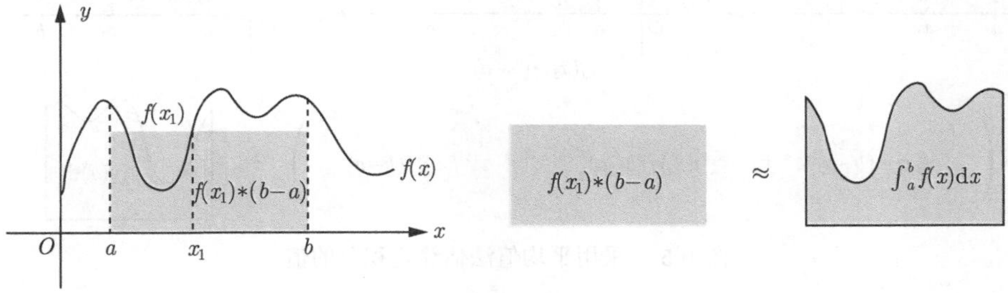

图 9.4　估算定积分的值

很明显，上述估算是不准确的。为了提高估算的准确度，可以多取几个随机点，然后计算相应的平均值。

例 9.3　采用蒙特卡洛平均值法计算如图 9.2 所示的定积分 $\int_a^b f(x)\mathrm{d}x$。

解　如图 9.5 所示，在函数 f(x) 上随机取 3 个点：$(x_1, f(x_1))$，$(x_2, f(x_2))$ 和 $(x_3, f(x_3))$，用 3 个面积 $f(x_1) * (b-a)$、$f(x_2) * (b-a)$ 和 $f(x_3) * (b-a)$ 的平均值估算定积分 $\int_a^b f(x)\mathrm{d}x$ 的值，即

$$\int_a^b f(x)\mathrm{d}x \approx \frac{1}{3}(b-a)\sum_{i=1}^{3} f(x_i) \tag{9.2}$$

在函数 $f(x)$ 上随机取 N 个点①，当 $N \to \infty$ 时，有

① 默认随机取的点服从均匀分布。

$$\int_a^b f(x)\mathrm{d}x = \lim_{N\to\infty}\frac{1}{N}(b-a)\sum_{i=1}^{N} f(x_i) \tag{9.3}$$

下面首先分析利用蒙特卡洛平均值法计算定积分的数学原理，随后给出利用蒙特卡洛平均值法计算定积分的一般步骤。

蒙特卡洛平均值法将难以求解的定积分问题转化为计算某种已知随机分布的数字特征，用已知随机分布抽样值的数字特征估算原定积分的值。

无意识统计学家定律（Law of the Unconscious Statistician）：连续随机变量①X，其概率密度函数为 $p(x)$，期望为 $E[X]=\int_{-\infty}^{\infty} xp(x)\mathrm{d}x$，对于 X 的任意函数 $h(X)$，随机变量 $h(X)$ 的期望为 $E[h(X)]=\int_{-\infty}^{\infty} h(x)p(x)\mathrm{d}x$，该定律被称为无意识统计学家定律 [37]。

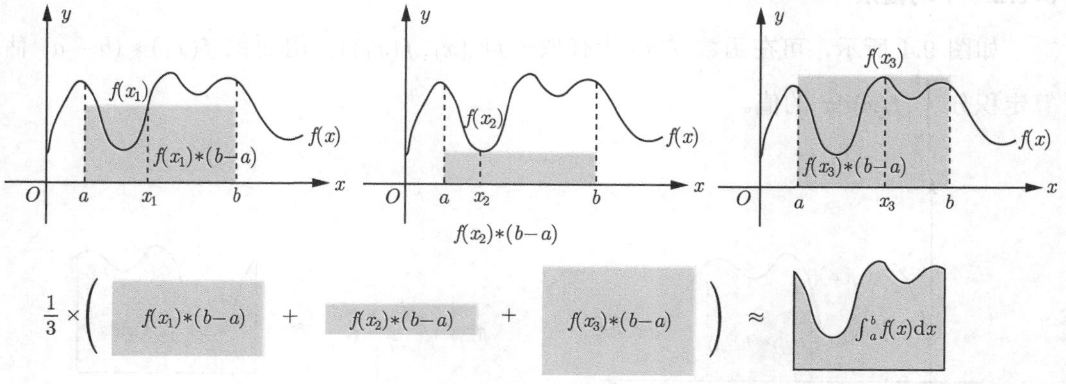

图 9.5 采用平均值法估算定积分的值

利用蒙特卡洛平均值法计算定积分的数学原理为

$$I=\int_a^b f(x)\mathrm{d}x=\int_a^b f^*(x)q(x)\mathrm{d}x=E_{x\sim f_X(x)}\left[f^*(x)\right] \tag{9.4}$$

其中，$q(x)$ 为采样点服从分布的概率密度函数，变换函数 $f^*(x)$ 为

$$f^*(x)=\begin{cases}\dfrac{f(x)}{q(x)}, & q(x)\neq 0\\ 0, & q(x)=0\end{cases} \tag{9.5}$$

由强大数定律可知

① 相比于连续随机变量，离散随机变量的无意识统计学家定律 [36] 更容易理解。离散随机变量 X，其概率质量函数为 $p(x)$，期望为 $E[X]=\sum_x xp(x)$，对于 X 的任意函数 $h(X)$，随机变量 $h(X)$ 的期望为 $E[h(X)]=\sum_x h(x)p(x)$。

$$P\left\{\lim_{N\to\infty}\frac{1}{N}\sum_{i=1}^{N}f^*(X_i)=E\left[f^*(x)\right]\right\}=1 \tag{9.6}$$

因此，

$$\begin{aligned}I&=\int_a^b f(x)\mathrm{d}x\\&=\lim_{N\to\infty}\frac{1}{N}\sum_{i=1}^{N}f^*(X_i)\\&=\lim_{N\to\infty}\frac{1}{N}\sum_{i=1}^{N}\frac{f(X_i)}{q(X_i)}\end{aligned} \tag{9.7}$$

利用蒙特卡洛平均值法计算 $I=\int_a^b f(x)\mathrm{d}x$（函数 $f(x)$ 在区间 $[a,b)$ 上可积）的一般步骤如下：

(1) 对函数 $f(x)$ 进行抽样，抽样点 $X_i(i=1,2,\cdots,N)$ 服从某已知分布，该分布的概率密度函数记为 $q(x)$（$\int_a^b q(x)\mathrm{d}x=1$）。

(2) 给出变换函数 $f^*(x)$，

$$f^*(x)=\begin{cases}\dfrac{f(x)}{q(x)}, & q(x)\neq 0\\ 0, & q(x)=0\end{cases} \tag{9.8}$$

(3) 计算 $\overline{I}=\dfrac{1}{N}\sum\limits_{i=1}^{N}f^*(X_i)$，将 $\overline{I}$ 作为 I 的近似值，即 $I\approx\overline{I}$。

在例 9.3 中求解 $\int_a^b f(x)\mathrm{d}x$，令抽样点 $X_i(i=1,2,\cdots,N)$ 服从均匀分布，则其概率密度函数为

$$q(x)=\begin{cases}\dfrac{1}{b-a}, & x\in[a,b)\\ 0, & 其他\end{cases} \tag{9.9}$$

例 9.3 中 $\int_a^b f(x)\mathrm{d}x$ 的值为

$$\begin{aligned}\int_a^b f(x)\mathrm{d}x&=\lim_{N\to\infty}\frac{1}{N}\sum_{i=1}^{N}\frac{f(X_i)}{q(X_i)}\\&=\lim_{N\to\infty}\frac{1}{N}\sum_{i=1}^{N}\frac{f(X_i)}{\dfrac{1}{b-a}}\\&=\lim_{N\to\infty}\frac{b-a}{N}\sum_{i=1}^{N}f(X_i)\end{aligned} \tag{9.10}$$

在实际应用中，令 N 取一个较大的值，即可采用 $\frac{b-a}{N}\sum_{i=1}^{N}f(X_i)$ 的计算值作为 $\int_a^b f(x)\mathrm{d}x$ 的估计值。

由蒙特卡洛平均值法计算定积分的例子可以看出，蒙特卡洛平均值法将求解问题转化为计算某种随机分布的数字特征（例如，求解定积分例题中将定积分求解问题 $I=\int_a^b f(x)\mathrm{d}x$ 转化为求解数学期望 $E[f^*(x)]$），用抽样值的数字特征 $\left(\text{例如}\ \frac{b-a}{N}\sum_{i=1}^{N}f(X_i)\right)$ 估算随机变量的数字特征（例如 $E[f^*(x)]$），并将其作为原问题的解。

蒙特卡洛平均值法求解问题的三个主要步骤为

(1) **描述**：根据给定问题描述或构造一个随机过程 $\{X(t),t\in T\}$。

(2) **抽样**：生成已知概率分布的随机变量，并对构造的随机过程进行抽样。

(3) **估算**：用抽样值的数字特征估算随机过程 $\{X(t)\}$ 的数字特征。

习题 9.2 用蒙特卡洛平均值法求解 $\int_0^\pi \sin t\mathrm{d}t$。

9.2 21 点游戏

利用蒙特卡洛法求解强化学习问题时，最常遇见的例子是 21 点游戏，或者叫黑杰克（Black Jack）游戏。

9.2.1 游戏规则

本节通过一个例题详细讲解 21 点游戏的玩法[①]，以便读者在后续章节能通过 21 点游戏深入掌握强化学习中的蒙特卡洛法。

例 9.4 计算 21 点游戏（Black Jack）中玩家赢的概率、输的概率，以及获得平局的概率。

有一名庄家（Dealer）和一名玩家（Player）参与 21 点游戏，假设纸牌的数量是无尽的，或者抽出的纸牌被重新放回，保证庄家和玩家不可通过记录已发的牌面猜测本局 21 点游戏中可能的牌面。

游戏开始时，庄家给自己和玩家分别发两张牌，玩家的两张牌均为暗牌（正面朝下），庄家的两张牌中有一张暗牌（正面朝下），有一张明牌（正面朝上）。在 21 点游戏中，牌面对应的点数如图 9.6 所示。

---

① 21 点游戏有多种不同版本的游戏规则，请仔细阅读每个例题中给定的游戏规则。

牌面	2	3	4	5	6	7	8	9	10	J	G	K	A
点数	2	3	4	5	6	7	8	9	10	10	10	10	11或1

图 9.6　21 点游戏：牌面对应的点数

庄家和玩家的目标都是使自己手上的牌面总点数（Score）尽量接近 21，但不超过 21，具体规则如下：

(1) 当智能体的牌面总点数超过 21 时，这种情况被称为爆炸（Burst）；如果庄家爆炸，玩家未爆炸，则玩家赢（Win），玩家获得的奖励为 +1；如果庄家未爆炸，玩家爆炸，则玩家输（Lose），玩家获得的奖励为 −1；如果庄家、玩家均爆炸，则平局（Draw），玩家获得的奖励为 0。

(2) 当智能体手上有 A，并且 $A = 11$ 不爆炸时，称 A 是可用的（Usable），否则称 A 是不可用的（Non-usable），此时 $A = 1$。

(3) 当智能体手上有两张牌，其中一张为 A，一张牌面点数为 10，这种情况被成为黑杰克（Black Jack，或者 Natural）；当玩家手上有黑杰克，而庄家没有时，玩家赢，玩家获得的奖励为 +1；当玩家手上没有黑杰克，而庄家有时，则玩家输，玩家获得的奖励为 −1；当玩家和庄家同时有黑杰克时，平局，玩家获得的奖励为 0。

(4) 没有黑杰克出现时，若智能体的牌面总点数小于 12，则智能体必须接受庄家发牌；发牌顺序是先玩家，直到玩家停止要牌时，再给庄家发牌。

(5) 除了上述情况，比较玩家和庄家的牌面总点数，如果玩家的牌面总点数比庄家的牌面总点数大，则玩家赢，玩家获得的奖励为 +1；如果玩家的牌面总点数比庄家的牌面总点数小，则玩家输，玩家获得的奖励为 −1；如果玩家的牌面总点数与庄家的牌面总点数相同，则平局，玩家获得的奖励为 0。

在本例中，庄家采用固定的策略，若庄家的牌面总点数小于 17，则另外要一张牌，要牌的过程可重复进行，直到庄家的牌面总点数大于或等于 17 时才停止要牌，停止要牌时的牌面总点数为庄家本局的分数。

若玩家采取如下策略的 π，当玩家的牌面总点数小于 20 时，则另外要一张牌，要牌的过程可重复进行，直到玩家的牌面总点数大于或等于 20 时才停止要牌，停止要牌时的牌面总点数为玩家本局的分数。

假定一名庄家和一名玩家一起玩了 $N = 10000$ 局 21 点游戏，试计算该玩家赢、输和平局的概率。

解　在本例中，状态转移概率未知，只能采用无模型的强化学习算法求解。每局 21 点游戏都可以被当作一个完整的强化学习交互序列，游戏中途的奖励 $R = 0$，一局游戏结束时可得到本局相应状态的长期回报 G，当玩家赢时，$G = +1$；当平局时，$G = 0$；当玩家输时，$G = -1$。

计算玩家赢、输和平局的概率时，不需要区分不同的状态，只需要统计每局游戏最后的得分，设计求解该问题的算法，具体可参考算法 9.1。

算法 9.1: 例 9.4 的参考求解算法

输入: 待评估策略 π

输出: 玩家赢、平局和玩家输的概率

初始化赢、输和平局的次数 $win = 0$，$lose = 0$，$draw = 0$;
初始化模拟计数器 $i = 0$;
初始化模拟总次数 N;
repeat
  生成完整的交互序列 episode_i，返回其结束时的 G_i;
  if $G_i == 1$ **then**
    $win+ = 1$
  else if $G_i == -1$ **then**
    $lose+ = 1$
  else
    $draw+ = 1$
  $i+ = 1$;
until $i < N$;
玩家赢的概率：$winRate = win/N$;
玩家输的概率：$loseRate = lose/N$;
平局的概率：$drawRate = draw/N$;

实现算法 9.1 的参考代码如下所示。

```
if__name__ == "__main__":
  play_times = 10
  returnList = []
  winNum = 0
  loseNum = 0
  drawNum = 0
  for i in range(play_times):
    reward = play()
    print(f"play_time={i + 1},reward={reward}")
    print(' ')
    returnList.append(reward)
    if reward == 1:
      winNum += 1
    elif reward == -1:
      loseNum += 1
    else:
      drawNum += 1
  print(f'win rate is {winNum / play_times}')
  print(f'lose rate is {loseNum / play_times}')
  print(f'draw rate is {drawNum / play_times}')
```

参考代码中最核心的模块是函数 play()，该函数的功能是：生成完整的交互序列 episode_i，并返回 episode_i 结束时的 G_i，也就是说，模拟一局 21 点游戏（episode_i），并返回本局游戏的结果。如果玩家赢，则 $G_i=1$；如果玩家输，则 $G_i=-1$；如果是平局，则 $G_i=0$。

通过重复玩 play_times 局 21 点游戏，即重复调用 play_times 次 play() 函数，实现例题 9.4 的求解，统计玩家赢、输和平局的次数，最后计算出相应的概率。

下面主要考虑如何设计函数 play()，实现“生成完整的交互序列 episode_i，并返回 episode_i 结束时 G_i”的功能。

梳理一局 21 点游戏的整个流程如下：

(1) 玩家获得两张牌，判断是否是黑杰克；判断是否爆炸；计算手上牌面总点数，根据自身策略，判断是否要牌；计算玩家的牌面总点数。

(2) 庄家获得两张牌，判断是否是黑杰克；判断是否爆炸；计算手上牌面总点数，根据自身策略，判断是否要牌；计算庄家的牌面总点数。

(3) 判断本局游戏的输赢，若玩家有黑杰克，而庄家没有，则玩家赢；若玩家没有黑杰克，而庄家有，则庄家赢；若玩家和庄家都有黑杰克，则平局；若玩家和庄家都没有黑杰克，则根据各自的点数判断输赢。

```
#导入相关包
import numpy as np
import random
```

```
def is_burst(score):
  burst_flag = False
  if score > 21:
    burst_flag = True
  return burst_flag
def is_usable_a(hand):
  if 1 in hand and sum(hand) + 10 <= 21:
    return True
  else:
    return False
def is_nature(hand):
  nature = False
  if is_usable_a(hand) and sum(hand) + 10 == 21:
    nature = True
  return nature
```

```
def rule(hand): #hand 为手上牌面列表
  nature = False
  if is_usable_a(hand):
    hand_point = sum(hand) + 10
  else:
```

```
    hand_point = sum(hand)
  burst_flag = is_burst(hand_point)
  if burst_flag:
    hand_point = 0
  else:
    if is_usable_a(hand):
      nature = is_nature(hand)
      if nature:
        hand_point = 21
  return burst_flag, nature, hand_point
```

```
def dealing(n):
  #A, 2 10, J/Q/K
  card_point = list(range(1, 11)) + [10, 10, 10]
  return random.sample(card_point, n)
def policy(n):
  hand = dealing(2)
  hand_point = 0
  nature = False
  (burst_flag, nature, hand_point) = rule(hand)
  while hand_point < n:
    if burst_flag:
      break
    hand = hand + dealing(1)
    (burst_flag, nature, hand_point) = rule(hand)
  print(hand)
  return nature, hand_point
```

```
def play():
  reward = 0
  (player_nature, player_hand_point) = policy(20)
  (dealer_nature, dealer_hand_point) = policy(17)
  if player_nature and not dealer_nature:
    reward = 1
  elif not player_nature and dealer_nature:
    reward = -1
  elif player_nature and dealer_nature:
    reward = 0
  else:
    if player_hand_point > dealer_hand_point:
      reward = 1
    elif player_hand_point < dealer_hand_point:
      reward = -1
    else:
      reward = 0
  return reward
```

一局 21 点游戏的整个流程由函数 play() 实现，玩家采用策略 policy(20)，庄家采用策略 policy(17)。然后根据两个 policy() 返回的结果判断本局游戏的输赢，若玩家有黑杰克，而庄家没有，则玩家赢；若玩家没有黑杰克，而庄家有，则庄家赢；若玩家和庄家都有黑杰克，则平局；若玩家和庄家都没有黑杰克，则根据各自的点数判断输赢。

函数 dealing(n) 表示一次发 n 张牌，函数 rule() 记录牌面的情况，如是否爆炸、是否有黑杰克，以及手上牌面的总点数。

是否爆炸，是否有可用的 A，是否有黑杰克这三种情况分别由函数 is_burst()、函数 is_usable_a() 和函数 is_nature() 实现。

代码运行结果：智能体赢的概率为 0.2937，输的概率为 0.4878，平局的概率为 0.2185。

如图 9.7 所示，我们选取了一些典型的游戏结果。

图 9.7(a) 表示，当玩家有黑杰克，而庄家没有时，玩家赢；当玩家没有黑杰克，而庄家有时，庄家赢；当玩家和庄家都有黑杰克，则平局。

图 9.7(b) 表示，当玩家和庄家都没有黑杰克，则根据各自的点数判断输赢。

```
[10, 1]
player nature is True
player score is 21
[10, 4, 8]
dealer nature is False
dealer score is 0
play_time=15,reward=1

[4, 10, 10]
player nature is False
player score is 0
[1, 10]
dealer nature is True
dealer score is 21
play_time=17,reward=-1

[10, 1]
player nature is True
player score is 21
[10, 1]
dealer nature is True
dealer score is 21
play_time=59,reward=0
```

(a) 示例1

```
[7, 3, 2, 9]
player nature is False
player score is 21
[5, 10, 2]
dealer nature is False
dealer score is 17
play_time=11,reward=1

[10, 3, 10]
player nature is False
player score is 0
[6, 1]
dealer nature is False
dealer score is 17
play_time=60,reward=-1

[10, 8, 2]
player nature is False
player score is 20
[1, 2, 9, 8]
dealer nature is False
dealer score is 20
play_time=61,reward=0
```

(b) 示例2

图 9.7 例 9.4 参考代码运行结果的示例

9.2.2 模拟交互序列

在采用蒙特卡洛方法求解无模型的强化问题时，每个样本序列必须是一个完整的交互序列（Episode）。一个完整的交互序列从某个初始状态开始，经有限时间到达终止状态结束。没有达到终止状态的交互序列不是完整的。

给定策略 π，可以基于策略 π 产生 N 次实验，每次实验能得到一个完整的交互序列，共有 N 个样本序列 $\left\{s_1^i, a_1^i, r_2^i, s_2^i, a_2^i, r_3^i, \cdots, s_{T-1}^i, a_{T-1}^i, r_T^i\right\}_{i=1}^N$。每个强化学习交

互序列都包含当前状态 s_i，在当前状态下采取的动作为 a_i，当前动作导致的下一个状态的奖励为 r_{i+1}。

基于蒙特卡洛的思想，生成 21 点游戏中的模拟交互序列，深入理解交互序列中状态、动作和奖励的相互关系。

例 9.5 本例中 21 点游戏的规则与例 9.4 相同，假定一名庄家和一名玩家一起玩了 N 局 21 点游戏。

(1) 试分析玩家观察到的状态空间的大小。

(2) 假设在第一局结束时，玩家手上的牌面为 player_hand = [2, 10, 8]，庄家手上的牌面为 dealer_hand = [2, 10]；在第二局结束时，玩家牌面为 player_hand = [7, 5, 4, 3, 10]，庄家牌面为 dealer_hand = [7, 8, 2]，请给出这两局游戏产生的样本序列。

解 在求解强化学习问题时，我们都是站在智能体的角度看问题。在本例中，我们需要以玩家的视角分析 21 点游戏。

(1) 在玩 21 点游戏的过程中，玩家根据自己观察到的游戏状态做决策。玩家观察到的游戏状态由 3 个变量组成：庄家明牌的数值，记为 dealer_show；玩家自己的牌面总数值，记为 player_point；玩家是否有可用的 A，记为 player_usable_a。

庄家明牌的数值 dealer_show 的取值范围为 $1 \sim 10$，共 10 个；玩家自己的牌面总数值 player_point 的取值范围为 $12 \sim 21$，共 10 个；玩家是否有可用的 A 有两种状态：有、没有，player_usable_a 有 2 个取值。

因此，状态空间的大小为 200（即 $10 \times 10 \times 2$）。

(2) 在求解强化学习问题时，一个完整的交互序列是由一系列的状态、行动和该行动导致的下一个状态的奖励组成的序列 $\{s_1, a_1, r_2, \cdots, s_{t-1}, a_{t-1}, r_t, \cdots\}$。

在本例中，一个完整的交互序列是一局 21 点游戏，在一局游戏中，奖励 $r_t = 0$。一局游戏结束时，根据玩家是赢、输或平局，给出相应的奖励。如果玩家赢，则该交互序列的长期回报 $G = 1$；如果玩家输，则该交互序列的长期回报 $G = -1$；如果平局，则该交互序列的长期回报 $G = 0$。

一个完整的交互序列 $H_i = \{s_1^i, a_1^i, r_1^i, \cdots, s_{t-1}^i, a_{t-1}^i, r_t^i, \cdots\}$。

第一局，初始状态 player_hand=[2, 10]，dealer_hand=[10, 10]。玩家能观察到的初始状态为 dealer_show=10，player_point=12，player_usable_a=False，即 s_1=(10, 12, False)，由于玩家的总点数 12 小于 20，则要牌，a_1=1。要牌后，玩家牌面为 [2, 10, 8]，平局的奖励为 0，即 r_2=0。此时总点数为 20，停止要牌，本轮游戏结束。也就是说，在状态 s_1=(10，12，False) 时，采取动作 a_1=1，得到的奖励为 r_2=0。

episode 由 state、action，以及采用该 action 导致的 next_state 的 reward 组成，第一局完整的 episode 为

$$\text{episode} = [s_1, a_1, r_2] = [(10, 12, \text{False}), 1, 0] \tag{9.11}$$

第二局，初始状态 player_hand=[7, 5]，dealer_hand=[7, 8]。此时，玩家能观察到的初始状态为 dealer_show=7，player_point=12，player_usable_a=False，即 s_1=(7,

12, False)，由于玩家的总点数 12 小于 20，则要牌，a_1=1。要牌后，玩家牌面为 [7, 5, 4]，r_2=0，s_2=(7, 16, False)，总点数为 16 小于 20，则要牌，a_2=1。要牌后，玩家牌面为 [7, 5, 4, 3]，r_3=0，s_3=(7, 19, False)，总点数为 19 小于 20，则要牌，a_3=1。要牌后，玩家牌面为 [7, 5, 4, 3, 10]，爆炸停止，此时庄家牌面为 [7, 8, 2]，$r_4 = -1$。

第二局完整的 episode 为

$$\begin{aligned}\text{episode} &= [s_1, a_1, r_2, s_2, a_2, r_3, s_3, a_3, r_4, s_4, a_4, r_5] \\ &= [(7, 12, \text{False}), 1, 0, (7, 16, \text{False}), 1, 0, (7, 19, \text{False}), 1, -1]\end{aligned} \tag{9.12}$$

> **习题 9.3** 若玩家牌面为 player_hand=[3, 10, 1, 10]，庄家牌面为 dealer_hand=[10, 10]，给出该局完整的交互序列。

9.2.3 Gym

Gym① 是一款用于开发和比较强化学习算法的工具。Gym 采用动画的形式，将强化学习问题中的交互过程可视化地展现出来，方便深入学习并掌握强化学习算法。

Gym 工具库由一系列的环境（Environment）组成，这些环境都有一个共享的接口，方便使用者调用，以实现强化学习算法。Gym 集成了许多常见的强化学习的模拟环境，如 21 点游戏、Atari 游戏。利用 Gym 已有的强化学习环境，能快速地实现强化学习算法。

本节结合 Gym 中 21 点游戏的环境，详细介绍 Gym 的使用方法。下面逐段分析该环境的源代码。

```
#导入相关包
import gym
from gym import spaces
from gym.utils import seeding
#cmp()：比较 a、b 的大小
def cmp(a, b):
    return float(a > b) - float(a < b)
#若 a > b，float(a > b)=1，float(a < b)=0，返回 1
#若 a = b，float(a > b)=0，float(a < b)=0，返回 0
#若 a < b，float(a < b)=0，float(a < b)=1，返回-1
```

```
#A = 1, 数字牌 = 2-10, J/Q/K = 10
deck = [1, 2, 3, 4, 5, 6, 7, 8, 9, 10, 10, 10, 10]
def draw_card(np_random): #发一张牌
    return int(np_random.choice(deck))
def draw_hand(np_random):#发两张牌
    return [draw_card(np_random), draw_card(np_random)]
```

① 本书整理了 Gym 的安装使用说明文档，详情参见：https://github.com/AIOpenData/Reinforcement-Learning-Code。

```
def usable_ace(hand): #判断是否有可用的 A
    return 1 in hand and sum(hand) + 10 <= 21
def is_natural(hand): #判断是否有黑杰克
    return sorted(hand) == [1, 10] #sorted(hand) 将 hand 升序排列
def sum_hand(hand): #计算牌面总点数
    if usable_ace(hand): #A 默认值为 1，当 A 可用时，A=11
        return sum(hand) + 10
    return sum(hand)
def is_bust(hand): #判断是否爆炸
    return sum_hand(hand) > 21
```

```
#根据牌面计算实际得分
def score(hand):
    return 0 if is_bust(hand) else sum_hand(hand)
#若爆炸，则得分为 0
#若不爆炸，则得分为牌面总点数
```

```
class BlackjackEnv(gym.Env):
    def __init__(self, natural=False):
        #action_space 为动作空间
        self.action_space = spaces.Discrete(2) #spaces.Discrete(2)={0, 1}
        #observation_space 为观察空间，每个观察是一个三元组
        self.observation_space = spaces.Tuple((
            spaces.Discrete(32), #玩家的牌面总点数 ={0, 1, ··· , 31}
            spaces.Discrete(11), #庄家明牌的点数 ={0, 1, ··· , 10}
            spaces.Discrete(2))) #动作空间 ={0, 1}
        self.seed()
        self.natural = natural
        self.reset()

    def seed(self, seed=None):
        self.np_random, seed = seeding.np_random(seed)
        return [seed]

    def step(self, action):
        assert self.action_space.contains(action)
        if action:
            self.player.append(draw_card(self.np_random))
            if is_bust(self.player):
                done = True
                reward = -1
            else:
                done = False
                reward = 0
        else:
            done = True
            while sum_hand(self.dealer) < 17:
                self.dealer.append(draw_card(self.np_random))
```

```
        reward = cmp(score(self.player), score(self.dealer))
        if self.natural and is_natural(self.player) and reward == 1:
            reward = 1.5
    return self._get_obs(), reward, done, {}

def _get_obs(self):
    return (sum_hand(self.player), self.dealer[0], usable_ace(self.player))

def reset(self):
    self.dealer = draw_hand(self.np_random)
    self.player = draw_hand(self.np_random)
    return self._get_obs()
```

习题 9.4　利用 Gym 中内置的 21 点游戏环境实现例 9.5。

9.3 蒙特卡洛预测

在基于动态规划的预测中，给定 MDP $(S, A, \boldsymbol{P}, R, \gamma)$ 和策略 π，迭代求解该策略 π 下的状态值函数 $v_\pi^{k+1}(s) = \sum\limits_a \pi(a|s)\left[R_s^a + \gamma \sum\limits_{s'} p_{ss'}^a v_\pi^k(s')\right]$。

在基于动态规划的控制中，为了求得最优策略，值函数迭代算法依次求解 $v_{\pi_{k+1}}^{k+1}(s) = \max\limits_a \left[R_s^a + \gamma \sum\limits_{s'} p_{ss'}^a v_{\pi_k}^k(s')\right]$。

然而，在无模型的强化学习方法中，MDP $(S, A, \boldsymbol{P}?, R, \gamma)$ 的状态转移概率矩阵未知，不能采用动态规划方法进行预测和控制。无模型的强化学习算法要想利用广义策略迭代法进行策略评估和策略改进，必须采用其他的方法计算值函数 [38]。

回顾强化学习中对值函数的定义，状态值函数 $v_\pi(s)$ 定义为：采用策略 π，从状态 s 开始获得期望回报，即

$$\begin{aligned} v_\pi(s) &\doteq E_\pi[G_t|S_t = s] \\ &= E_\pi[R_{t+1} + \gamma R_{t+2} + \gamma^2 R_{t+3} + \cdots |S_t = s] \\ &= E_\pi\left[\sum_{k=0}^{\infty} \gamma^k R_{t+k+1}|S_t = s\right] \end{aligned} \tag{9.13}$$

状态-行动值函数 $q_\pi(s, a)$ 定义为：采用策略 π，在状态 s 下采用动作 a 获得的期望回报，即

$$\begin{aligned} q_\pi(s, a) &\doteq E_\pi[G_t|S_t = s, A_t = a] \\ &= E_\pi\left[\sum_{k=0}^{\infty} \gamma^k R_{t+k+1}|S_t = s, A_t = a\right] \end{aligned} \tag{9.14}$$

值函数的本质是计算期望回报，在无模型的强化学习问题中，可以采用蒙特卡洛思想，用随机样本估算所需计算的期望值。

在求解预测问题时，给定需要评估的策略 π，可以基于策略 π 产生 N 次实验，得到 N 个样本序列 $\{s_1^i, a_1^i, r_2^i, s_2^i, a_2^i, r_3^i, \cdots, s_{T-1}^i, a_{T-1}^i, r_T^i\}_{i=1}^N$。

由蒙特卡洛思想可知，状态值函数 $v_\pi(s)$ 可由式 (9.15) 估计

$$v_\pi(s) = \text{average}(G_t(s)) \approx \frac{1}{N} \times (G_t^1(s) + G_t^2(s) + \cdots + G_t^i(s) + \cdots + G_t^N(s)) \tag{9.15}$$

其中，$G_t(s)^i \doteq R_{t+1}^i(s) + \gamma R_{t+2}^i(s) + \gamma^2 R_{t+3}^i(s) + \cdots + \gamma^{T-1} R_T^i(s)$。

在一个完整的交互序列（Episode）中，同一个状态 s（$s \in S$）可能出现多次，这里只考虑当 s 第一次出现时，智能体获得的长期回报。第一次访问的蒙特卡洛预测算法如下所示。

算法 9.2: 第一次次访问蒙特卡洛预测

输入: 待评估策略 π

输出: 状态值函数 $v_\pi(s), \forall s \in S$

初始化长期回报序列 $g\text{List}(s) = [], \forall s \in S$;
初始化模拟总次数 N;
初始化计数器 $i = 0$;
repeat
    生成一个完整的交互序列 epi_i;
    foreach $s \in \text{epi}_i$ **do**
        计算 s 在 epi_i 中第一次出现时获得的 $G_i(s)$;
        $g\text{List}(s).\text{append}(G_i(s))$;
    $i+=1$;
until $i < N$;
$v_\pi(s) = \text{sum}(\text{gList}(s))/\text{len}(\text{gList}(s)), \forall s \in S$;

算法 9.2 针对状态空间 S 中的每个状态初始化一个空列表 $g\text{List}(s) = []$，用于存储不同状态下的长期回报 $G(s)$。

通过模拟 N 个完整的交互序列，用平均值 $\sum_{i=0}^{N-1} G_i(s)/N$ 作为 $G(s)$ 的估计值，即可用于估算状态值函数，

$$v_\pi(s) = G(s) \approx \frac{\sum_{i=0}^{N-1} G_i(s)}{N} \tag{9.16}$$

蒙特卡洛方法的基本思想：基于强大数定律，用大量实验得到事件发生的频率，以此估算事件发生的概率。

算法 9.2 利用了蒙特卡洛法进行预测，模拟大量完整的交互序列，通过计算长期回报的平均值估计状态值函数，完成策略评估。

例 9.6　假定一名庄家和一名玩家一起玩 21 点游戏：

(1) 庄家采用固定的策略：若庄家的牌面总点数小于 17，则另外要一张牌，要牌的过程可重复进行，直到庄家的牌面总点数大于或等于 17 时才停止要牌，停止要牌时的牌面总点数为庄家本局的分数。

(2) 玩家采取如下策略的 π：当玩家的牌面总点数小于 20 时，则另外要一张牌，要牌的过程可重复进行，直到玩家的牌面总点数大于或等于 20 时才停止要牌，停止要牌时的牌面总点数为玩家本局的分数。

基于 Gym 中自带的 21 点游戏环境①，试采用蒙特卡洛法评估策略 π，即计算 $v_\pi(s), \forall s \in S$。

解　根据算法 9.2，需要记录状态空间中每个状态下的状态值函数，从而达到策略评估的目的。

修改 Gym 中内置的 21 点游戏环境中的 reset() 函数，初始状态中，如果庄家或者玩家的牌面总点数小于 12，则另外发牌，使得他们的牌面总点数不小于 12。

```
#初始化环境
def reset(self):
    self.dealer = draw_hand(self.np_random)
    self.player = draw_hand(self.np_random)
    while sum_hand(self.player) < 12:
        self.player.append(draw_card(self.np_random))
    while sum_hand(self.dealer) < 12:
        self.dealer.append(draw_card(self.np_random))
    return self._get_obs()
```

实现玩家的策略 π，当玩家的牌面总点数小于 20 时，则另外要一张牌，要牌的过程可重复进行，直到玩家的牌面总点数大于或等于 20 时才停止要牌。

```
#采用的策略为：点数大于或等于 20 时停止，否则要牌
def policy(observation):
    player_point, dealer_show, player_usable_a = observation
    return 0 if player_point >= 20 else 1
```

```
#调用 Gym 内置的 21 点游戏环境
env = BlackjackEnv()
Vs = {} #状态值函数
def episode(env): #每一局 21 点游戏就是一个 episode
    epi = []
    state = env.reset() #一局游戏开始前，首先初始化环境
    while(True):
        action = policy(state) #玩家根据自身策略采取相应的动作
        next_state, reward, done, player, dealer = env.step(action)
```

① Gym 中 21 点游戏环境的源代码地址为 https://github.com/openai/gym/blob/master/gym/envs/toy_text/blackjack.py。

```
        epi = epi + [(state, action, reward)]
        if done:
            break
        state = next_state
    print(epi)
    return epi
```

```
#主函数实现了首次访问蒙特卡洛预测算法的逻辑
if __name__ == "__main__":
    n = 10000
    discount = 1
    for i in range(n):
        epi = episode(env)
        global Vs
        #每个 episode 中，各状态只会出现一次
        #一个 episode 中，遍历时遇到的状态都是第一次出现
        for idx, item in enumerate(epi):
            G = sum([x[2] * (discount ** i) for i, x in enumerate(epi[idx:])])
            Vs.setdefault(item [0],[]) .append(G)
    for key in Vs.keys():
        Vs[key] = sum(Vs[key])/len(Vs[key])
    print(len(Vs))
    print(Vs)
```

参考结果为

$$\text{len(Vs)} = 200$$

$$\text{Vs} = \{(14, 4, \text{False}): -0.477, (15, 2, \text{False}): -0.504, \cdots\}$$

图 9.8 和图 9.9 给出了 $n = 10000$ 和 $n = 50000$ 的情况下，无可用 A 的状态值函数，以及有可用 A 的状态值函数。可以看出，有可用 A 时比无可用 A 时的状态值函数高一些，意味着有可用 A 时比无可用 A 时智能体赢的概率要大一些。

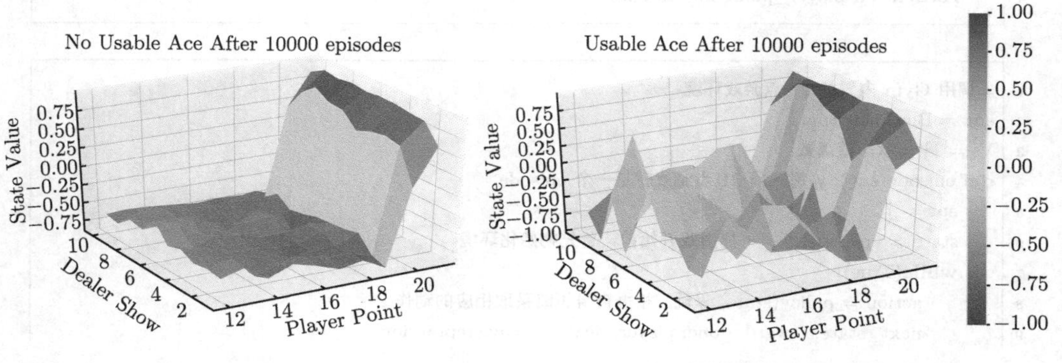

(a) 无可用的A　　(b) 有可用的A

图 9.8　n=10000

由图 9.8 可知，在庄家采用固定策略（牌面总点数不小于 17 就停止要牌）时，智能体的策略 π 不好，如果智能体采取策略 π'，即牌面总点数不小于 18 就停止要牌，智能体赢的概率会增大。在 9.4 节中，我们将学习蒙特卡洛控制，寻找强化学习问题的最优策略。

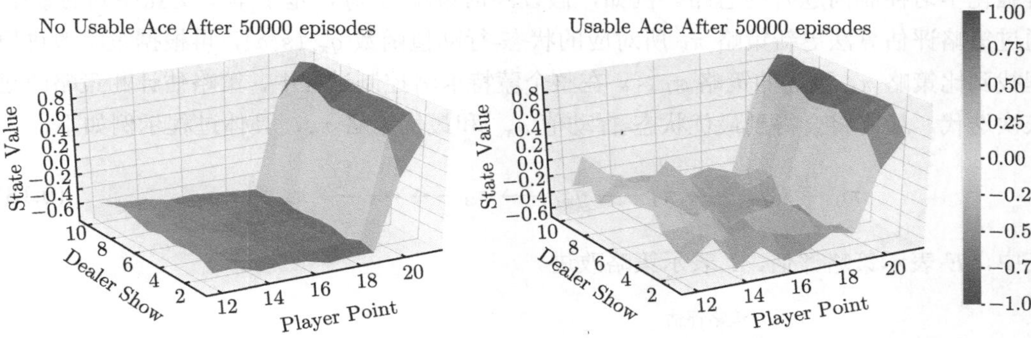

(a) 无可用的 A　　(b) 有可用的 A

图 9.9　n=50000

9.4　蒙特卡洛控制

回顾广义策略迭代（Generalized Policy Iteration, GPI），GPI 利用策略评估和策略改进交互迭代的思想寻找最优策略，从而求解强化学习控制问题。

动态规划法用于求解有模型的强化学习问题，图 9.10 画出了基于动态规划思想求解强化学习控制问题时的思路。例如，假设当前策略为 π_k，通过策略评估算法更新策略 π_k 所对应的状态值函数 $v_{\pi_k}(s)$，再根据策略改进原理找到比策略 π_k 更优的策略 π_{k+1}。策略估计和策略改进依次迭代，最终将会得到最优状态-行动值 v_{π_*} 和最优策略 π_*。

具体过程示例如下：

$$\pi_0 \xrightarrow{E} v_{\pi_0} \xrightarrow{I} \pi_1 \xrightarrow{E} v_{\pi_1} \xrightarrow{I} \pi_2 \xrightarrow{E} \cdots \xrightarrow{I} \pi_* \xrightarrow{E} v_{\pi_*} \tag{9.17}$$

其中，E 表示策略评估，I 表示策略改进。

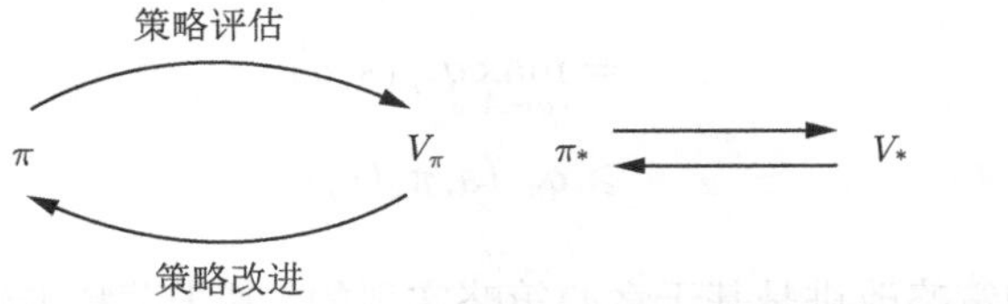

(a) 策略迭代过程　　(b) 最优策略和最优状态值函数

图 9.10　广义策略迭代（1）

在无模型的强化学习问题中，行动值函数比状态值函数更容易被评估。因此，利用蒙特卡洛法求解最优策略时，目标是寻找最优状态-行动值函数。除此之外，每轮策略评估时只基于单个交互序列（Episode）进行状态-行动值更新，然后根据策略改进算法提取下一轮的策略，进而产生新的交互序列，以进行下一轮的策略评估，后面以此类推进行迭代交互更新。

蒙特卡洛法用于求解无模型的强化学习问题，图 9.11 画出了基于蒙特卡洛思想求解强化学习控制问题时的思路。例如，假设当前策略为 π_k，基于单个交互序列的数据，通过策略评估算法更新策略 π_k 所对应的状态-行动值函数 $q_{\pi_k}(s,a)$，再根据策略改进原理找到比策略 π_k 更优的策略 π_{k+1}。在整个蒙特卡洛控制过程中，策略估计和策略改进依次迭代，最终将会得到最优状态-行动值 q_{π_*} 和最优策略 π_*，具体过程示例如下：

$$\pi_0 \xrightarrow{E} q_{\pi_0} \xrightarrow{I} \pi_1 \xrightarrow{E} q_{\pi_1} \xrightarrow{I} \pi_2 \xrightarrow{E} \cdots \xrightarrow{I} \pi_* \xrightarrow{E} q_{\pi_*} \tag{9.18}$$

其中，E 表示策略评估，I 表示策略改进。

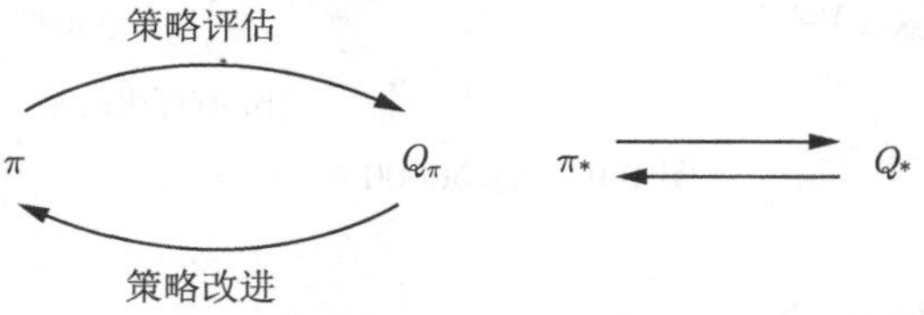

(a) 策略迭代过程　　(b) 最优策略和最优状态-行动值函数

图 9.11　广义策略迭代（2）

回顾策略改进原理，策略改进是基于式子 $v_{\pi'}(s) = q_\pi(s,a_*) \geqslant q_\pi(s,a)$，其中，最优行动 $a_* = \underset{a\in A}{\operatorname{argmax}}\, q_\pi(s,a)$。

在蒙特卡洛法中，策略改进同样是基于贪心策略，对于任意给定的状态-行动值函数 q，相应的贪心策略是

$$\pi(s) \doteq \underset{a\in A}{\operatorname{argmax}}\, q(s,a), \quad \forall s \in S \tag{9.19}$$

蒙特卡洛法的策略改进基于式 (9.20)：

$$\begin{aligned} q_{\pi_k}(s,\pi_{k+1}(s)) &= q_{\pi_k}(s, \underset{a\in A}{\operatorname{argmax}}\, q_{\pi_k}(s,a)) \\ &= \max_{a\in A} q_{\pi_k}(s,a) \\ &\geqslant q_{\pi_k}(s,\pi_k(s)) \end{aligned} \tag{9.20}$$

基于蒙特卡洛的策略改进是基于贪心策略实现的，基于蒙特卡洛的策略迭代过程如图 9.12 所示，策略改进和策略评估迭代进行，最终找到强化学习问题的最优策略。

在强化学习问题中，可能的状态-行动对有很多，但是在求解控制问题时，很多状态-行动对可能没有被访问到，这对蒙特卡洛法的准确度有影响。通常从两个方面解决这个问题：模拟次数足够多；初始状态随机化。

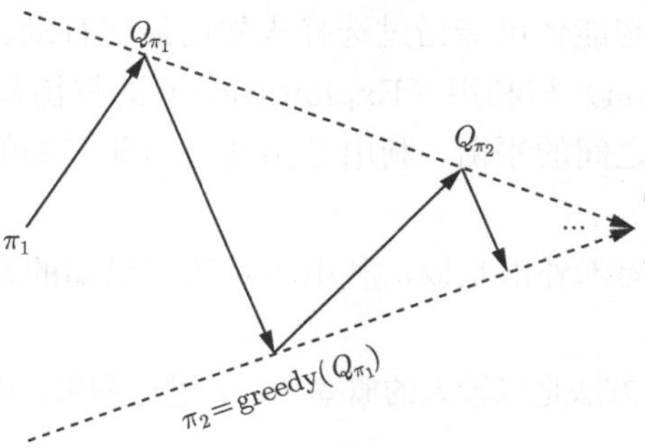

图 9.12　蒙特卡洛策略迭代

模拟次数足够多是使用蒙特卡洛法的前提，下面给出探索初始状态（Exploring Start, ES）的蒙特卡洛控制算法。

算法 9.3: 探索初始状态的蒙特卡洛控制

初始化 $q(s,a), \pi(s), \forall s \in S, a \in A$;
初始化长期回报序列 $g\text{List}(s) = [], \forall s \in S$;
初始化模拟总次数 N，计数器 $i = 0$;
repeat
　策略评估阶段;
　随机选择初始状态 $S_0 \in S, A_0 \in A$;
　（所有状态都可能被选中为初始状态）;
　从初始状态开始，依据策略 π 生成完整的交互序列 epi_i;
　foreach $(s,a) \in \text{epi}_i$ **do**
　　计算 (s,a) 在 epi_i 中第一次出现时获得的 $G_i(s,a)$;
　　$g\text{List}(s,a).\text{append}(G_i(s,a))$;
　　$q(s,a) = \text{sum}(\text{gList}(s,a))/\text{len}(\text{gList}(s,a))$;
　策略改进阶段;
　foreach $(s) \in \text{epi}_i$ **do**
　　$\pi(s) = \underset{a \in A}{\text{argmax}}\, q(s,a)$
　$i+=1$;
until $i < N$;

探索初始状态的蒙特卡洛控制算法需要保证所有状态都可能被选中为初始状态，这个要求不现实，很难在实际强化学习问题中得到保证。

在探索初始状态的蒙特卡洛控制算法中，我们采用了贪心策略

$$\pi(s) = \underset{a \in A}{\text{argmax}}\, q(s,a) \tag{9.21}$$

采用贪心策略时，智能体每次都会在已知行动中选择状态-行动值最大的行动。然而，在未知行动中，有可能存在更优的行动。

如果采用贪心策略，智能体可能错过选择未知的最优行动。

回顾探索（Exploration）与利用（Exploitation）的权衡问题，强化学习问题中最重要的是获得探索与利用之间的平衡，利用是指选择当前已知的最优行动，探索是指探索未知的行动。

举一个例子，家人想周末外出吃饭，利用就是选择已知的最好吃的餐厅，探索就是选择没去过的餐厅。

权衡探索与利用的基本方法是以较大的概率 $1-\epsilon$ 进行利用，以较小的概率 ϵ 进行探索。

$$\epsilon-\text{贪心策略}:\begin{cases}\text{利用最佳行动的概率}:1-\epsilon\\ \text{探索非最佳行动的概率}:\epsilon\end{cases} \tag{9.22}$$

柔性策略（Soft Policy）：如果 $\pi(a|s)>0$ 对所有 $s\in S,a\in A$ 都成立，则称策略 π 是柔性的（Soft）。

ϵ-柔性策略（ϵ-Soft Policy）：如果 $\pi(a|s)>\dfrac{\epsilon}{|A(s)|}$ 对所有 $s\in S,a\in A$ 都成立，则称策略 π 是 ϵ-柔性的（ϵ-Soft）。

ϵ-柔性策略（$\epsilon-$Soft Policy）的公式如下：

$$\pi(a|s)=\begin{cases}1-\epsilon+\dfrac{\epsilon}{|A(s)|} & a=A_*\\ \dfrac{\epsilon}{|A(s)|} & a\neq A_*\end{cases} \tag{9.23}$$

该方法既保证了以较大概率 $1-\epsilon+\dfrac{\epsilon}{|A(s)|}$ 选择最优行动，也保证其他行动以较小的概率 $\dfrac{\epsilon}{|A(s)|}$ 被选择，保证了智能体能够探索未知的行动。

选择所有动作的总概率为 1。

$$\begin{aligned}p&=1-\epsilon+\frac{\epsilon}{|A(s)|}\\&\quad+\frac{\epsilon(|A(s)|-1)}{|A(s)|}\\&=1\end{aligned} \tag{9.24}$$

ϵ-贪心策略是 ϵ-柔性的（此处 ϵ 具体指的是 $\dfrac{\epsilon}{|A(s)|}$），因为对所有 $s\in S,a\in A$ 都有

$$\pi(a|s)>\frac{\epsilon}{|A(s)|} \tag{9.25}$$

采用 ϵ-贪心策略时，所有行动被选择到的概率为 p。

$$p\geqslant\frac{\epsilon}{|A(s)|} \tag{9.26}$$

基于 ϵ-贪心策略的第一次访问蒙特卡洛控制算法如下所示。

在基于 ϵ-贪心策略的第一次访问蒙特卡洛控制算法中，策略评估和策略改进迭代进行，最终找到强化学习问题的最优策略。该算法中的策略评估采用的是第一次访问蒙特卡洛预测算法。

若智能体当前的策略为 π，基于 ϵ-贪心策略找到策略 π'，则有

$$
\begin{aligned}
v_{\pi'}(s) &= \sum_a \pi'(a|s)q_\pi(s,a) \\
&= \frac{\epsilon}{|A(s)|}\sum_{a,a\neq a_*} q_\pi(s,a) + \left(1-\epsilon+\frac{\epsilon}{|A(s)|}\right) q_\pi(s,a=a_*) \\
&= \frac{\epsilon}{|A(s)|}\sum_{a,a\neq a_*} q_\pi(s,a) + \frac{\epsilon}{|A(s)|} q_\pi(s,a=a_*) + (1-\epsilon)q_\pi(s,a=a_*) \\
&= \frac{\epsilon}{|A(s)|}\sum_{a} q_\pi(s,a) + (1-\epsilon)q_\pi(s,a=a_*)
\end{aligned} \tag{9.27}
$$

算法 9.4: 基于 ϵ-贪心策略的第一次访问蒙特卡洛控制

初始化 $q(s,a), \pi(s), \forall s \in S, a \in A$;
初始化长期回报序列 $g\text{List}(s) = [], \forall s \in S$;
初始化模拟总次数 N;
初始化计数器 $i = 0$;
repeat
  策略评估阶段;
  依据策略 π 生成完整的交互序列 epi_i;
  foreach $(s,a) \in \text{epi}_i$ **do**
    计算 (s,a) 在 epi_i 中第一次出现时获得的 $G_i(s,a)$;
    $g\text{List}(s,a).\text{append}(G_i(s,a))$;
    $q(s,a) = \text{sum}(\text{gList}(s,a))/\text{len}(\text{gList}(s,a))$;
  策略改进阶段;
  foreach $s \in \text{epi}_i$ **do**
    $A_* = \underset{a\in A}{\text{argmax}}\, q(s,a)$;
    forall $a \in A(s)$ **do**
      $\pi(a|s) = \begin{cases} 1-\epsilon+\dfrac{\epsilon}{|A(s)|} & a = A_* \\ \dfrac{\epsilon}{|A(s)|} & a \neq A_* \end{cases}$;
  $i+=1$;
until $i < N$;

从式 (9.27) 可以看出，ϵ-贪心策略以概率 $\dfrac{\epsilon}{|A(s)|}$ 选择所有行动（其中包含最优行动），以概率 $1-\epsilon$ 选择最优行动，这是编程实现 ϵ-贪心策略时采用的方法。

策略改进是指针对原策略 π，采用 ϵ-贪心策略找到的新策略 π'，有 $v_{\pi'}(s) \geqslant v_\pi(s)$ 成立。

可以证明采用 ϵ-贪心策略满足策略改进原理。

$$\begin{aligned}
v_{\pi'}(s) &= \frac{\epsilon}{|A(s)|}\sum_a q_\pi(s,a) + (1-\epsilon)q_\pi(s,a=a_*) \\
&= \frac{\epsilon}{|A(s)|}\sum_a q_\pi(s,a) + (1-\epsilon)\frac{1-\epsilon}{1-\epsilon}q_\pi(s,a=a_*) \\
&= \frac{\epsilon}{|A(s)|}\sum_a q_\pi(s,a) + (1-\epsilon)\frac{\sum_a \pi(a|s) - \sum_a \frac{\epsilon}{|A(s)|}}{1-\epsilon}q_\pi(s,a=a_*) \\
&= \frac{\epsilon}{|A(s)|}\sum_a q_\pi(s,a) + \left(\sum_a \pi(a|s) - \sum_a \frac{\epsilon}{|A(s)|}\right)q_\pi(s,a=a_*) \\
&\geqslant \frac{\epsilon}{|A(s)|}\sum_a q_\pi(s,a) + \left(\sum_a \pi(a|s) - \sum_a \frac{\epsilon}{|A(s)|}\right)q_\pi(s,a) \\
&= \frac{\epsilon}{|A(s)|}\sum_a q_\pi(s,a) + \sum_a \pi(a|s)q_\pi(s,a) - \sum_a \frac{\epsilon}{|A(s)|})q_\pi(s,a) \\
&= \sum_a \pi(a|s)q_\pi(s,a) \\
&= v_\pi(s)
\end{aligned}$$

由于 $v_{\pi'}(s) \geqslant v_\pi(s)$，因此，$\pi'$ 是 π 的策略改进。

例 9.7 基于 Gym 中的 21 点游戏环境，试采用基于 ϵ-贪心策略的第一次访问蒙特卡洛控制算法 9.3，求解该游戏中玩家的最优策略。

解 参考代码如下，

```
#导入相关包
import gym
import matplotlib
import numpy as np
from collections import defaultdict
from gym.envs.toy_text.blackjack import BlackjackEnv

#实例化 gym 中自带的 blackjack 环境
env = BlackjackEnv()
```

```
#epsilon_greedy() 函数的输入中，nA 为行动空间的大小
def epsilon_greedy(Q, epsilon, nA):
    def policy(state):
        A_prob = np.ones(nA) * epsilon / nA
        best_action = np.argmax(Q[state])
        A_prob[best_action] += (1 - epsilon)
        return A_prob
    return policy
```

```
#epsilon_greedy() 函数返回 policy() 函数
#policy() 函数的输入是状态，输出是根据 epsilon_greedy() 采取各个行动的概率
```

```
from collections import defaultdict
global QList
QList = defaultdict(lambda:defaultdict(list))
#QList = {state:{action1:[value1,value2,...], action2:[value1,value2,...]}}
global Q
Q = defaultdict(lambda: np.zeros(env.action_space.n))
#Q = {state:[action1-average-value, action2-average-value]}
```

```
def mc_control(env, discount, epsilon, n):
    policy = epsilon_greedy(Q, epsilon, env.action_space.n)
    for i in range(n):
        epi = [ ]
        state = env.reset()
        while(True):
            prob = policy(state)
            action = np.random.choice(np.arange(len(prob)), p=prob)
            next_state, reward, done, _ = env.step(action)
            epi = epi + [(state, action, reward)]
            if done:
                break
            state = next_state

        state_action_pairs = set([(tuple(x[0]), x[1]) for x in epi])
        for state, action in state_action_pairs:
            state_action = (state, action)
            #找到 (s,a) 第一次出现的下标
            first_occur_idx = next(i for i,x in enumerate(epi) \
                                   if x[0] == state and x[1] == action)
            #计算 (s,a) 的回报
            G = sum([x[2] * (discount ** i) for i, x in enumerate(epi[first_occur_idx:])])
            QList[state][action].append(G)
        Q[state][action] = sum(QList[state][action]) / len(QList[state][action])
```

```
#主函数
if __name__ == "__main__":
    n = 500000
    discount = 1
    epsilon = 0.1
    mc_control(env, discount, epsilon, n)
    Vs = defaultdict(float)
    for state, actions in Q.items():
        #actions = [action1-average-value, action2-average-value]
        action_value = np.max(actions)
        #action_value = max(action1-average-value, action2-average-value)
        Vs[state] = action_value #Vs 即最优状态值函数
```

模拟总次数 $n = 500000$，程序运行后的结果如图 9.13 所示，其中，图 9.13(a) 给出了无可用的 A 时，所有状态下的最优状态值，图 9.13(b) 给出了有可用的 A 时，所有状态下的最优状态值。

由结果可以看出，图 9.13(a) 中蓝色部分占比多，图 9.13(b) 中橙色部分占比多。由此可见，在 21 点游戏中，有可用 A 时玩家的获胜概率要大于无可用 A 的情况。

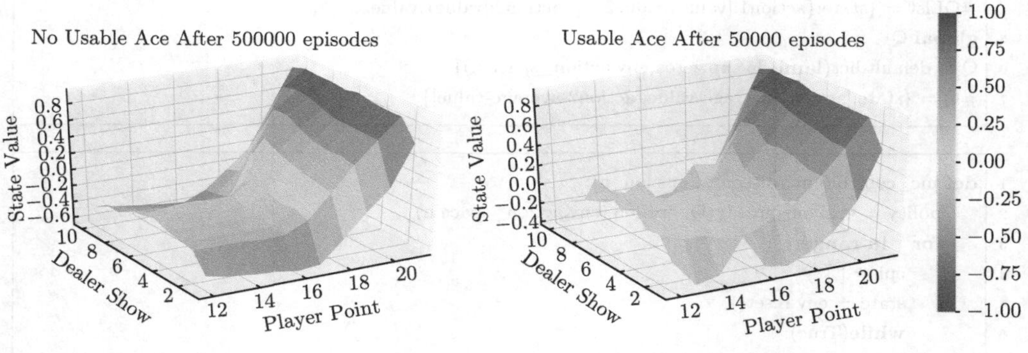

(a) 无可用的A　　(b) 有可用的A

图 9.13　n=500000

9.5 增量均值法

在蒙特卡洛法中，需要求解序列的均值。预测算法和控制算法在计算过程中保存了各个状态的长期回报，最后再求平均值。这种方法需要消耗大量的存储空间，这里介绍如何使用增量法计算均值。

现在我们定义序列 $x_1, x_2, \cdots, x_k, \cdots$ 分别为同一个状态在 k 个交互序列中的回报（Return）值。

序列 $x_1, x_2, \cdots, x_k, \cdots$ 的平均值 μ_k 为

$$\begin{aligned}\mu_k &= \frac{1}{k}\Big(\sum_{i=1}^{k} x_i\Big) = \frac{1}{k}\Big(\sum_{i=1}^{k-1} x_i + x_k\Big) \\ &= \frac{1}{k}\Big((k-1)\mu_{k-1} + x_k\Big) \\ &= \mu_{k-1} + \frac{1}{k}(x_k - \mu_{k-1}) \end{aligned} \tag{9.28}$$

该式与梯度上升法中的更新公式 $\theta_t = \theta_{t-1} + \alpha\nabla_\theta J$ 十分相似，可将 $\frac{1}{k}$ 看作学习率 α，将 $x_k - \mu_{k-1}$ 看作目标函数的梯度 $\nabla_\theta J$ [39]。

因此，可以采用增量均值法计算状态值函数的均值：

$$v(S_t^k) = v(S_t^{k-1}) + \alpha\big(G_t^k - v(S_t^{k-1})\big) \tag{9.29}$$

此处，$\alpha = \frac{1}{k}$。

增量均值法只需要保存第 $k-1$ 轮计算得到的均值 $v(S_t^{k-1})$，同时利用第 k 次试验获得的 G_t^k，即可计算第 $1 \sim k$ 轮的状态值函数均值 $v(S_t^k)$。

第一次访问蒙特卡洛预测-增值均值法算法如下所示。

算法 9.5: 第一次访问蒙特卡洛预测-增量均值法

输入: 待评估策略 π

输出: 状态值函数 $v_\pi(s), \forall s \in S$

初始化 $v_\pi(s) = 0, \forall s \in S$;
初始化状态 s 的更新轮数 $k(s) = 0, \forall s \in S$;
初始化模拟总次数 N;
初始化计数器 $i = 0$;
repeat
 生成一个完整的交互序列 epi_i;
 foreach $s \in \text{epi}_i$ **do**
  if s 在 epi_i 中是第一次出现 **then**
   计算 $G_i(s)$;
   $k(s) \leftarrow k(s) + 1$;
   $v_\pi(s) \leftarrow v_\pi(s) + \dfrac{1}{k(s)}(G_i(s) - v_\pi(s))$;
 $i += 1$;
until $i < N$;

9.6 本章小结

本章主要介绍了采用蒙特卡洛法求解强化学习预测和控制问题。蒙特卡洛法依旧遵循了广义策略迭代的机制，涉及策略评估和策略改进两个过程的交叉迭代。相对于动态规划法，蒙特卡洛法在没有环境模型的情况下，仅通过与环境互动产生随机样本就可学习到最优策略。蒙特卡洛法中每一个随机样本必须是一个完整的交互序列，这个机制使得蒙特卡洛法能专门针对一部分的状态进行准确的估计，而无须考虑全局的准确估计。蒙特卡洛法无须基于后续状态的值函数估计对当前状态的期望回报进行估计，即没有使用动态规划中的自举（Bootstrapping）思想。

值得注意的是，蒙特卡洛法需要保证足够多的探索。如果每次只选择当前最佳行动，一些潜在能带来高回报的行动将会被忽略。因此，在求解蒙特卡洛控制问题时，我们会选择确保模拟次数足够多或引入 ϵ-柔性策略解决探索和利用的权衡问题。相对于传统的 ϵ-策略，柔性策略会根据当前对行动的评估值为每个行动分配合适的概率。

第 10 章继续介绍另外一种类似的强化学习方法——时序差分法，它延续了蒙特卡洛法从经验中学习的做法，并同时保留了动态规划中的自举思想。

第10章

时序差分法

学习目标与要求

1. 掌握时序差分法的基本原理。
2. 掌握 TD(0) 预测与控制问题求解。
3. 掌握蒙特卡洛法和时序差分法之间的关系。
4. 了解 n 步预测与控制问题求解。

时序差分法

为了应对不同的现实控制问题，针对具体情况的不同，需要设计不同的求解方法。蒙特卡洛法需要计算每一个完整交互序列的回报，这要求交互序列能在有限步内达到终止状态。因此，蒙特卡洛法无法解决那些需要智能体持续与环境互动并做出决策的控制问题。

时序差分法（Temporal-Difference Learning, TD 法）作为另外一种解决最优控制问题的方法，延续了蒙特卡洛法的无模型求解思想，采取了从交互经验数据中进行学习的机制；同时，它也保留了动态规划法中的自举思想，基于后续状态的估计值更新当前状态的估计值。最重要的是，时序差分法无须等待一个完整交互序列的结束即可进行学习。

10.1 TD(0) 预测

回顾状态值函数的定义式（贝尔曼方程），状态 $S_t = s$（$S_{t+1} = s'$）在策略 π 下的状态值函数 v_s 为

$$\begin{aligned} v_\pi(s) &\doteq E_\pi[G_t|S_t = s] \\ &= E_\pi[R_{t+1} + \gamma v(s')|S_t = s] \end{aligned} \tag{10.1}$$

动态规划法通过式 (10.2) 计算状态值函数：

$$v_\pi(S_t) = \sum_a \pi(a|S_t)\Big[R^a_{S_t} + \gamma \sum_{S_{t+1}} p^a_{S_t S_{t+1}} v_\pi(S_{t+1})\Big] \tag{10.2}$$

蒙特卡洛法通过式 (10.3) 计算状态值函数：

$$v(S_t) = v(S_t) + \alpha\big[G_t - v(S_t)\big] \tag{10.3}$$

动态规划法和蒙特卡洛法的图解如图 10.1 所示，可以看出，动态规划法求解状态 S_t 的状态值函数时，需要利用所有后续状态 S_{t+1}。蒙特卡洛法求解状态 S_t 的状态值函数时，需要等一个完整序列结束。

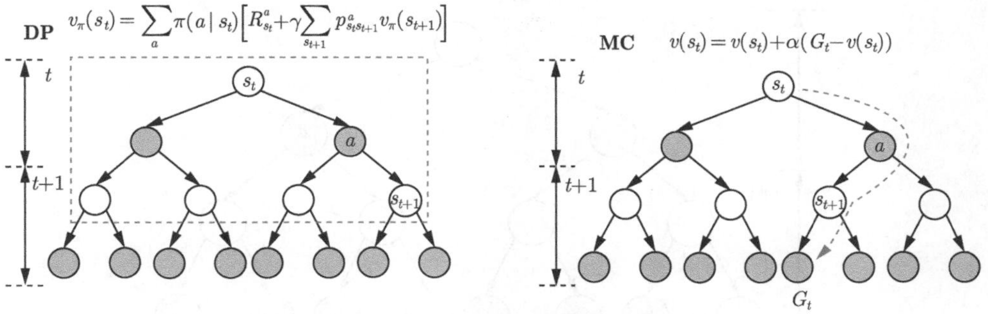

图 10.1 动态规划法和蒙特卡洛法的图解

时序差分法是无模型的强化学习方法，借鉴了动态规划法的自举思路，同时基于多次重复实验（借鉴蒙特卡洛法）进行值函数学习。其中，时序差分法在每个时刻都会进行一次值估计，而无须等一个完整交互序列结束。

基于式 (10.1)，可以不再如蒙特卡洛法那样对采样回报求平均，而是对当前即时奖励与下一个状态的折现值之和的采样值求平均。因此，根据 $G_t = R_{t+1} + \gamma v_\pi(S_{t+1})$，有

$$\begin{aligned} v(S_t) &= v(S_t) + \alpha\big[G_t - v(S_t)\big] \\ &= v(S_t) + \alpha\big[R_{t+1} + \gamma v_\pi(S_{t+1}) - v(S_t)\big] \end{aligned} \tag{10.4}$$

此时，我们已经引入自举思想来估计当前状态值。

综上所述，基于更新规则 $v(S_t) = v(S_t) + \alpha\big[R_{t+1} + \gamma v_\pi(S_{t+1}) - v(S_t)\big]$ 的时序差分法被称为 TD(0) 法，或者一步时序差分法。

其中，$R_{t+1} + \gamma v_\pi(S_{t+1})$ 被称为 TD 目标，$\delta \doteq R_{t+1} + \gamma v_\pi(S_{t+1}) - v(S_t)$ 被称为 TD 误差。

TD(0) 法的图解如图 10.2 所示。

TD(0) 预测算法如算法 10.1 所示。

例 10.1 某个马尔可夫奖励过程 MRP 的状态空间为 $S = \{A, B\}$，折现因子 $\gamma = 1$，经过 8 次试验，得到 8 个序列，$[A,0,B,0]$, $[B,1]$, $[B,1]$, $[B,1]$, $[B,1]$, $[B,1]$, $[B,1]$, $[B,0]$，其中，$[A,0,B,0]$ 表示初始状态为 A，转移到状态 B 获得的奖励为 0，由状态 B 转移至终止状态获得的奖励为 0。试分析 $v(A)$ 与 $v(B)$ 的值。

解 本例通过 8 次试验得到 8 个样本序列 $E_i|_{i=1}^{8}$，状态 B 在 8 次试验中均有出现，$G^1(B) = 0$, $G^2(B) = 1$, $G^3(B) = 1$, $G^4(B) = 1$, $G^5(B) = 1$, $G^6(B) = 1$, $G^7(B) = 1$, $G^8(B) = 0$，基于蒙特卡洛法有

$$v(B) = E[G|S = B]$$

$$= \frac{1}{8} \times (0+1+1+1+1+1+1+0) = \frac{3}{4} \tag{10.5}$$

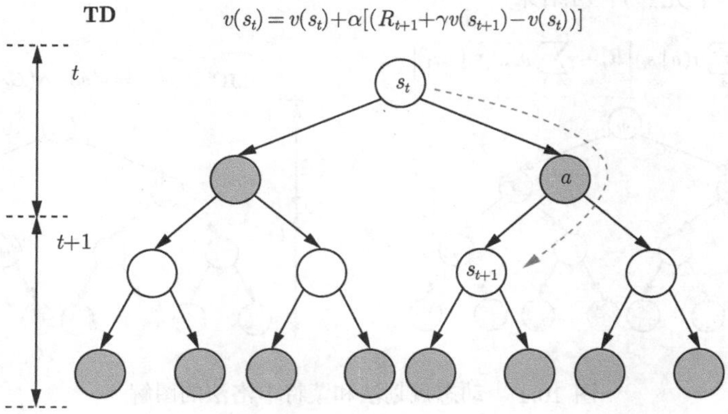

图 10.2　TD(0) 法的图解

算法 10.1: TD(0) 预测

输入: 待评估策略 π

输出: 状态值函数 $v_\pi(s), \forall s \in S$

初始化值函数 $v_\pi(s) = 0, \forall s \in S$;
初始化折现因子 γ，步长因子 α;
初始化模拟总次数 N，计数器 $i = 0$;
repeat
　生成初始状态 s;
　repeat
　　依据策略 π 选出行动 a;
　　执行行动 a, 获得奖励 R，以及下一个状态 s';
　　$\delta = R + \gamma * v_\pi(s') - v_\pi(s)$;
　　$v_\pi(s) = v_\pi(s) + \alpha * \delta$;
　　$s = s'$;
　until s 是最终状态;
　$i+=1$;
until $i < N$;

8 次试验中，状态 A 只在第一次试验出现，$G^1(A) = 0$，基于蒙特卡洛法有

$$v(A) = E[G|S = A] = \frac{0 \times 1}{1} = 0 \tag{10.6}$$

由于状态 A 在 8 次试验中只出现一次，因此采用蒙特卡洛法估算 $v(A)$ 并不准确。根据 8 次试验结果，画出 MRP 的状态转移概率图（见图 10.3）。

基于动态规划法，状态 A 的状态值函数为

$$\begin{aligned} v(A) &= E[R+\gamma v(B)|A] \\ &= E[v(B)|A] = \frac{3}{4} \end{aligned} \tag{10.7}$$

基于 TD(0) 法，状态 A 的状态值函数为

$$\begin{aligned} v(A) &= v(A) + \alpha[R+\gamma v(B) - v(A)] \\ &= 0 + 1 \times [0 + 1 \times v(B) - 0] \\ &= v(B) = \frac{3}{4} \end{aligned} \tag{10.8}$$

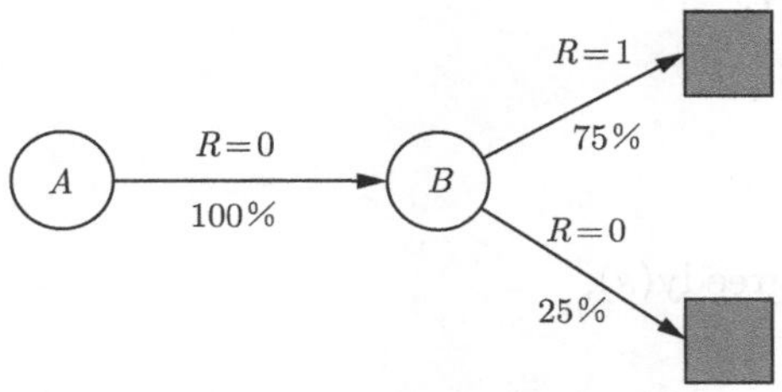

图 10.3 MRP 的状态转移概率图

10.2 TD(0) 控制：Sarsa(0) 算法

与蒙特卡洛法相同，TD(0) 控制也是基于广义策略迭代（GPI）的思想，利用策略评估和策略改进交互迭代的方法，寻找最优策略，从而求解强化学习控制问题。

在无模型的强化学习问题中，行动值函数比状态值函数更容易被评估。与蒙特卡洛控制一样，TD(0) 控制的目标是寻找最优状态-行动值函数，并提取出最佳策略。

TD(0) 控制算法有时也被称作 Sarsa(0) 算法。Sarsa 由当前状态 S、行动 A、奖励 R、后继状态 S'、行动 A' 这 5 个元素组合而来。这也指出了 TD(0) 控制引入后继状态-行动价值估计学习当前状态-行动价值估计，即采用了自举思想。

如蒙特卡洛法一样，这里也可采用增量均值法估计状态-行动值函数的均值

$$q(S_t, A_t) = q(S_t, A_t) + \alpha\big(G_t - q(S_t, A_t)\big) \tag{10.9}$$

接下来，基于马尔可夫决策过程的贝尔曼方程引入自举法，即采用 $G_t = R_{t+1} + \gamma q(S_{t+1}, A_{t+1})$ 后，就有

$$q(S_t, A_t) = q(S_t, A_t) + \alpha\big(R_{t+1} + \gamma q(S_{t+1}, A_{t+1}) - q(S_t, A_t)\big) \tag{10.10}$$

若 $S_t = s, A_t = a$，$S_{t+1} = s', A_{t+1} = a'$，则 TD(0) 法计算状态-行动值函数的更新规则可简写为

$$q(s, a) = q(s, a) + \alpha\big(R + \gamma q(s', a') - q(s, a)\big) \tag{10.11}$$

一般地，将 $R+\gamma q(s',a')-q(s,a)$ 记为 δ，有

$$\delta = R+\gamma q(s',a')-q(s,a) \tag{10.12}$$

则 TD(0) 法计算状态-行动值函数的更新规则可写为

$$q(s,a) = q(s,a)+\alpha * \delta \tag{10.13}$$

TD(0) 控制-Sarsa 算法如算法 10.2 所示。

算法 10.2: TD(0) 控制-Sarsa 算法

初始化 $q(s,a)=0, \forall s \in S, a \in A$;
初始化折现因子 γ，步长因子 α;
初始化模拟总次数 N;
初始化计数器 $i=0$;
repeat
    生成初始状态 s;
    选出行动 $a=\epsilon\text{-greedy}(s)$;
    repeat
        执行行动 a, 获得奖励 R，以及下一个状态 s';
        选出行动 $a'=\epsilon\text{-greedy}(s')$;
        $\delta = R+\gamma * q(s',a')-q(s,a)$;
        $q(s,a)=q(s,a)+\alpha * \delta$;
        $s=s'$;
        $a=a'$;
    until s 是最终状态;
    $i+=1$;
until $i<N$;

TD(0) 控制算法在行动选择上采用了与蒙特卡洛法控制中类似的方法，即根据 ϵ-贪心策略以及当前状态-行动值选出每一时刻的行动。但相对于蒙特卡洛控制算法，TD(0) 控制算法在每一时刻都根据当前状态-行动值进行策略改进。

值得一提的是，为了保证 TD(0) 控制算法收敛，一种常用的方法是随着策略迭代的进行逐渐降低 ϵ 的值，即逐渐减小探索的可能性。除此之外，若算法的运行时间足够长，TD(0) 算法能保证得到准确的状态-行动值估计。

例 10.2 悬崖漫步（Cliff Walk）问题。

如图 10.4 所示的网格世界，长为 12，宽为 4。其中，S(3,0) 为初始点，T(3,11) 为目标终点，图中阴影部分为悬崖。总共有 48 个状态，图中红色数字为状态编号，例如初始点 S(3,0) 的状态编号为 36。智能体从初始点出发，可以向上、下、左、右 4 个方

向移动，每一个行动得到的奖励为 -1，当智能体进入悬崖时，获得的奖励为 -100，并且智能体被送回至初始点。只有当智能体到达目标终点，一个完整的交互序列才结束。

(1) 分析 Gym 中自带 Cliff Walking 环境。

(2) 采用 Sarsa 算法求解该问题中的最优路径。

解 (1) 分析 Gym 中自带 Cliff Walking 环境①。

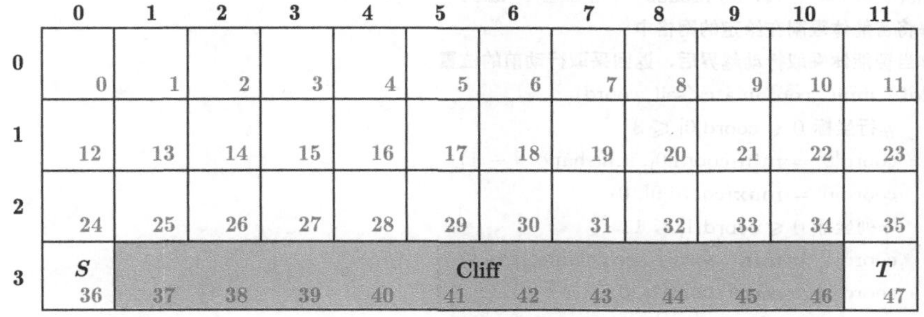

图 10.4 悬崖漫步

为了深入理解 Cliff Walking 环境的源代码，首先梳理一下 Gym 的相关知识点。

Gym 工具库由一系列的环境（Environment）组成，这些环境都有一个共享的接口，方便使用者调用去实现强化学习算法。Gym 的环境基类在 core.py② 文件中，环境基类 Env 主要包括 reset、step、seed、render、close 这 5 个 API 方法，自己编写的定制环境主要是改写这 5 个 API 方法。

这 5 个方法完成的功能分别是：reset，在一个交互序列开始前调用，功能是初始化环境，并返回智能体对环境的观察（Observation）；step，模拟环境的动态性，功能是将环境推到下一个时间节点，输入智能体的动作（Action），返回一个包含观察、奖励（Reward）、环境是否结束的旗标（Done）、一些辅助信息（Info）；seed，设置环境中伪随机数生成器的种子，避免环境中的多个伪随机数生成器之间存在关联关系；render，渲染环境，参数 model = 'human' 表示渲染到当前的显示终端，参数 model = 'rgb_array' 返回各个 $x-y$ 像素图像的 rgb 值，方便以视频的形式显示，参数 model = 'ansi' 返回文本形式的字符串；close，关闭环境，一般不需要重写。

下面正式开始分析 Gym 中自带 Cliff Walking 环境的源代码。

```
#导入相关包
import numpy as np
import sys
from gym.envs.toy_text import discrete
```

```
#行动方向：上、下、左、右
UP = 0
```

① https://github.com/openai/gym/blob/master/gym/envs/toy_text/cliffwalking.py.

② https://github.com/openai/gym/blob/master/gym/core.py.

```
RIGHT = 1
DOWN = 2
LEFT = 3
```

```
class CliffWalkingEnv(discrete.DiscreteEnv):
    #metadata，设置显示模式
    metadata = {'render.modes': ['human', 'ansi']}
    #将智能体限制在给定的网格中
    #当智能体采取行动越界后，返回采取行动前的位置
    def _limit_coordinates(self, coord):
        #行坐标 0 ⩽ coord[0] ⩽ 3
        coord[0] = min(coord[0], self.shape[0] - 1)
        coord[0] = max(coord[0], 0)
        #列坐标 0 ⩽ coord[1] ⩽ 11
        coord[1] = min(coord[1], self.shape[1] - 1)
        coord[1] = max(coord[1], 0)
        return coord

    #计算转移概率，返回 [(probability, next_state, reward, done)]
    def _calculate_transition_prob(self, current, delta):
        #新状态的坐标：new_position
        new_position = np.array(current) + np.array(delta)
        #新状态越界时强制返回上一个状态的坐标
        new_position = self._limit_coordinates(new_position).astype(int)
        #将坐标值转换为状态编号
        new_state = np.ravel_multi_index(tuple(new_position), self.shape)
        if self._cliff[tuple(new_position)]:
            return [(1.0, self.start_state_index, -100, False)]

        terminal_state = (self.shape[0] - 1, self.shape[1] - 1)
        is_done = tuple(new_position) == terminal_state
        return [(1.0, new_state, -1, is_done)]

    def __init__(self):
        #4 行，12 列的网格
        self.shape = (4, 12)
        #给出起始坐标，start_state_index = 36
        self.start_state_index = np.ravel_multi_index((3, 0), self.shape)
        #有 4 行 12 列由 0 到 47 的数字，选取第 4 行第 1 列的数字，即 36
        nS = np.prod(self.shape) #nS=4*12，共 48 个状态
        nA = 4 #上、下、左、右共 4 个行动
        #设置悬崖标识符，悬崖标记为 True，非悬崖标记为 False
        self._cliff = np.zeros(self.shape, dtype=np.bool)
        self._cliff[3, 1:-1] = True
        #计算转移概率矩阵和奖励
        P = {}
        for s in range(nS):
            #将状态 s 的下标赋值给 position
            position = np.unravel_index(s, self.shape)
            P[s] = {a: [ ] for a in range(nA)}
```

```
            #P[s]={0: [ ], 1: [ ], 2: [ ], 3: [ ]}
            P[s][UP] = self._calculate_transition_prob(position, [−1, 0])
            P[s][RIGHT] = self._calculate_transition_prob(position, [0, 1])
            P[s][DOWN] = self._calculate_transition_prob(position, [1, 0])
            P[s][LEFT] = self._calculate_transition_prob(position, [0, −1])
        #设置初始状态分布（initial state distribution, isd）
        #初始点 isd[36] = 1，其余均为 0
        isd = np.zeros(nS)
        isd[self.start_state_index] = 1.0
        super(CliffWalkingEnv, self).__init__(nS, nA, P, isd)

    def render(self, mode='human'):
        outfile = sys.stdout
        for s in range(self.nS):
            position = np.unravel_index(s, self.shape)
            if self.s == s:
              #x 表示当前位置
                output = " x "
            elif position == (3, 11):
              #T 表示终点
                output = " T "
            elif self._cliff[position]:
              #C 表示悬崖
                output = " C "
            else:
              #o 表示除初始点、终点和悬崖的其他普通位置
                output = " o "
            if position[1] == 0:
              #若为第一列，则截掉字符串左边的空格
                output = output.lstrip()
            if position[1] == self.shape[1] − 1:
                output = output.rstrip()
                #若为最后一列，则截掉字符串右边的空格并换行
                output += '\n'
            outfile.write(output)
        outfile.write('\n')
```

(2) 采用 Sarsa 算法求解该问题中的最优路径。

```
#导入相关包
import gym
import matplotlib
import numpy as np
from collections import defaultdict
from gym.envs.toy_text.cliffwalking import CliffWalkingEnv
```

```
#实例化环境 CliffWalkingEnv
env = CliffWalkingEnv()
```

```
#epsilon_greedy() 返回 policy() 函数
#policy() 函数的输入是状态，输出是根据 epsilon_greedy() 采取各个行动的概率
def epsilon_greedy(Q, epsilon, nA):
    def policy(state):
        A_prob = np.ones(nA) * epsilon / nA
        best_action = np.argmax(Q[state])
        A_prob[best_action] += (1 - epsilon)
        return A_prob
    return policy
```

```
def sarsa(env, n, discount=1.0, epsilon=0.1, alpha=0.5):
    #Q = state:[action1-value, action2-value]
    Q = defaultdict(lambda: np.zeros(env.action_space.n))
    policy = epsilon_greedy(Q, epsilon, env.action_space.n)
    for i in range(n):
        state = env.reset()
        while(True):
            #在状态 state 下，根据策略 policy，计算行动概率
            prob = policy(state)
            #采取行动：action
            action = np.random.choice(np.arange(len(prob)), p=prob)
            #行动 action 导致下一个状态 next_state
            next_state, reward, done, _ = env.step(action)
            #在状态 next_state 下，根据策略 policy，计算行动概率
            next_action_prob = policy(next_state)
            #采取行动：next_action
            next_action = np.random.choice(np.arange(len(next_action_prob)), p=
        next_action_prob)
            #基于 sarsa 核心公式更新状态-行动值函数 Q
            td_error = reward + discount * Q[next_state][next_action] - Q[state][action]
            Q[state][action] = Q[state][action] + alpha * td_error
            if done:
                break
            state = next_state
            action = next_action
    return Q
```

```
def td_render(Q):
    state = env.reset()
    while True:
        #根据 Sarsa 算法得到的 Q 寻找最优路径
        next_state, reward, done, _ = env.step(np.argmax(Q[state]))
        env.render()
        if done:
            break
        state = next_state
```

```
Q = sarsa(env, 1000)
td_render(Q)
```

根据 Sarsa 算法，找到 Cliff Walking 问题的最优路径（用 x 表示），如图 10.5 所示。

```
x  x  x  x  x  x  x  x  x  x  x  x
x  o  o  o  o  o  o  o  o  o  o  x
x  o  o  o  o  o  o  o  o  o  o  x
x  C  C  C  C  C  C  C  C  C  C  x
```

图 10.5　基于 Sarsa 算法的最优路径

10.3　n 步时序差分预测

蒙特卡洛法和时序差分法各有优劣，但蒙特卡洛法和时序差分法之间并不存在不可逾越的鸿沟，甚至可以将两者进行统一。如果实现蒙特卡洛法和时序差分法之间的平滑过渡，就可以根据具体任务进行个性化设置，以更好地平衡使用两者的优点。

如果将蒙特卡洛法和时序差分法看成解决最优控制问题的两端，则本节提出的 n 步时序差分方法就把两端之间的区域给“填充”了，使得两者之间能互相过渡转换。

首先简单回顾一下蒙特卡洛法和一步时序差分法的原理。蒙特卡洛法会等到一个交互序列结束后计算回报 G，用于策略评估和策略改进；一步时序差分法则是在每一步根据当前奖励和自举思想更新值函数，并优化策略。这时，我们会考虑是否存在一种基于蒙特卡洛法和一步时序差分法之间的方法。具体来说，我们希望归纳出一种基于多步奖励（步数不超过所有总步数）的 n 步时序差分法（n-step TD Methods，n=1, 2, 3, $\cdots$），

$$
\begin{aligned}
n = 1 :& G_{t:t+1} \doteq R_{t+1} + \gamma v_t(S_{t+1}) \\
n = 2 :& G_{t:t+2} \doteq R_{t+1} + \gamma R_{t+2} + \gamma^2 v_{t+1}(S_{t+2}) \\
& \vdots \\
n = n :& G_{t:t+n} \doteq R_{t+1} + \gamma R_{t+2} + \cdots + \gamma^{n-1} R_{t+n} + \gamma^n v_{t+n-1}(S_{t+n}) \\
n = \infty :& G_t \doteq R_{t+1} + \gamma R_{t+2} + \cdots + \gamma^{T-1} R_T
\end{aligned}
\tag{10.14}
$$

当 $n=1$ 时，即 TD(0) 预测和控制求解算法，并将 $G_{t:t+1}$ 称作一步回报（One-step Return）；当 $n=\infty$ 时，时序差分法就退化成了蒙特卡洛法；而当 $1<n<\infty$ 时，即我们所说的 n 步时序差分法，并将 $G_{t:t+n}$ 称作 n 步回报（n-step Return）。

了解 n 步时序差分法的具体定义后，本节主要就 n 步时序差分预测（n-step TD Prediction）过程进行阐述。

类似于 TD(0) 预测，有以下状态值更新规则：

$$
v_{t+n}(S_t) \doteq v_{t+n-1}(S_t) + \alpha[G_{t:t+n} - v_{t+n-1}(S_t)], \quad 0 \leqslant t < T \tag{10.15}
$$

其中 $v_{t+n}(s) = v_{t+n-1}(s), s \neq S_t$，即除了状态 S_t 的值函数更新之外，其他状态保持不变。

n 步时序差分法-预测算法如算法 10.3 所示。

算法 10.3: n 步时序差分法-预测

任意初始化 $v(s)$，$\forall s \in S$;
初始化折现因子 γ，步长因子 $\alpha \in (0, 1]$，正整数 n;
初始化模拟总次数 N，计数器 $i = 0$;
被存储的奖励 R_t 和状态 S_t 都可通过 mod n（与 n 取模）获得它们的索引;
repeat
    $t = 0$;
    $T = \infty$;
    生成初始状态 S_0;
    repeat
        if $t < T$ **then**
            依据策略 $\pi(\cdot|S_t)$ 选出行动 A_t;
            执行行动 A_t，获得并存储奖励 R_{t+1}，以及下一个状态 S_{t+1};
            如果 S_{t+1} 是最终状态，则令 $T = t + 1$;
        $\tau = (t + 1) - n$，此时对 τ 时刻的状态 S_τ 进行更新;
        if $\tau \geqslant 0$ **then**
            $G = \sum_{i=\tau+1}^{\min(\tau+n, T)} \gamma^{i-\tau-1} R_i$;
            如果 $\tau + n < T$，则令 $G = G + \gamma^n v(S_{\tau+n})$;
            $v(S_\tau) = v(S_\tau) + \alpha[G - v(S_\tau)]$;
        $t += 1$;
    until $\tau = T - 1$;
    $i += 1$;
until $i < N$;

10.4 n 步时序差分控制：n 步 Sarsa 算法

n 步时序差分法-控制算法如算法 10.4 所示。

在 n 步时序差分预测问题求解的基础上，我们能很快得到 n 步时序差分控制问题的求解方法。它将 n 步时序差分思想与 Sarsa 算法结合，我们称之为 n 步 Sarsa 算法（n-step Sarsa）。

算法 10.4 展示了 n 步时序差分控制法的算法过程。

算法 10.4: n 步时序差分法-控制

输入: 待评估策略 π

输出: 状态-行动值函数 $q_*(s,a), \forall s \in S, a \in A$，最优策略 π_*

随机初始化 $q(s,a)$，$\forall s \in S, a \in A$;

初始化设置 π 服从基于 q 值的 ϵ-贪心机制;

初始化折现因子 γ，较小的 $\epsilon > 0$，步长因子 $\alpha \in (0,1]$，正整数 n;

初始化模拟总次数 N，计数器 $i = 0$;

被存储的奖励 R_t 和状态 S_t 都可通过 mod n 获得它们的索引;

repeat

    $t = 0$;

    $T = \infty$;

    生成初始状态 S_0;

    选出并存储初始行动 $A_0 \sim \pi(\cdot|S_0)$;

    repeat

        if $t < T$ **then**

            执行行动 A_t，获得奖励 R_{t+1}，以及下一个状态 S_{t+1};

            if S_{t+1} 是最终状态 **then**

                $T = t + 1$;

            else

                选出并存储行动 $A_{t+1} \sim \pi(\cdot|S_{t+1})$;

        $\tau = (t+1) - n$，此时对 τ 时刻的状态-行动值 q_τ 进行更新;

        if $\tau \geqslant 0$ **then**

            $G = \sum_{i=\tau+1}^{\min(\tau+n,T)} \gamma^{i-\tau-1} R_i$;

            如果 $\tau + n < T$，则令 $G = G + \gamma^n q(S_{\tau+n}, A_{\tau+n})$;

            $q(S_\tau, A_\tau) = q(S_\tau, A_\tau) + \alpha[G - q(S_\tau, A_\tau)]$;

            基于 q 和 ϵ-贪心机制对策略 $\pi(\cdot|S_{t+1})$ 进行改进;

        $t+ = 1$;

    until $\tau = T - 1$;

    $i+ = 1$;

until $i < N$;

因此，n 步 Sarsa 算法主要通过引入状态-行动值估计和 ϵ-贪心策略实现。

n 步时序差分控制的状态-行动值更新规则如下：

$$q_{t+n}(S_t, A_t) \doteq q_{t+n-1}(S_t, A_t) + \alpha[G_{t:t+n} - q_{t+n-1}(S_t, A_t)], \quad 0 \leqslant t < T \tag{10.16}$$

基于状态-行动值估计的 n 步回报 $G_{t:t+n}$ 定义为

$$G_{t:t+n} \doteq R_{t+1} + \gamma R_{t+2} + \cdots + \gamma^{n-1} R_{t+n} + \gamma^n q_{t+n-1}(S_{t+n}, A_{t+n}), \quad n \geqslant 1, 0 \leqslant t < T-n \tag{10.17}$$

10.5 本章小结

本章主要介绍了一步时序差分法和 n 步时序差分法的预测与控制。时序差分法的学习过程无须建立在环境模型之上，相对于蒙特卡洛法，它不用以完整交互序列为单位进行策略评估和策略改进。

首先，从一步时序差分法中初窥如何利用经验学习以及自举法实现每一步的策略改进，而无须等一个交互序列结束。接下来，n 步时序差分法打通了一步时序差分法和蒙特卡洛法之间的“通道”，其作为一种更加灵活的时序差分法在面对实际问题时表现更佳。

第11章

异策略学习概述

学习目标与要求

1. 掌握重要性采样的原理。
2. 掌握异策略学习的原理。
3. 掌握异策略蒙特卡洛控制算法。
3. 掌握异策略时序差分控制算法。

异策略学习概述

强化学习是一个与环境互动的学习过程，然而现实世界中很多问题（如自动驾驶）都无法在真实环境中进行策略评估。直接在真实环境互动产生序列的方法不仅可能代价昂贵，也会存在很高的安全风险。异策略学习是解决这类问题的主要理论基础。在强化学习控制的过程中，若行动遵循的行动策略（Behavior Policy）和被评估的目标策略（Target Policy）是同一个策略，则称为同策略学习（On-policy Learning）；若行动遵循的行动策略和被评估的目标策略是不同的策略，则称为异策略学习（Off-policy Learning）。

通俗来说，同策略学习中，用于采样的策略和我们要学习的策略是一致的；异策略学习中，需要学习的是一个策略，而用于采样的是另一个策略。在异策略学习中，我们对一个策略（目标策略）的评估是基于（行动策略）所产生的交互数据进行的。

在本书中，除非明确声明为异策略学习，其余情况都默认为同策略学习。

11.1 重要性采样

11.1.1 基本重要性采样

重要性采样（Importance Sampling）是统计学中用于估计未知分布性质的常用方法。该方法通过对与原分布不同的另一个分布进行采样，用于估计原分布的性质。

异策略学习就是基于重要性采样的原理实现的。

假设原分布的概率密度函数为 $p(x)$，如果直接对原分布进行采样，采样点的方差小，我们可采用蒙特卡洛法估计原分布的性质；如果直接对原分布进行采样，采样点的方差大，此时可以引入另一个不同的分布，其概率密度函数为 $q(x)$，基于无意识统计学家定律有

$$\begin{aligned}E_{x\sim p(x)}[h(x)] &= \int_x h(x)p(x)\mathrm{d}x \\ &= \int_x h(x)\frac{p(x)}{q(x)}q(x)\mathrm{d}x \\ &= E_{x\sim q(x)}\left[h(x)\frac{p(x)}{q(x)}\right] \\ &= E_{x\sim q(x)}[h(x)w(x)]\end{aligned} \tag{11.1}$$

式 (11.1) 中，当 $q(x)=0$ 时，$h(x)p(x)=0$。此时，原问题（求解 $h(x)$ 在 $p(x)$ 分布下的期望）被转换成求解 $h(x)w(x)$ 在 $q(x)$ 分布下的期望。其中，$w(x)$ 被称为重要性权重（Importance Weight）

$$w(x)=\frac{p(x)}{q(x)} \tag{11.2}$$

结合大数定律和式 (11.2) 有

$$\begin{aligned}E_{x\sim p(x)}[h(x)] &= E_{x\sim q(x)}[h(x)w(x)] \\ &= \frac{1}{N}\sum_{i=1}^{N}[h(x_i)w(x_i)]\end{aligned} \tag{11.3}$$

其中，重要性权重为

$$w(x_i)=\frac{p(x_i)}{q(x_i)} \tag{11.4}$$

因为 $E_{x\sim p(x)}[h(x)]=E_{x\sim q(x)}[h(x)w(x)]$，所以，基于重要性采样的估计为无偏估计（Unbiased Estimate），即估计的数学期望等于真实的数学期望。

接下来分析重要性采样方法的方差。

首先回顾方差的定义式，随机变量 X 的方差为 $\mathrm{Var}[X]=E[X^2]-(E[X])^2$。

因此有

$$\begin{aligned}\mathrm{Var}_{x\sim q(x)}[h(x)w(x)] &= E_{x\sim q(x)}\left[\big(h(x)w(x)\big)^2\right]-\Big(E_{x\sim q(x)}\big[h(x)w(x)\big]\Big)^2 \\ &= \int_x h^2(x)\frac{p^2(x)}{q^2(x)}q(x)\mathrm{d}x-\big(E_{x\sim p(x)}[h(x)]\big)^2 \\ &= \int_x h^2(x)\frac{p^2(x)}{q(x)}\mathrm{d}x-\big(E_{x\sim p(x)}[h(x)]\big)^2\end{aligned} \tag{11.5}$$

若式 (11.6) 成立时，

$$q(x)=\frac{h(x)p(x)}{E_{x\sim p(x)}[h(x)]} \tag{11.6}$$

$$
\begin{aligned}
\mathrm{Var}_{x\sim q(x)}[h(x)w(x)] &= \int_x h^2(x)\frac{p^2(x)}{q(x)}\mathrm{d}x - \left(E_{x\sim p(x)}[h(x)]\right)^2 \\
&= E_{x\sim p(x)}[h(x)]\int_x h(x)p(x)\mathrm{d}x - \left(E_{x\sim p(x)}[h(x)]\right)^2 \\
&= \left(E_{x\sim p(x)}[h(x)]\right)^2 - \left(E_{x\sim p(x)}[h(x)]\right)^2 \\
&= 0
\end{aligned} \tag{11.7}
$$

即当采样点服从概率密度函数为 $q(x) = \dfrac{h(x)p(x)}{E_{x\sim p(x)}[h(x)]}$ 的分布时，重要性采样的方差为零。

虽然我们无法知道 $q(x)$ 的准确取值，但是式 (11.6) 给我们提供了选择 $q(x)$ 的指导。期望值 $E_{x\sim p(x)}[h(x)]$ 为常数，有 $q(x) \propto h(x)p(x)$。基于 $p(x)$ 设计采样策略时，应当使得采样点向 $h(x)$ 值大的地方倾斜。

例 11.1　如图 11.1 所示，随机变量 X 服从均值 $\mu = 0$，标准差 $\sigma = 1$ 的正态分布，其概率密度函数为 $p(x) = \dfrac{1}{\sqrt{2\pi}}\exp\left(-\dfrac{x^2}{2}\right)$。

现有关于该随机变量的函数，$h(x) = 6\exp\big(-10*(x-3)^4\big)$。

(1) 试采用蒙特卡洛法对函数 $h(x)$ 进行采样，计算采样点的均值和方差。

(2) 试采用重要性采样法对函数 $h(x)$ 进行采样，计算采样点的均值和标准差。

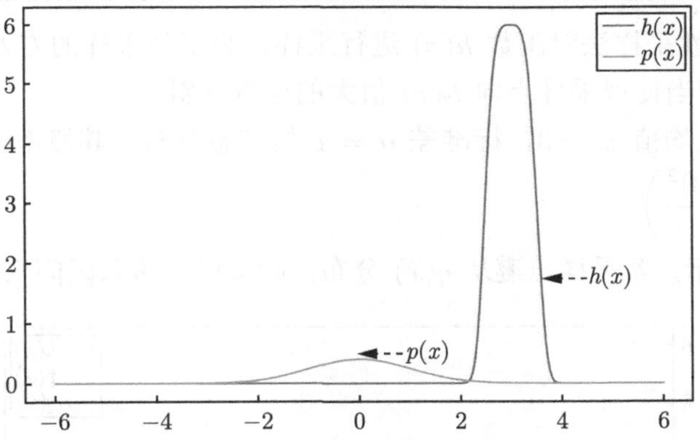

图 11.1　例 11.1 配图

解　分析随机变量 X 和函数 $h(x)$ 的分布，如图 11.1 所示，随机变量 X 的概率密度函数 $p(x)$ 在横坐标区间 $[-2,2]$ 外的取值几乎为 0，函数 $h(x)$ 在横坐标区间 $[2,4]$ 外的取值几乎为 0。

如果直接用随机变量 X 对函数 $h(x)$ 进行采样，可想而知，在区间 $[-2,2]$ 内采样的概率大，在区间 $[2,4]$ 内采样的概率小，采样结果失真。

首先给出 $p(x)$ 和 $h(x)$ 的定义。

```
#导入相关包
import numpy as np
#在 jupyter 中显示 matplotlib 画的图
%matplotlib inline
import matplotlib.pyplot as plt
```

```
#输入 x：随机变量的值，u: 均值，sigma: 标准差
#输出 x 的概率密度值
def gaussian(x, u, sigma): #正态分布也叫高斯分布
    return np.exp(-(x-u)**2/(2*sigma*sigma))/np.sqrt(2*np.pi*sigma*sigma)
```

```
#定义 h(x)
def h_func(x):
    return 6*np.exp(-10*(x-3)**4)
```

(1) 采用蒙特卡洛法对函数 $h(x)$ 进行采样。

```
#蒙特卡洛法
def MC(x):
    hx = h_func(x)
    return np.mean(hx), np.std(hx)
```

(2) 采用重要性采样法对函数 $h(x)$ 进行采样，为了使采样的方差小，基于 $p(x)$ 设计采样策略时，应当使得采样点向 $h(x)$ 值大的地方倾斜。

令采样点服从均值 $\mu=3$，标准差 $\sigma=1$ 的正态分布，其概率密度函数为 $q(x)=\dfrac{1}{\sqrt{2\pi}}\exp\left(-\dfrac{(x-3)^2}{2}\right)$。

如图 11.2 所示，若采样点遵从 $q(x)$ 分布，则采样点落入区间 $[2,4]$ 的概率会增大。

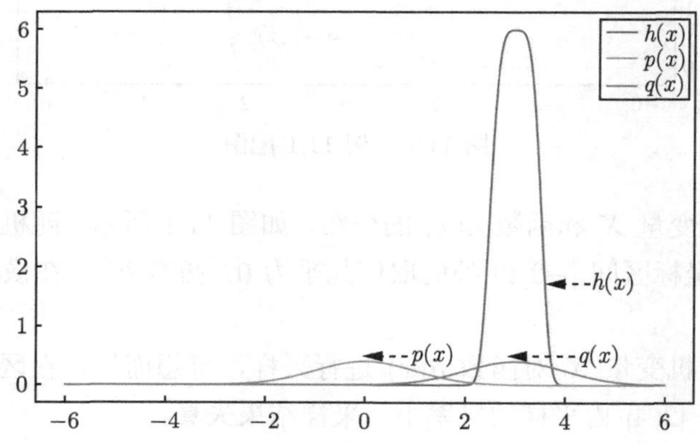

图 11.2　重要性采样设计 $q(x)$

```
#重要性采样
def IS(x):
    y = 3 + x
    hx = h_func(y)
    px = gaussian(y, 0, 1)
    qx = gaussian(y, 3, 1)
    hw= hx *px / qx
    return np.mean(hw), np.std(hw)
```

```
if __name__ == "__main__":
    n = 10000
    x = np.random.randn(n,1)
    MC_mean, MC_std = MC(x)
    IS_mean, IS_std = IS(x)
    print(f'MC_mean={MC_mean}, MC_std={MC_std}')
    print(f'IS_mean={IS_mean}, IS_std={IS_std}')
```

最终结果为：

$$\begin{cases} \text{MC\_mean} = 0.0388, \text{MC\_std} = 0.4210 \\ \text{IS\_mean} = 0.0393, \text{IS\_std} = 0.0548 \end{cases} \tag{11.8}$$

从结果可见，虽然蒙特卡洛法和重要性采样得到采样点的均值差不多，但是，蒙特卡洛法的标准差远大于重要性采样。

这是因为采用蒙特卡洛法，基于随机变量 X 对函数 $h(x)$ 进行采样时，绝大部分采样点分布在 $[-2,2]$ 区间，在此区间内，函数 $h(x)$ 的值几乎为零。

重要性采样法基于 $q(x)$ 对函数 $h(x)$ 进行采样，使得采样点向 $h(x)$ 值大的地方倾斜，减少了采样的方差。

在强化学习的异策略学习中，行动遵循的行动策略和评估采用的目标策略是不同的策略，但是基于重要性采样原理，我们能保证无偏估计的同时，方差也足够小。

11.1.2　自归一化重要性采样

重要性采样的原理实现为

$$\begin{aligned} E_{x\sim p(x)}[h(x)] &= E_{x\sim q(x)}\left[h(x)\frac{p(x)}{q(x)}\right] \\ &= E_{x\sim q(x)}[h(x)w(x)] \end{aligned} \tag{11.9}$$

式 (11.9) 假设可以计算出 $p(x)$ 和 $q(x)$ 的值，但是该假设在实际情况中很难成立。下面介绍自归一化重要性采样（Self-normalized Importance Sampling）。

令 C_p 和 C_q 为常数，假设有

$$\begin{cases} \tilde{p}(x) = C_p \times p(x) \\ \tilde{q}(x) = C_q \times q(x) \end{cases} \tag{11.10}$$

因为 $\int_x p(x)=1$，$\int_x q(x)=1$，所以有

$$\begin{cases} C_p=\int_x \tilde{p}(x)\mathrm{d}x \\ C_q=\int_x \tilde{q}(x)\mathrm{d}x \\ \dfrac{C_p}{C_q}=\int_x \dfrac{\tilde{p}(x)}{\tilde{q}(x)}q(x)\mathrm{d}x=\int_x \tilde{w}(x)q(x)\mathrm{d}x \end{cases} \tag{11.11}$$

式 (11.11) 的推导过程如下：

$$C_p=C_p\int_x p(x)\mathrm{d}x=\int_x C_p\times p(x)\mathrm{d}x=\int_x \tilde{p}(x)\mathrm{d}x$$

$$C_q=C_q\int_x q(x)\mathrm{d}x=\int_x C_p\times q(x)\mathrm{d}x=\int_x \tilde{q}(x)\mathrm{d}x$$

$$\begin{aligned}\frac{C_p}{C_q}&=\frac{\int_x \tilde{p}(x)\mathrm{d}x}{C_q}=\int_x \frac{1}{C_q}\tilde{p}(x)\mathrm{d}x=\int_x \frac{q(x)}{\tilde{q}(x)}\tilde{p}(x)\mathrm{d}x=\int_x \frac{\tilde{p}(x)}{\tilde{q}(x)}q(x)\mathrm{d}x\\ &=\int_x \tilde{w}(x)q(x)\mathrm{d}x\end{aligned}$$

$$\begin{aligned}E_{x\sim p(x)}[h(x)]&=\int_x h(x)p(x)\mathrm{d}x\\ &=\int_x h(x)\frac{p(x)}{q(x)}q(x)\mathrm{d}x\\ &=\int_x h(x)\frac{\tilde{p}(x)}{C_p}\frac{C_q}{\tilde{q}(x)}q(x)\mathrm{d}x\\ &=\frac{C_q}{C_p}\int_x h(x)\frac{\tilde{p}(x)}{\tilde{q}(x)}q(x)\mathrm{d}x\\ &=\frac{C_q}{C_p}\int_x h(x)\tilde{w}(x)q(x)\mathrm{d}x\end{aligned} \tag{11.12}$$

将 $\dfrac{C_p}{C_q}=\int_x \tilde{w}(x)q(x)\mathrm{d}x$ 代入式 (11.12) 可得

$$E_{x\sim p(x)}[h(x)]=\frac{\int_x h(x)\tilde{w}(x)q(x)\mathrm{d}x}{\int_x \tilde{w}(x)q(x)\mathrm{d}x}=\frac{E_{x\sim q(x)}[h(x)\tilde{w}(x)]}{E_{x\sim q(x)}\tilde{w}(x)} \tag{11.13}$$

用服从 $q(x)$ 分布的随机变量进行采样，由大数定律可知

$$E_{x\sim p(x)}[h(x)]=\frac{\frac{1}{N}\sum_{i=1}^{N}\tilde{w}(x_i)h(x_i)}{\frac{1}{N}\sum_{i=1}^{N}\tilde{w}(x_i)}$$

$$=\frac{\sum_{i=1}^{N}\tilde{w}(x_i)h(x_i)}{\sum_{i=1}^{N}\tilde{w}(x_i)} \tag{11.14}$$

自归一化重要性采样是有偏估计，当 $N\to\infty$ 时，几乎是无偏的估计。

上述推导过程不要求掌握，只需要掌握自归一化重要性采样的实现原理为

$$E_{x\sim p(x)}[h(x)]=\frac{\sum_{i=1}^{N}\tilde{w}(x_i)h(x_i)}{\sum_{i=1}^{N}\tilde{w}(x_i)} \tag{11.15}$$

其中，重要性权重为

$$\tilde{w}(x)=\frac{\tilde{p}(x)}{\tilde{q}(x)} \tag{11.16}$$

$E_{x\sim p(x)}[h(x)]$ 可以写成 $\sum_{i=1}^{N}\frac{\tilde{w}(x_i)}{\sum_{i=1}^{N}\tilde{w}(x_i)}h(x_i)$ 的形式，因此，基于这种形式的重要性采样被称为自归一化重要性采样。

11.2　每次访问与异策略学习

11.2.1　每次访问

在前面的内容中，我们只介绍了第一次访问。在介绍异策略学习之前，需要掌握每次访问。本节将介绍每次访问，并比较第一次访问与每次访问的区别。

为了方便介绍每次访问，需要将一个强化学习问题中所有的交互序列用统一的时刻表示。下面举例说明。

如图 11.3 所示，有 3 个完整的交互序列：Episode1、Episode2 和 Episode3。我们将所有交互序列串联起来，用统一的时刻表示，例如 Episode2 开始的时刻记为 $t=5$，Episode3 开始的时刻记为 $t=9$。

引入符号 $\tau(s)$，在第一次访问中，$\tau(s)$ 表示所有交互序列中，第一次访问状态 s 的时刻；在每次访问中，$\tau(s)$ 表示所有交互序列中，每次访问状态 s 的时刻。

在第一次访问中，状态 s 的状态值函数 $v(s)$ 等于第一次访问状态 s 获得的回报。下面以图 11.3 为例说明。Episode1 中，$t=1$ 时，第一次访问状态 s_1，获得的回报为 G_1；Episode2 中，$t=8$ 时，第一次访问状态 s_1，获得的回报为 G_8；Episode3 中，$t=10$ 时，第一次访问状态 s_1，获得的回报为 G_{10}。图 11.3 中，第一次访问状态 s_1 的时刻集

合，和第一次访问状态 s_1 的次数分别为

$$\begin{cases}\tau(s_1)=\{1,8,10\}\\|\tau(s_1)|=3\end{cases}\tag{11.17}$$

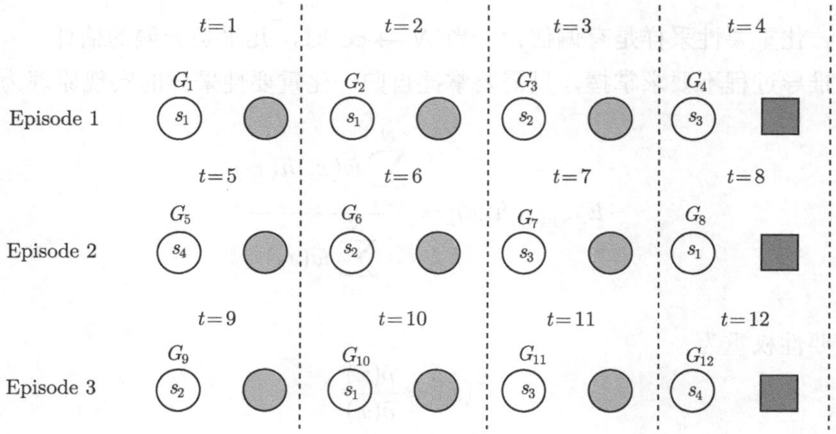

图 11.3　第一次访问与每次访问

采用蒙特卡洛法计算第一次访问状态 s_1 的状态值函数为

$$v(s_1)=\frac{G_1+G_8+G_{10}}{|\tau(s_1)|}\tag{11.18}$$

在每次访问中，状态 s 的状态值函数 $v(s)$ 等于每次访问状态 s 获得的回报。以图 11.3 为例，Episode1 中，$t=1$ 时，每次访问状态 s_1 的时刻为 $t=1$ 和 $t=2$，获得的回报为 G_1 和 G_2；Episode2 中，每次访问状态 s_1 的时刻为 $t=8$，获得的回报为 G_8；Episode 3 中，$t=10$ 时，每次访问状态 s_1，获得的回报为 G_{10}。

图 11.3 中，每次访问状态 s_1 的时刻集合和每次访问状态 s_1 的次数分别为

$$\begin{cases}\tau(s_1)=\{1,2,8,10\}\\|\tau(s_1)|=4\end{cases}\tag{11.19}$$

采用蒙特卡洛法计算每次访问状态 s_1 的状态值函数为

$$v(s_1)=\frac{G_1+G_2+G_8+G_{10}}{|\tau(s_1)|}\tag{11.20}$$

因为对所有交互序列统一编号，为了区分每个序列的结束时刻，引入符号 $T(t)$。$T(t)$ 表示 t 时刻之后第一个结束时刻，也就是时刻 t 所在序列的结束时刻。

例如，图 11.3 中，有

$$\begin{cases}T(1)=4,T(2)=4,T(3)=4,T(4)=4\\T(5)=8,T(6)=8,T(7)=8,T(8)=8\\T(9)=12,T(10)=12,T(11)=12,T(12)=12\end{cases}\tag{11.21}$$

11.2.2 异策略学习

将评估采用的目标策略记为 π，将行动遵循的行动策略记为 b。若 $\pi = b$，则为同策略学习；若 $\pi \neq b$，则为异策略学习。

异策略学习方法一般基于重要性采样原理实现，如果实际采样用的是策略 b，需要评估或改进策略 π，则需要在计算状态值函数时考虑重要性权重。

给定目标策略 π 和初始状态 S_t，出现状态-行动轨迹（State-Action Trajectory）$\{S_t, A_t, S_{t+1}, A_{t+1}, \cdots, S_{T-1}, A_{T-1}, S_T\}$ 的概率为

$$
\begin{aligned}
& P_\pi\{A_t, S_{t+1}, A_{t+1}, \cdots, S_T|S_t\} \\
= & \pi(A_t|S_t)p(S_{t+1}|S_t, A_t)\cdots\pi(A_{T-1}|S_{T-1})p(S_T|S_{T-1}, A_{T-1}) \\
= & \prod_{k=t}^{T-1} \pi(A_k|S_k)p(S_{k+1}|S_k, A_k)
\end{aligned} \tag{11.22}
$$

其中，$\pi(A_t|S_t)$ 表示采用策略 π，在状态 S_t 下采取行动 A_t 的概率；$p(S_{t+1}|S_t, A_t)$ 表示在状态 S_t 下采取行动 A_t 后，转移到状态 S_{t+1} 的概率。

同理可知，给定目标策略 b 和初始状态 S_t，出现状态-行动轨迹（State-Action Trajectory）$\{S_t, A_t, S_{t+1}, A_{t+1}, \cdots, S_{T-1}, A_{T-1}, S_T\}$ 的概率为

$$
\begin{aligned}
& P_b\{A_t, S_{t+1}, A_{t+1}, \cdots, S_T|S_t\} \\
= & b(A_t|S_t)p(S_{t+1}|S_t, A_t)\cdots b(A_{T-1}|S_{T-1})p(S_T|S_{T-1}, A_{T-1}) \\
= & \prod_{k=t}^{T-1} b(A_k|S_k)p(S_{k+1}|S_k, A_k)
\end{aligned} \tag{11.23}
$$

在一个强化学习系统中，状态转移概率 $p(S_{t+1}|S_t, A_t)$ 不会因为智能体采用策略的不同而改变，因此，基于重要性采样原理，得到重要性权重为

$$
\begin{aligned}
\rho_{t:T-1} &= \frac{P_\pi\{A_t, S_{t+1}, A_{t+1}, \cdots, S_T|S_t\}}{P_b\{A_t, S_{t+1}, A_{t+1}, \cdots, S_T|S_t\}} \\
&= \frac{\prod\limits_{k=t}^{T-1} \pi(A_k|S_k)p(S_{k+1}|S_k, A_k)}{\prod\limits_{k=t}^{T-1} b(A_k|S_k)p(S_{k+1}|S_k, A_k)} \\
&= \prod_{k=t}^{T-1} \frac{\pi(A_k|S_k)}{b(A_k|S_k)}
\end{aligned} \tag{11.24}
$$

基于基本重要性采样计算状态值函数，为

$$
v(s) = \frac{\sum\limits_{t\in\tau(s)} \rho_{t:T-1}G_t}{|\tau(s)|} \tag{11.25}
$$

基于自归一化重要性采样计算状态值函数，为

$$v(s) = \frac{\sum\limits_{t \in \tau(s)} \rho_{t:T-1} G_t}{\sum\limits_{t \in \tau(s)} \rho_{t:T-1}} \tag{11.26}$$

基本重要性采样是无偏估计，自归一化重要性采样是有偏估计，采样点数越多，自归一化重要性采样的偏差越小。自归一化重要性采样较易实现，并且自归一化重要性采样的方差一般比基本重要性采样小。在实际应用中，我们一般采用自归一化重要性采样。

下面分析如何使用增量均值法计算状态值函数。

回顾长期回报 G_t 的定义式

$$\begin{aligned} G_t &\doteq R_{t+1} + \gamma R_{t+2} + \gamma^2 R_{t+3} + \cdots \\ &= R_{t+1} + \gamma G_{t+1} \end{aligned} \tag{11.27}$$

假设有一个如图 11.4 所示的交互序列，则基于长期回报的定义式有

$$\begin{cases} G_{T-1} = R_T + \gamma G_T = R_T \\ G_{T-2} = R_{T-1} + \gamma G_{T-1} \\ \quad\quad \vdots \end{cases} \tag{11.28}$$

$$\begin{matrix} S_0, A_0, R_1, S_1, A_1, R_2 \cdots S_{T-2}, A_{T-2}, R_{T-1}, S_{T-1}, A_{T-1}, R_T, S_T \\ G_0 \quad\quad\quad G_1 \cdots \quad\quad\quad G_{T-2} \quad\quad\quad G_{T-1} \end{matrix}$$

图 11.4　一个完整的交互序列

基于自归一化重要性采样计算状态值函数，为

$$v_t = \frac{\sum\limits_{i=1}^{t-1} W_i G_i}{\sum\limits_{i=1}^{t-1} W_i} \tag{11.29}$$

使用增量均值法计算状态值函数，为

$$v_{t+1} = v_t + \frac{W_t}{\sum\limits_{i=1}^{t} W_i}[G_t - v_t] \tag{11.30}$$

其中，

$$\begin{cases} C_0 = 0 \\ C_t = C_{t-1} + W_t \end{cases} \tag{11.31}$$

由于长期回报的迭代性质，我们需要从 $t = T-1, T-2, \cdots, 1, 0$ 迭代求解 G_t。式 (11.30) 的推导过程如下。

$$
\begin{aligned}
v_t + \frac{W_t}{C_t}[G_t - v_t] &= v_t + \frac{W_t}{\sum_{i=1}^{t} W_i}[G_t - v_t] \\
&= \frac{\sum_{i=1}^{t-1} W_i G_i}{\sum_{i=1}^{t-1} W_i} + \frac{W_t}{\sum_{i=1}^{t} W_i}\left[G_t - \frac{\sum_{i=1}^{t-1} W_i G_i}{\sum_{i=1}^{t-1} W_i}\right] \\
&= \frac{1}{\sum_{i=1}^{t-1} W_i \sum_{i=1}^{t} W_i}\left[\sum_{i=1}^{t-1} W_i G_i \sum_{i=1}^{t} W_i + W_t G_t \sum_{i=1}^{t-1} W_i - W_t \sum_{i=1}^{t-1} W_i G_i\right] \\
&= \frac{\sum_{i=1}^{t-1} W_i G_i \left(\sum_{i=1}^{t-1} W_i + W_t\right) + W_t G_t \sum_{i=1}^{t-1} W_i - W_t \sum_{i=1}^{t-1} W_i G_i}{\sum_{i=1}^{t-1} W_i \sum_{i=1}^{t} W_i} \\
&= \frac{1}{\sum_{i=1}^{t-1} W_i \sum_{i=1}^{t} W_i}\left[\sum_{i=1}^{t-1} W_i G_i \sum_{i=1}^{t-1} W_i + W_t G_t \sum_{i=1}^{t-1} W_i G_i\right] \\
&= \frac{1}{\sum_{i=1}^{t-1} W_i \sum_{i=1}^{t} W_i}\left[\sum_{i=1}^{t-1} W_i \left(\sum_{i=1}^{t-1} W_i G_i + W_t G_t\right)\right] \\
&= \frac{1}{\sum_{i=1}^{t-1} W_i \sum_{i=1}^{t} W_i}\left[\sum_{i=1}^{t-1} W_i \sum_{i=1}^{t} W_i G_i\right] \\
&= \frac{\sum_{i=1}^{t} W_i G_i}{\sum_{i=1}^{t} W_i} = v_{t+1}
\end{aligned}
$$

11.3　异策略蒙特卡洛控制

为了保证足够的探索，蒙特卡洛法在控制算法中可以采用随机设置初始状态的方法，即探索初始状态（Exploring Start）的蒙特卡洛算法。然而，在现实世界中，如自动驾驶问题，我们很难确保任意状态的初始化。而异策略学习则很好地解决了这个问题。

本节主要介绍如何将异策略机制与蒙特卡洛法相结合。设置两个策略：负责采集完整交互序列样本的行动策略 b 和被学习的目标策略 π。一般来说，行动策略 b 为随机性策略，以确保探索，而目标策略 π 为确定性策略（如贪婪策略），以加快收敛。我们将行动策略和目标策略不同的蒙特卡洛控制（Off-policy MC Control）称为异策略蒙特卡洛控制。

基于自归一化重要性采样，我们给出每次访问的异策略蒙特卡洛算法，详见算法 11.1。

算法 11.1: 异策略蒙特卡洛控制

初始化 $q(s,a)=0, c(s,a)=0, \forall s \in S, a \in A$;
给定目标策略（贪心策略）$\pi(s)=\text{argmax}_a q(s,a)$;
给定行动策略（随机策略）b;
初始化模拟总次数 N;
初始化计数器 $i=0$;
repeat
  依据策略 b 生成完整的交互序列
  $\text{epi}=S_0, A_0, R_1, \cdots, S_{T-1}, A_{T-1}, R_T, S_T$;
  $G=0, w=1$;
  for $t=T-1, T-2, \cdots, 1, 0$ **do**
    $G_t=R_{t+1}+\gamma * G_{t+1}$;
    $c(s,a)=c(s,a)+w$;
    $q(s,a)=q(s,a)+\dfrac{w}{c(s,a)}[G_t-q(s,a)]$;
    if $a \neq \pi(s)$ **then**
      break;
    $w=w*\dfrac{1}{b(a|s)}$;
  $i+=1$;
until $i<N$;

为了加深对算法的理解，本节结合 Gym 中的 21 点游戏给出异策略蒙特卡洛控制算法的应用例子。

例 11.2 基于 Gym 中的 21 点游戏环境，试采用基于异策略蒙特卡洛控制算法，求解该游戏中玩家的最优策略。

解 本例给出了参考代码，运行结果如图 11.5 所示，给出了玩家是否使用“Usable Ace”的两种最佳值函数结果图。

```
%matplotlib inline
import gym
import matplotlib
```

```
import numpy as np
import sys

from collections import defaultdict
from envs.blackjack import BlackjackEnv
from envs.plotting import plot_value_function
matplotlib.style.use('ggplot')

env = BlackjackEnv()
```

```
#生成随机策略，输入行动空间大小，输出 policy() 函数
#policy() 函数的输入是状态，输出所有可能行动的概率
def random_policy(nA):
    A_prob = np.ones(nA, dtype=float) / nA
    def policy(state):
        return A_prob
    return policy
```

```
#生成贪婪策略，输入 Q=state: action, 输出 policy() 函数
#policy() 函数的输入是状态，输出所有可能行动的概率
def greedy_policy(Q):
    def policy(state):
        A = np.zeros_like(Q[state], dtype=float)
        best_action = np.argmax(Q[state])
        A[best_action] = 1.0
        return A
    return policy
```

```
#基于自归一化重要性采样的异策略蒙特卡洛控制
def off_policy_mc_control(env, num_epi, behavior_policy, discount = 1.0):
    #Q = state1:[action1-value, action2-value],state2:[action1-value, action2-value],...
    Q = defaultdict(lambda: np.zeros(env.action_space.n))
    #C: 权重 W 的累加值
    C = defaultdict(lambda: np.zeros(env.action_space.n))
    #通过修改 Q 寻找最优目标策略 pi
    pi = greedy_policy(Q)

    for i in range(num_epi):
        epi = [ ]
        state = env.reset()
        while(True):
            prob = behavior_policy(state)
            action = np.random.choice(np.arange(len(prob)), p=prob)
            next_state, reward, done, _ = env.step(action)
            epi = epi + [(state, action, reward)]
            if done:
                break
            state = next_state
```

```

        #回报 G，重要性权重 W
        G = 0.0
        W = 1.0
        #从后往前遍历当前 Episode，[::-1] 实现倒序
        for t in range(len(epi))[::−1]:
            state, action, reward = epi[t]
            G = reward + discount * G
            C[state][action] += W
            #增量更新 Q，间接更新了目标策略 pi
            Q[state][action] += (W / C[state][action]) * (G − Q[state][action])
            #如果行为策略选择的行动不是目标策略的行动
            #意味着 pi(s|a)=0，对应的 W=0，Q 不变，可退出当前 for 循环
            if action != np.argmax(pi(state)):
                break
            W = W * 1.0 / behavior_policy(state)[action]

    return Q, pi
```

```
if __name__ == "__main__":
    b = random_policy(env.action_space.n)
    Q, pi = off_policy_mc_control(env, num_epi=500000, behavior_policy=b, discount = 1.0)
    V = defaultdict(float)
    for state, action_values in Q.items():
        action_value = np.max(action_values)
        V[state] = action_value
    plot_value_function(V, title="Optimal Value Function")
```

11.4 异策略时序差分控制：Q-Learning

Q-Learning 算法作为异策略时序差分控制（Off-policy TD Control），与其他异策略算法一样，行动遵循的行动策略和被评估的目标策略是不同的策略。

先回顾一下同属时序差分控制的 Sarsa 算法，其状态-行动值更新规则如下：

$$q(S_t, A_t) = q(S_t, A_t) + \alpha\big(R_{t+1} + \gamma q(S_{t+1}, A_{t+1}) - q(S_t, A_t)\big) \tag{11.32}$$

21 点游戏：异策略蒙特卡洛控制的最佳值函数图如图 11.5 所示。

而对于引入异策略机制的 Q-Learning 算法，其状态-行动值更新规则如下：

$$q(S_t, A_t) = q(S_t, A_t) + \alpha\big(R_{t+1} + \gamma \max_{a'} q(S_{t+1}, a') - q(S_t, A_t)\big) \tag{11.33}$$

其中，Q-Learning 采用状态-行动值的贝尔曼最优方程表示 TD 目标中的行动值。

对比一下 Sarsa 算法和 Q-Learning 算法，在 Sarsa 算法中，新动作 a' 用于更新状态-行动值函数，并且被用于下一时刻的执行动作，这意味着行动策略与目标策略属于同一个策略；而在 Q-Learning 算法中，使用确定性策略选出的新动作 a' 只用于更新状

态-行动值函数，而不会被真正执行。当状态-行动值函数更新后，得到新状态 s'，并基于状态 s' 由 ϵ-greedy 策略选择得到执行行动 a'，这意味着行动策略与目标策略不属于同一个策略。

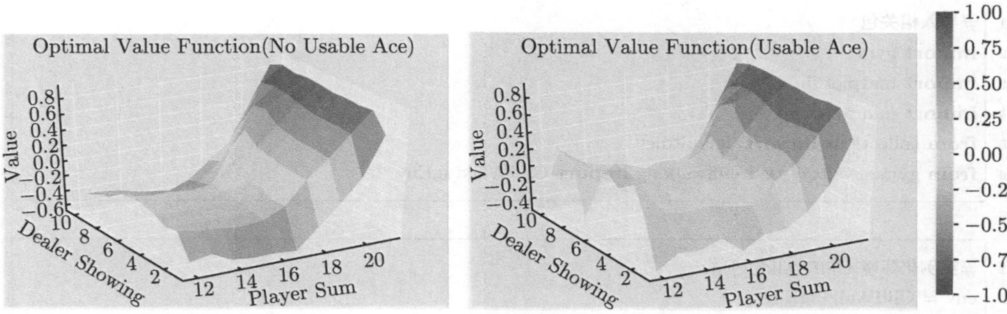

(a) 无可用的 A　　(b) 有可用的 A

图 11.5　21 点游戏：异策略蒙特卡洛控制的最佳值函数图

下面给出 Q-Learning 算法的具体过程（见算法 11.2）。

算法 11.2: 异策略时序差分控制：Q-Learning

初始化 $q(s,a)=0, \forall s \in S, a \in A$;
初始化模拟总次数 N;
初始化计数器 $i=0$;
repeat
　　生成初始状态 s;
　　repeat
　　　　$a=\epsilon\text{-greedy}(s)$;
　　　　执行行动 a, 获得奖励 R，以及下一个状态 s';
　　　　$a'=\underset{a\in A}{\operatorname{argmax}}\, q(s')$;
　　　　$\delta=R+\gamma * q(s',a')-q(s,a)$;
　　　　$q(s,a)=q(s,a)+\alpha * \delta$;
　　　　$s=s'$;
　　until s 是最终状态;
　　$i+=1$;
until $i<N$;

综上所述，相对于同策略的 Sarsa 控制算法，Q-Learning 算法采用异策略机制求解最优控制问题，在保证足够探索的情况下学习一个确定性目标策略。

为了加深对 Q-Learning 算法的理解并与 Sarsa 算法进行对比，我们同样以 Cliff Walking 最优路径问题作为例子给出对应 Q-Learning 算法的实现。

例 11.3 采用异策略时序差分控制：Q-Learning 算法求解悬崖漫步（Cliff Walk）问题。

解 本例给出了参考代码，图 11.6 为基于 Q-Learning 算法学习到的最优路径。

```
#导入相关包
import gym
import matplotlib
import numpy as np
from collections import defaultdict
from gym.envs.toy_text.cliffwalking import CliffWalkingEnv
```

```
#实例化环境 CliffWalkingEnv
env = CliffWalkingEnv()
```

```
#epsilon_greedy() 返回 policy() 函数
#policy() 函数的输入是状态，输出是根据 epsilon_greedy() 采取各个行动的概率
def epsilon_greedy(Q, epsilon, nA):
    def policy(state):
        A_prob = np.ones(nA) * epsilon / nA
        best_action = np.argmax(Q[state])
        A_prob[best_action] += (1 - epsilon)
        return A_prob
    return policy
```

```
def q_learning(env, num_epi, discount=1.0, epsilon=0.1, alpha=0.5):
    #Q = state1:[action1-value, action2-value],...
    Q = defaultdict(lambda: np.zeros(env.action_space.n))
    policy = epsilon_greedy(Q, epsilon, env.action_space.n)
    for i in range(num_epi):
        state = env.reset()
        while(True):
            #在状态 state 下，根据策略 policy，计算行动概率
            prob = policy(state)
            #采取行动：action
            action = np.random.choice(np.arange(len(prob)), p=prob)
            #行动 action 导致下一个状态 next_state
            next_state, reward, done, _ = env.step(action)
            #选择最优行动
            best_next_action = np.argmax(Q[next_state])
            Q[state][action] += alpha * (reward + discount * Q[next_state][best_next_action] - Q[
        state][action])
            if done:
                break
            state = next_state
    return Q
```

```
def td_render(Q):
    state = env.reset()
    while True:
        #根据 Sarsa 算法得到的 Q 寻找最优路径
        next_state, reward, done, _ = env.step(np.argmax(Q[state]))
        env.render()
        if done:
            break
        state = next_state
```

```
Q = q_learning(env, 1000)
td_render(Q)
```

```
o  o  o  o  o  o  o  o  o  o  o  o
o  o  o  o  o  o  o  o  o  o  o  o
x  x  x  x  x  x  x  x  x  x  x  x
x  C  C  C  C  C  C  C  C  C  C  x
```

图 11.6 基于 Q-Learning 算法学习到的最优路径

11.5 本章小结

本章主要介绍如何基于重要性采样机制实现强化学习异策略学习。基于重要性采样原理，可以用另一个分布的样本估计某个分布的期望值。基于此，我们希望能将负责互动的行动策略与被评估的目标策略分离开，以从次优策略中学习最优策略。相对于同策略学习，异策略学习优势主要有以下几点：

(1) 可以基于随机性策略学习一个确定性策略，其中随机性策略确保了对行动空间的足够探索。

(2) 可以基于之前已有的旧策略学习一个新策略，而无须从头开始。

(3) 基于异策略学习，可以用一个策略进行采样，并为多个策略学习提供样本。

V

近似求解法

第12章

值函数近似法

学习目标与要求

1. 了解近似求解法与表格求解法的区别。
2. 掌握强化学习近似求解法的基本原理。
3. 掌握值函数近似预测与控制问题求解过程。
4. 掌握线性函数逼近器的定义和应用。

值函数近似法

强化学习的基本方法包括基于模型（Model-based）的方法和无模型（Model-free）的方法。前面章节介绍了有模型的动态规划法、无模型的蒙特卡洛法和时序差分法。这些方法都是表格方法（Tabular Method），表格的大小为 $|S| \times |A|$。

表格法只适用于状态空间和行动空间是离散的情况，并且状态空间的大小 $|S|$ 和行动空间的大小 $|A|$ 不能太大。在表格法中，我们的目标是寻找最优状态值函数。

然而，在实际问题中，状态空间和行动空间都很大并且可能是连续的，我们不可能在有限的时间内找到最优解。对于实际环境中的这类复杂问题，表格法不再适用。这种情况下，可以考虑求解近似最优解 [40]，使用函数近似法求解。

本章首先讲解值函数近似法的基本概念，然后给出基于值函数近似的策略评估（预测）算法和控制算法，最后讲解线性函数逼近器。

12.1 值函数近似

传统的表格法不适用于实际环境中的复杂强化学习问题。本节探讨采用值函数近似法，用一个带参数的函数 $\hat{v}(s, \boldsymbol{w})$ 近似表示观测到的真实值 $v(s)$。这让我们想到机器学习里的监督学习，也是用一个带参数的函数 $\hat{y} = f(x, \boldsymbol{w})$ 近似表示观测到的真实值 y。

值函数近似属于监督学习的范畴，因此值函数近似法也包括 3 个重要元素：模型、指标和算法。模型用于作出决策，在值函数近似法中，模型就是函数逼近器（Function Approximator）；指标用于评价函数逼近器的好坏，采用损失函数 $L(\boldsymbol{w})$ 度量；算法用于修正模型，寻找最优的函数逼近器。

值函数近似法中值函数的求解问题就是监督学习问题，函数逼近器可以采用线性回归、决策树，以及神经网络等监督学习模型。函数逼近器可以分为线性的和非线性的两类。近年来，基于 Atari 游戏的 DQN 就是结合了 CNN 和 Q-Learning 的非线性函数逼近器。为了更好地理解基于值函数近似的预测和控制算法，本章首先仅关注线性函数逼近器，后续章节会关注以 DQN 为代表的非线性函数逼近器。

损失函数 $L(\boldsymbol{w})$ 计算预测值与真实值之间的差异程度，用于度量模型的好坏。实际强化学习问题包含大量不同的状态，我们可能更关注某一些状态，我们采用均方误差（Mean-Squared Error, MSE）作为值函数近似法的损失函数，计算公式为

$$\begin{aligned} L(\boldsymbol{w}) &= E_\pi\left[\left(v_\pi(S) - \hat{v}(S,\boldsymbol{w})\right)^2\right] \\ &= \sum_{s\in S}\mu(s)\left[v_\pi(s) - \hat{v}(s,\boldsymbol{w})\right]^2 \end{aligned} \tag{12.1}$$

其中，$\mu(s)$ 为同策略下状态的概率分布函数，一般表示在策略 π 下状态 s 发生的总时间。

这里，我们采用第 11 章介绍的随机梯度下降法作为值函数近似法的优化算法。梯度下降法的更新公式为

$$\boldsymbol{x} = \boldsymbol{x} - \alpha\nabla f(\boldsymbol{x}) \tag{12.2}$$

基于随机梯度下降法的思想，随机选择一个状态更新参数，更新公式为

$$\begin{aligned} \boldsymbol{w} &= \boldsymbol{w} - \frac{1}{2}\alpha\frac{\partial L(\boldsymbol{w})}{\partial \boldsymbol{w}}|_{S_t=s} \\ &= \boldsymbol{w} + \alpha\left[v_\pi(s) - \hat{v}(s,\boldsymbol{w})\right]\nabla_{\boldsymbol{w}}\hat{v}(s,\boldsymbol{w}) \end{aligned} \tag{12.3}$$

更新梯度中加入 $\frac{1}{2}$ 只是为了简化后续的公式。

将 $\left[v_\pi(s) - \hat{v}(s,\boldsymbol{w})\right]\nabla_{\boldsymbol{w}}\hat{v}(s,\boldsymbol{w})$ 记为 $\Delta\boldsymbol{w}$，则有

$$\begin{cases} \boldsymbol{w} = \boldsymbol{w} + \alpha\Delta\boldsymbol{w} \\ \Delta\boldsymbol{w} = \left[v_\pi(s) - \hat{v}(s,\boldsymbol{w})\right]\nabla_{\boldsymbol{w}}\hat{v}(s,\boldsymbol{w}) \end{cases} \tag{12.4}$$

12.2 值函数近似预测

值函数近似预测是求策略 π 下状态值函数 $v_\pi(s)$ 的近似值 $\hat{v}(s,\boldsymbol{w})$。

在值函数近似法的优化算法更新公式中，最重要的是求解 $\Delta\boldsymbol{w}$ 的值。

$$\Delta\boldsymbol{w} = \left[v_\pi(s) - \hat{v}(s,\boldsymbol{w})\right]\nabla_{\boldsymbol{w}}\hat{v}(s,\boldsymbol{w}) \tag{12.5}$$

在式 (12.5) 中，需要给出值函数 $v_\pi(s)$ 的目标值作为标注去训练模型。

采用蒙特卡洛法时，用于训练监督学习模型的训练数据为

$$(S_1, G_1), (S_2, G_2), \cdots, (S_T, G_T) \tag{12.6}$$

采用 TD(0) 时，用于训练监督学习模型的训练数据为

$$(S_1, R_2 + \gamma\hat{v}(S_2, \boldsymbol{w})), (S_2, R_3 + \gamma\hat{v}(S_3, \boldsymbol{w})), \cdots, (S_{T-1}, R_T) \tag{12.7}$$

随机抽取样本，记 $S_t = s$，$S_{t+1} = s'$，采用蒙特卡洛法和 TD(0) 法计算值函数的公式分别为

$$\begin{cases} v_\pi(s) = G_t \\ v_\pi(s) = R_{t+1} + \gamma\hat{v}(s') \end{cases} \tag{12.8}$$

采用蒙特卡洛法随机抽取样本更新参数时，式 (12.5) 变为

$$\Delta\boldsymbol{w} = \big[G_t - \hat{v}(s, \boldsymbol{w})\big]\nabla_{\boldsymbol{w}}\hat{v}(s, \boldsymbol{w}) \tag{12.9}$$

采用 TD(0) 随机抽取样本更新参数时，式 (12.5) 变为

$$\Delta\boldsymbol{w} = \big[R_{t+1} + \gamma\hat{v}(s', \boldsymbol{w}) - \hat{v}(s, \boldsymbol{w})\big]\nabla_{\boldsymbol{w}}\hat{v}(s, \boldsymbol{w}) \tag{12.10}$$

下面给出两个面向值函数近似预测算法的优化算法：一个是基于随机梯度下降蒙特卡洛法（Stochastic Gradient Monte Carlo Algorithm）；一个是基于半随机梯度下降 TD(0) 法（Semi-gradient TD(0) Algorithm）。

算法 12.1 给出了基于随机梯度下降和蒙特卡洛寻找状态值函数的最优近似值。基于值函数近似法的优化算法更新公式 (12.5)，算法 12.1 采用蒙特卡洛法用 G_t 作为 $v_\pi(s)$ 的真实值。

算法 12.1: 随机梯度下降蒙特卡洛法

输入: 待评估策略 π，函数逼近器 $\hat{v}$ 的模型

输出: 函数逼近器 $\hat{v}$ 的最优参数 $\boldsymbol{w}$

```
初始化参数 w;
初始化学习率 α;
初始化最大循环次数 maxLoop;
for i = 0 : maxLoop do
    用策略 π 生成一个完整的交互序列;
    for t = 0 : T − 1 do
        w = w + α[G_t − v̂(s, w)]∇_w v̂(s, w);
return w;
```

算法 12.2 给出了基于随机梯度下降和蒙特卡洛寻找状态值函数的最优近似值。基于值函数近似法的优化算法更新公式 (12.5)，算法 12.2 采用 TD(0) 法用 $R_{t+1}+\gamma\hat{v}(s')$ 作为 $v_\pi(s)$ 的估计值。

算法 12.2: 半随机梯度下降 TD(0) 法

输入: 待评估策略 π，函数逼近器 $\hat{v}$ 的模型

输出: 函数逼近器 $\hat{v}$ 的最优参数 $\boldsymbol{w}$

初始化参数 $\boldsymbol{w}$;
初始化学习率 α;
初始化模拟总次数 N;
repeat
    生成初始状态 s;
    while True **do**
        $a=\pi(s)$;
        采取行动 a，得到 R 和下一时刻的状态 s';
        $\boldsymbol{w}=\boldsymbol{w}+\alpha\big[R+\gamma\hat{v}(s',\boldsymbol{w})-\hat{v}(s,\boldsymbol{w})\big]\nabla_{\boldsymbol{w}}\hat{v}(s,\boldsymbol{w})$;
        $s=s'$;
        当 s 为终止状态时跳出当前循环;
    $i+=1$;
until $i<N$;
return $\boldsymbol{w}$;

在蒙特卡洛法中，G_t 是 $v_\pi(s)$ 的无偏估计，因此，随机梯度下降蒙特卡洛算法能找到局部最优解。在时序差分法中，$R_{t+1}+\gamma\hat{v}(s',\boldsymbol{w})$ 是 $v_\pi(s)$ 的有偏估计，算法 12.2 不是真正的随机梯度下降算法，因此我们称其为半随机梯度下降 TD(0) 法。基于上述两个优化算法，可以构建值函数近似法中的函数逼近器，从而进行策略评估。

12.3 值函数近似控制

值函数近似控制是求策略 π 下状态-行动值函数 $q_\pi(s,a)$ 的近似值 $\hat{q}(s,a,\boldsymbol{w})$。同样，采用均方误差（MSE）作为值函数近似法的损失函数，计算公式为

$$L(\boldsymbol{w})=E_\pi\Big[\big(q_\pi(S,A)-\hat{q}(S,A,\boldsymbol{w})\big)^2\Big] \tag{12.11}$$

基于随机梯度下降法的思想，随机选择一个状态更新参数，更新公式为

$$
\begin{aligned}
\boldsymbol{w} &= \boldsymbol{w} - \frac{1}{2}\alpha\frac{\partial L(\boldsymbol{w})}{\partial \boldsymbol{w}}|_{S_t=s,A_t=a} \\
&= \boldsymbol{w} + \alpha\big[q_\pi(s,a) - \hat{q}(s,a,\boldsymbol{w})\big]\nabla_{\boldsymbol{w}}\hat{q}(s,a,\boldsymbol{w})
\end{aligned} \tag{12.12}
$$

则有

$$
\boldsymbol{w} = \boldsymbol{w} + \alpha\Delta\boldsymbol{w} \tag{12.13}
$$

其中，

$$
\Delta\boldsymbol{w} = \big[q_\pi(s,a) - \hat{q}(s,a,\boldsymbol{w})\big]\nabla_{\boldsymbol{w}}\hat{q}(s,a,\boldsymbol{w}) \tag{12.14}
$$

求解 $\Delta\boldsymbol{w}$ 时，需要给出状态-行动值函数 $q_\pi(s,a)$ 的目标值作为标注去训练模型。

采用蒙特卡洛法时，用于训练监督学习模型的训练数据为

$$
(S_1,A_1,G_1),(S_2,A_2,G_2),\cdots,(S_T,A_T,G_T) \tag{12.15}
$$

采用 TD(0) 时，用于训练监督学习模型的训练数据为

$$
(S_1,A_1,R_2+\gamma\hat{q}(S_2,A_2,\boldsymbol{w})),(S_2,A_2,R_3+\gamma\hat{q}(S_3,A_3,\boldsymbol{w})),\cdots,(S_{T-1},A_{T-1},R_T) \tag{12.16}
$$

随机抽取样本，记 $S_t=s,A_t=a,S_{t+1}=s',A_{t+1}=a'$，采用蒙特卡洛法和 TD(0) 法计算状态-行动值函数的公式分别为

$$
\begin{cases}
q_\pi(s,a) = G_t \\
q_\pi(s,a) = R_{t+1} + \gamma\hat{q}(s',a')
\end{cases} \tag{12.17}
$$

采用蒙特卡洛法随机抽取样本更新参数时，式 (12.14) 变为

$$
\Delta\boldsymbol{w} = \big[G_t - \hat{q}(s,a,\boldsymbol{w})\big]\nabla_{\boldsymbol{w}}\hat{q}(s,a,\boldsymbol{w}) \tag{12.18}
$$

采用 TD(0) 随机抽取样本更新参数时，式 (12.14) 变为

$$
\Delta\boldsymbol{w} = \big[R_{t+1} + \gamma\hat{q}(s',a',\boldsymbol{w}) - \hat{q}(s,a,\boldsymbol{w})\big]\nabla_{\boldsymbol{w}}\hat{q}(s,a,\boldsymbol{w}) \tag{12.19}
$$

下面给出在离散序列任务（Episodic Task）中，面向值函数近似控制算法的优化算法，基于半随机梯度下降的 Sarsa 算法（Episodic Semi-Gradient Sarsa）（见算法 12.3）。

算法 12.3: 半随机梯度下降 Sarsa 算法

输入: 函数逼近器 $\hat{v}$ 的模型

输出: 函数逼近器 $\hat{v}$ 的最优参数 $\boldsymbol{w}$

初始化参数 $\boldsymbol{w}$;
初始化学习率 α;
初始化模拟总次数 N;
repeat
    生成初始状态 s;
    while True **do**
        $a = \epsilon\text{-greedy}(s)$;
        采取行动 a，得到 R 和下一时刻的状态 s';
        if s' 为终止状态 **then**
            $\boldsymbol{w} = \boldsymbol{w} + \alpha\big[R - \hat{q}(s,a,\boldsymbol{w})\big]\nabla_{\boldsymbol{w}}\hat{q}(s,a,\boldsymbol{w})$;
            break;
        $a' = \epsilon\text{-greedy}(s')$;
        $\boldsymbol{w} = \boldsymbol{w} + \alpha\big[R + \gamma\hat{q}(s',a',\boldsymbol{w}) - \hat{q}(s,a,\boldsymbol{w})\big]\nabla_{\boldsymbol{w}}\hat{q}(s,a,\boldsymbol{w})$;
        $s = s'$;
        $a = a'$;
    $i+=1$;
until $i < N$;
Return $\boldsymbol{w}$;

12.4 线性函数逼近器

值函数近似法中值函数的求解问题就是监督学习问题，解决监督学习问题需要考虑 3 个关键要素：模型、指标、算法。

在前面的内容中，我们选用均方误差 MSE 作为值函数近似法的损失函数，采用随机梯度下降法作为值函数近似法的优化算法。

本节讲解选用线性函数逼近器作为实现值函数近似法的模型。

对于预测问题，值函数近似法求解策略 π 下状态值函数 $v_\pi(s)$ 的近似值 $\hat{v}(s,\boldsymbol{w})$。

当选择线性函数逼近器作为实现值函数近似法的模型时，$\hat{v}(s,\boldsymbol{w})$ 可表示为

$$\begin{aligned}\hat{v}(s,\boldsymbol{w}) &= \boldsymbol{w}^{\mathrm{T}}\boldsymbol{x}(s) \\ &= \sum_{i=1}^{n} w_i x_i(s)\end{aligned} \tag{12.20}$$

其中，$\boldsymbol{x}(s) = [x_1(s), x_2(s), \cdots, x_n(s)]^{\mathrm{T}}$ 为状态 s 的特征向量。这里称式 (12.20) 中

的值函数逼近器是针对权重 $\boldsymbol{w}$ 的线性函数逼近器，或简称为线性函数逼近器（Linear Approximate Function）。

在值函数近似预测算法中，需要根据选定的模型求解 $\nabla_{\boldsymbol{w}}\hat{v}(s,\boldsymbol{w})$。

将式 (12.20) 中的 $\hat{v}(s,\boldsymbol{w})$ 针对 $\boldsymbol{w}$ 求导，可得

$$\nabla\hat{v}(s,\boldsymbol{w}) = \boldsymbol{x}(s) \tag{12.21}$$

采用 SGD 更新模型参数时，计算公式如下：

$$\begin{aligned}\boldsymbol{w} &= \boldsymbol{w} + \alpha\big[v(s) - \hat{v}(s,\boldsymbol{w})\big]\nabla_{\boldsymbol{w}}\hat{v}(s,\boldsymbol{w}) \\ &= \boldsymbol{w} + \alpha\big[v(s) - \hat{v}(s,\boldsymbol{w})\big]\boldsymbol{x}(s)\end{aligned} \tag{12.22}$$

同理，对于控制问题，值函数近似法求策略 π 下状态-行动值函数 $q_\pi(s,a)$ 的近似值 $\hat{q}(s,a,\boldsymbol{w})$。

当选择线性函数逼近器作为实现值函数近似法的模型时，$\hat{q}(s,a,\boldsymbol{w})$ 可表示为

$$\begin{aligned}\hat{q}(s,a,\boldsymbol{w}) &= \boldsymbol{w}^{\mathrm{T}}\boldsymbol{x}(s,a) \\ &= \sum_{j=1}^{n} w_j x_j(s,a)\end{aligned} \tag{12.23}$$

在值函数近似控制算法中，需要根据选定的模型求解 $\nabla_{\boldsymbol{w}}\hat{q}(s,a,\boldsymbol{w})$。

将式 (12.23) 中的 $\hat{q}(s,a,\boldsymbol{w})$ 针对 $\boldsymbol{w}$ 求导，可得

$$\nabla\hat{q}(s,a,\boldsymbol{w}) = \boldsymbol{x}(s,a) \tag{12.24}$$

针对 n 步自举表格法，以 n 步 TD 预测算法为例，同样可以将其扩展到值函数近似法上，我们称之为半随机梯度下降 n 步 TD 预测（Semi-Gradient N-step TD Prediction）（见算法 12.4）。

该算法采用 SGD 更新模型参数，计算公式如下：

$$\begin{aligned}\boldsymbol{w} &= \boldsymbol{w} + \alpha\big[q(s,a) - \hat{q}(s,a,\boldsymbol{w})\big]\nabla_{\boldsymbol{w}}\hat{q}(s,a,\boldsymbol{w}) \\ &= \boldsymbol{w} + \alpha\big[q(s,a) - \hat{q}(s,a,\boldsymbol{w})\big]\boldsymbol{x}(s,a)\end{aligned} \tag{12.25}$$

与式 (10.15) 的形式相似，我们有基于近似法的值函数参数更新规则：

$$\boldsymbol{w}_{t+n} = \boldsymbol{w}_{t+n-1} + \alpha[G_{t:t+n} - \hat{v}(S_t,\boldsymbol{w}_{t+n-1})]\nabla\hat{v}(S_t,\boldsymbol{w}_{t+n+1}),\quad 0 \leqslant t < T \tag{12.26}$$

其中 n 步回报 $G_{t:t+n}$ 如下：

$$G_{t:t+n} = R_{t+1} + \gamma R_{t+2} + \cdots + \gamma^{n-1}R_{t+n} + \gamma^n\hat{v}(S_{t+n},\boldsymbol{w}_{t+n-1}),\quad 0 \leqslant t < T-n \tag{12.27}$$

算法 12.4: 半随机梯度下降 n 步 TD 预测

```
输入: 待评估策略 π，函数逼近器 v̂ 的模型
输出: 函数逼近器 v̂ 的最优参数 w
任意初始化可微 v̂ 的参数 w;
初始化折现因子 γ，步长因子 α ∈ (0,1]，正整数 n;
初始化模拟总次数 N，计数器 i = 0;
被存储的奖励 R_t 和状态 S_t 都可通过 mod n 获得它们的索引;
repeat
    t ← 0;
    T ← ∞;
    生成初始状态 s_0;
    repeat
        if t < T then
            依据策略 π(·|S_t) 选出行动 A_t;
            执行行动 A_t，获得并存储奖励 R_{t+1}，以及下一个状态 S_{t+1};
            如果 S_{t+1} 是最终状态，则令 T ← t + 1;
        τ ← (t + 1) − n，此时对 τ 时刻的状态 S_τ 进行更新;
        if τ ⩾ 0 then
            G ← Σ_{i=τ+1}^{min(τ+n,T)} γ^{i−τ−1} R_i;
            如果 τ + n < T，则令 G ← G + γ^n v̂(S_{τ+n}, w);
            w ← w + α[G − v̂(S_τ, w)] ∇v̂(S_τ, w);
        t+ = 1;
    until τ = T − 1;
    i+ = 1;
until i < N;
```

12.5 本章小结

近似求解法在基于表格求解法的基础上，将强化学习问题扩展到了具有任意大的状态空间中。实际上，面对较大的状态空间，我们的目标是基于有限的计算资源找到一个尽可能好的近似解，并将有限状态子集的经验推广到更大的状态集合中。

函数近似法实际上引入了监督学习机制，基于交互序列数据的每次更新都可被视作一次训练。函数近似法为强化学习任务带来一定的泛化能力，使其能应用于人工智能大型工程项目中。

第13章

策略梯度法

学习目标与要求

1. 掌握策略梯度的基本概念和原理。
2. 了解蒙特卡洛策略梯度算法原理。
3. 掌握基线机制的原理和作用。
4. 掌握 A-C 算法和 PPO 算法原理。

策略梯度法

本章介绍基于策略（Policy-based）的强化学习方法——策略梯度法。与前面通过学习状态-行动值函数选择行动 a 不同，策略梯度法通过学习一个参数化策略（Parameterized Policy）选择行动 a，行动的选择不再依赖于值函数的取值。在某些情况下，值函数被用于学习策略参数。

13.1 策略梯度

13.1.1 基本概念

值函数近似法和策略梯度法可类比机器学习中的监督学习，都是用一个带参数的函数 $\hat{y}=f(x,\boldsymbol{w})$ 近似表示观测到的真实值 y。值函数近似法近似估算状态-行动值函数，将状态 s 和行动 a 输入一个带参数的函数 $\hat{q}(s,a,\boldsymbol{w})$ 中，用来近似表示观测到的真实值 $q(s,a)$。策略梯度法用一个带参数的函数 $\pi(a|s,\boldsymbol{\theta})$ 近似表示观测到的真实值 $\pi(a|s)$。

首先分析策略梯度法中需要优化的**模型**。策略梯度法通过学习一个策略分布增强行动选择的随机性，达到对行动空间进行探索的目的。因此，可以定义一个策略函数 $\pi(a|s,\boldsymbol{\theta})$：

$$\pi(a|s,\boldsymbol{\theta})=P\left\{A_t=a|S_t=s,\boldsymbol{\theta}_t=\boldsymbol{\theta}\right\} \tag{13.1}$$

策略函数 $\pi(a|s,\boldsymbol{\theta})$ 的含义：在时刻 t 状态 s 下采取行动 a 的概率。参数 $\boldsymbol{\theta}\in\mathbb{R}^d$ 令非确定性策略 $\pi(a|s,\boldsymbol{\theta})$ 的取值范围为 $(0,1)$。在本章中，策略函数 $\pi(a|s,\boldsymbol{\theta})$ 也被简写为 $\pi_{\boldsymbol{\theta}}$ 或者 π。

其次定义性能**指标**函数 $J(\boldsymbol{\theta})$，对参数化策略的效果进行评估。在离散场景下①，策略函数 $\pi_{\boldsymbol{\theta}}$ 的性能指标函数 $J(\boldsymbol{\theta})$ 为每个交互序列（Episode）中初始状态 s_0 的状态值函数 $v_{\pi_{\boldsymbol{\theta}}}(s_0)$，即

$$J(\boldsymbol{\theta}) \doteq v_{\pi_{\boldsymbol{\theta}}}(s_0) \tag{13.2}$$

指标也可定义为平均奖励，参见文献 [41]。

在连续场景下无起始状态的概念，我们使用另外两种计算方式：一种是根据当前环境在策略 $\pi_{\boldsymbol{\theta}}$ 影响下的状态分布 $\mu_{\pi_{\boldsymbol{\theta}}}(s)$ 对所有状态 s 计算其状态值 $v_{\pi_{\boldsymbol{\theta}}}(s)$ 期望：

$$J(\boldsymbol{\theta}) = J_{avV}(\boldsymbol{\theta}) = \sum_s \mu_{\pi_{\boldsymbol{\theta}}}(s) v_{\pi_{\boldsymbol{\theta}}}(s) \tag{13.3}$$

另一种则是对每一个可能状态 s 下采取的每一个行动 a 计算其单位时间奖励期望：

$$J(\boldsymbol{\theta}) = J_{avR}(\boldsymbol{\theta}) = \sum_s \mu_{\pi_{\boldsymbol{\theta}}}(s) \sum_a R_{s,a} \pi(a|s, \boldsymbol{\theta}) \tag{13.4}$$

其中 $R_{s,a}$ 是在状态 s 采取行动 a 后获得的即时奖励。

最后建立优化算法。我们以最大化性能指标函数 $J(\boldsymbol{\theta})$ 为目标，基于随机梯度上升法，计算 t 时刻 $\boldsymbol{\theta}$ 的梯度，迭代更新得到 $t+1$ 时刻的参数，进而找到对应的最优策略。

$$\boldsymbol{\theta}_{t+1} = \boldsymbol{\theta}_t + \alpha \nabla J(\boldsymbol{\theta}_t) \tag{13.5}$$

我们把遵循上述策略函数学习过程的方法统称为策略梯度方法（Policy Gradient Methods）。在策略梯度法中，行动 a 被执行的概率由策略函数 $\pi(a|s, \boldsymbol{\theta})$ 表示。策略函数的取值范围为 $\pi(a|s, \boldsymbol{\theta}) \in (0, 1)$，$\forall s, a, \boldsymbol{\theta}$，这表明 $\pi(a|s, \boldsymbol{\theta})$ 为非确定性策略。策略函数取值范围的设定确保了探索（Exploration）会以一定的概率出现在强化学习过程中，使得随机性策略学习成为可能。随机性策略在某些情况下比确定性策略更容易收敛，这是因为在针对状态-行动值函数学习的确定性策略中，值函数的一个微小更新都可能使一些状态的最优行动从行动 a 变成另一个 a'，进而导致策略有大的改动。

13.1.2 策略梯度定理

为了获得最优策略，需要求解使策略函数 $\pi(a|s, \boldsymbol{\theta})$ 取最大值的参数 $\boldsymbol{\theta}$。在策略梯度法中，优化算法的核心步骤是求解式 (13.5)，其中关键是求解 $\nabla J(\boldsymbol{\theta}_t)$。策略梯度定理 [42]（Policy Gradient Theorem）提出一个关系分析表达式来求解 $\nabla J(\boldsymbol{\theta}_t)$。

基于策略梯度定理 [41]，我们在不对状态分布进行求导的情况下就能计算性能梯度，具体如式 (13.6) 所示。

$$\nabla J(\boldsymbol{\theta}) = \sum_s d_{\pi_{\boldsymbol{\theta}}}(s) \sum_a q_{\pi_{\boldsymbol{\theta}}}(s, a) \nabla_{\boldsymbol{\theta}} \pi(a|s, \boldsymbol{\theta}) \tag{13.6}$$

① 离散场景是指在对真实环境建模时，会产生多个完整的交互序列，每个交互序列都各自包含初始状态和终止状态。而连续场景不存在任何初始状态或终止状态，所有交互都处于连续状态。

下面给出在离散场景下策略梯度定理的证明过程，该证明过程仅供选读。

在策略 $\pi_{\boldsymbol{\theta}}$ 的影响下，对于所有状态 $s \in S$ 的状态值函数 $v_{\pi_{\boldsymbol{\theta}}}(s)$ 可由行动-状态值函数表示。

$$
\begin{aligned}
\nabla v_{\pi_{\boldsymbol{\theta}}}(s) &= \nabla\left[\sum_a \pi(a|s,\boldsymbol{\theta}) q_{\pi_{\boldsymbol{\theta}}}(s,a)\right] \\
&= \sum_a [q_{\pi_{\boldsymbol{\theta}}}(s,a)\nabla\pi(a|s,\boldsymbol{\theta}) + \pi(a|s,\boldsymbol{\theta})\nabla q_{\pi_{\boldsymbol{\theta}}}(s,a)] \\
&= \sum_a \left[q_{\pi_{\boldsymbol{\theta}}}(s,a)\nabla\pi(a|s,\boldsymbol{\theta}) + \pi(a|s,\boldsymbol{\theta})\nabla[R_s^a + \gamma\sum_{s'} p_{ss'}^a v_{\pi_{\boldsymbol{\theta}}}(s')]\right] \text{（见 7.3.2 节）} \\
&= \sum_a [q_{\pi_{\boldsymbol{\theta}}}(s,a)\nabla\pi(a|s,\boldsymbol{\theta}) + \pi(a|s,\boldsymbol{\theta})\gamma\sum_{s'} p_{ss'}^a \nabla v_{\pi_{\boldsymbol{\theta}}}(s')] \\
&= \sum_a \Bigg[q_{\pi_{\boldsymbol{\theta}}}(s,a)\nabla\pi(a|s,\boldsymbol{\theta}) + \pi(a|s,\boldsymbol{\theta})\gamma\sum_{s'} p_{ss'}^a \\
&\qquad \sum_{a'}[q_{\pi_{\boldsymbol{\theta}}}(s',a')\nabla\pi(a'|s',\boldsymbol{\theta}) + \pi(a'|s',\boldsymbol{\theta})\gamma^2\sum_{s''} p_{s's''}^{a'}\nabla v_{\pi_{\boldsymbol{\theta}}}(s'')]\Bigg] \\
&= \sum_{x\in S}\sum_{k=0}^{\infty}\gamma^k P_{\pi_{\boldsymbol{\theta}}}(s\to x,k)\sum_a q_{\pi_{\boldsymbol{\theta}}}(x,a)\nabla\pi(a|x,\boldsymbol{\theta})
\end{aligned}
$$

通过不断代入 $\nabla v_{\pi_{\boldsymbol{\theta}}}(s), s \in S$ 进行反复展开，最后得到上述推导结果。其中 $P_{\pi_{\boldsymbol{\theta}}}(s\to x,k)$ 的含义指的是在策略 $\pi_{\boldsymbol{\theta}}$ 的影响下，经过 k 步从状态 s 转移到状态 x 的概率。

接下来可以根据上述推导结果对式 (13.2)，即 $\nabla J(\boldsymbol{\theta}) = \nabla v_{\pi_{\boldsymbol{\theta}}}(s_0)$ 进行计算。

$$
\nabla J(\boldsymbol{\theta}) = \nabla v_{\pi_{\boldsymbol{\theta}}}(s_0) = \sum_s\sum_{k=0}^{\infty}\gamma^k P_{\pi_{\boldsymbol{\theta}}}(s_0\to s,k)\sum_a q_{\pi_{\boldsymbol{\theta}}}(s,a)\nabla\pi(a|s,\boldsymbol{\theta})
$$

在离散场景下，同策略分布的状态分布依赖于每个交互序列的初始状态的选择。这里给出一个符号定义 $d_{\pi_{\boldsymbol{\theta}}}(s)$。

$$
d_{\pi_{\boldsymbol{\theta}}}(s) = \sum_{k=0}^{\infty}\gamma^k P_{\pi_{\boldsymbol{\theta}}}(s_0\to s,k)
$$

$d_{\pi_{\boldsymbol{\theta}}}(s)$ 的含义可以理解为在策略 $\pi_{\boldsymbol{\theta}}$ 下，初始状态为 s_0 时，状态 s 的折扣权重。在给出符号定义后，下面继续对 $\nabla J(\boldsymbol{\theta})$ 进行推导证明。

$$
\begin{aligned}
\nabla J(\boldsymbol{\theta}) &= \sum_s\sum_{k=0}^{\infty}\gamma^k P_{\pi_{\boldsymbol{\theta}}}(s_0\to s,k)\sum_a q_{\pi_{\boldsymbol{\theta}}}(s,a)\nabla\pi(a|s,\boldsymbol{\theta}) \\
&= \sum_s d_{\pi_{\boldsymbol{\theta}}}(s)\sum_a q_{\pi_{\boldsymbol{\theta}}}(s,a)\nabla\pi(a|s,\boldsymbol{\theta}) \qquad \text{（证毕）}
\end{aligned}
$$

通常将 $\nabla_{\boldsymbol{\theta}}\pi(a|s,\boldsymbol{\theta})$ 称作似然比（Likelihood Ratios）。

$$\nabla_{\boldsymbol{\theta}}\pi(a|s,\boldsymbol{\theta}) = \pi(a|s,\boldsymbol{\theta})\frac{\nabla_{\boldsymbol{\theta}}\pi(a|s,\boldsymbol{\theta})}{\pi(a|s,\boldsymbol{\theta})}$$

$$= \pi(a|s,\boldsymbol{\theta})\nabla_{\boldsymbol{\theta}}\log\pi(a|s,\boldsymbol{\theta}) \tag{13.7}$$

其中，$\nabla_{\boldsymbol{\theta}}\log\pi(a|s,\boldsymbol{\theta})$ 被称作得分函数（Score Function）。

最后，可以直接将样本梯度期望值代入式 (13.5) 中进行参数学习。

$$\begin{aligned}\nabla J(\boldsymbol{\theta}) &= \sum_s\sum_{k=0}^{\infty}\gamma^k P_{\pi_{\boldsymbol{\theta}}}(s_0\to s,k)\sum_a q_{\pi_{\boldsymbol{\theta}}}(s,a)\nabla_{\boldsymbol{\theta}}\pi(a|s,\boldsymbol{\theta})\\ &= \sum_s d_{\pi_{\boldsymbol{\theta}}}(s)\sum_a q_{\pi_{\boldsymbol{\theta}}}(s,a)\big[\pi(a|s,\boldsymbol{\theta})\nabla_{\boldsymbol{\theta}}\log\pi(a|s,\boldsymbol{\theta})\big]\\ &= E_{s\sim d_{\pi_{\boldsymbol{\theta}}}(s),a\sim\pi_{\boldsymbol{\theta}}}\big[q_{\pi_{\boldsymbol{\theta}}}(s,a)\nabla_{\boldsymbol{\theta}}\log\pi(a|s,\boldsymbol{\theta})\big]\end{aligned} \tag{13.8}$$

其中，$E_{s\sim d_{\pi_{\boldsymbol{\theta}}}(s),a\sim\pi_{\boldsymbol{\theta}}}[X]$ 表示在状态 s 服从状态分布 $d_{\pi_{\boldsymbol{\theta}}}(s)$，行动 a 遵循策略 $\pi_{\boldsymbol{\theta}}$ 时，随机变量 X 的期望，在本章也会简写为 $E_{\pi_{\boldsymbol{\theta}}}$。

下面给出策略梯度定理的具体描述。

对于任意可微分的策略 $\pi_{\boldsymbol{\theta}}(s,a)$ 以及任意离散或连续场景下的策略性能指标函数，策略梯度均可通过式 (13.9) 进行计算。

$$\nabla J(\boldsymbol{\theta}) = E_{s\sim d_{\pi_{\boldsymbol{\theta}}}(s),a\sim\pi_{\boldsymbol{\theta}}}\big[q_{\pi_{\boldsymbol{\theta}}}(s,a)\nabla_{\boldsymbol{\theta}}\log\pi(a|s,\boldsymbol{\theta})\big] \tag{13.9}$$

总之，为了将策略梯度定理应用于实践，需要通过某种方式获取交互样本来计算样本梯度的期望，并用它近似这个策略性能评估策略函数的梯度，进而更新策略函数的参数，以获得近似最佳策略。13.2 节将介绍蒙特卡洛策略梯度学习算法进行样本梯度期望的计算。

13.2 蒙特卡洛策略梯度

本节介绍一种策略梯度学习算法——蒙特卡洛策略梯度算法，即 REINFORCE 算法。该算法的核心在于，使用实际采样获得的长期回报 G 近似估计策略梯度定理中未知的 $q_{\pi_{\boldsymbol{\theta}}}(s,a)$。之所以可以引入蒙特卡洛法，是因为可以通过实际采样获取多个完整的交互序列。

回顾 13.1 节，策略梯度定理给出了以下定义：

$$\nabla J(\boldsymbol{\theta}) = E_{\pi_{\boldsymbol{\theta}}}\big[q_{\pi_{\boldsymbol{\theta}}}(s,a)\nabla_{\boldsymbol{\theta}}\log\pi(a|s,\boldsymbol{\theta})\big] \tag{13.10}$$

第 6 章中曾给出 $q_\pi(s,a)$ 的定义为采用策略 π 后在状态 s 下采用行动 a 获得期望回报：

$$q_\pi(s,a)=E[G_t|S_t=s,A_t=a] \tag{13.11}$$

在实际进行策略梯度学习时，我们通过采样的形式获取足够多的样本进行梯度期望的计算。蒙特卡洛的思想就是用随机样本估算所需的期望值，所以有以下计算：

$$\begin{aligned}\nabla J(\boldsymbol{\theta})&=E_{\pi_{\boldsymbol{\theta}}}\big[q_{\pi_{\boldsymbol{\theta}}}(s,a)\nabla_{\boldsymbol{\theta}}\log\pi(a|s,\boldsymbol{\theta})\big]\\&=E_{\pi_{\boldsymbol{\theta}}}\big[G_t\nabla_{\boldsymbol{\theta}}\log\pi(A_t|S_t,\boldsymbol{\theta})\big]\end{aligned} \tag{13.12}$$

式 (13.12) 中括号内的表达式作为一个可以被采样计算的量，它的期望值即实际梯度。REINFORCE 算法利用该机制实现随机梯度上升算法。

接下来给出离散场景下的蒙特卡洛策略梯度算法，如算法 13.1 所示。

算法 13.1: 蒙特卡洛策略梯度（REINFORCE）算法

输入: 一个可微的策略带参函数 $\pi(a|s,\boldsymbol{\theta})$

初始化策略参数 $\boldsymbol{\theta}\in\mathbb{R}^{d'}$;

初始化模拟总次数 N;

repeat

　按照策略 $\pi_{\boldsymbol{\theta}}$ 生成一个 Episode：$S_0,A_0,R_1,\cdots,S_{T-1},A_{T-1},R_T$;

　for 该 Episode 中的每一个时刻 $t=0,1,\cdots,T-1$ **do**

　　$G_t\leftarrow$ 计算时刻 t 后的总回报 $\displaystyle\sum_{k=t+1}^{T}\gamma^{k-t-1}R_k$;

　　$\boldsymbol{\theta_{t+1}}\leftarrow\boldsymbol{\theta_t}+\alpha G_t\nabla_{\boldsymbol{\theta}}\log\pi(A_t|S_t,\boldsymbol{\theta_t})$;

until $i<N$;

目前为止，我们可以对策略梯度参数的更新表达式有更直观的解读。当 $G_t>0$ 时，在状态 S_t 采取行动 A_t 后会获得不错的总回报，于是增加策略 $\pi_{\boldsymbol{\theta}}$ 下在 S_t 采取行动 A_t 的概率；反之，则减少行动 A_t 被采取的概率。

除此之外，我们对引入对数函数 log 的原因也进行了直观的解读。改变式 (13.12) 的表达形式为

$$\begin{aligned}\nabla J(\boldsymbol{\theta})&=E_{\pi_{\boldsymbol{\theta}}}\big[G_t\nabla_{\boldsymbol{\theta}}\log\pi(A_t|S_t,\boldsymbol{\theta})\big]\\&=E_{\pi_{\boldsymbol{\theta}}}\Big[G_t\frac{\nabla_{\boldsymbol{\theta}}\pi(A_t|S_t,\boldsymbol{\theta})}{\pi(A_t|S_t,\boldsymbol{\theta})}\Big]\end{aligned} \tag{13.13}$$

式 (13.13) 表示：在 $G_t>0$ 时，即对 S_t 的行动 A_t 进行鼓励时，也希望通过除以行动 A_t 的概率对参数的更新步长进行适当的管制。这样做的原因是，一个行动 A_t 的

概率 $\pi(A_t|S_t,\boldsymbol{\theta})$ 越高，它被采样更新的概率也就越高，但 A_t 可能不会带来最高的未来总回报。因此，用 $\pi(A_t|S_t,\boldsymbol{\theta})$ 进行管制是合理的。

REINFORCE 算法的流程图如图 13.1 所示。

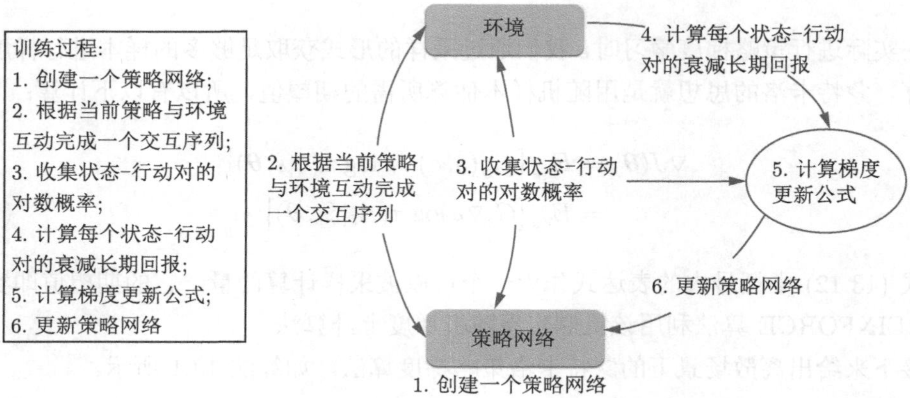

图 13.1　REINFORCE 算法的流程图

REINFORCE 算法的梯度更新公式为式 (13.14)。该式给出了 $\nabla_{\boldsymbol{\theta}}J(\boldsymbol{\theta})$ 和 $\pi_{\boldsymbol{\theta}}(\tau)$、$r(\tau)$ 之间的基本关系：如果回合奖励 $r(\tau)$ 高，则梯度倾向于增加相应动作的概率；如果奖励 $r(\tau)$ 低，则梯度倾向于减小相应动作概率。求出梯度后，再用式 (13.15) 进行梯度上升。策略梯度和监督学习的学习过程比较相似，每回合由前向反馈和反向传播构成，前向反馈负责计算目标函数，反向传播负责更新网络的参数，以此进行多回合学习来指导学习稳定收敛。不同的是，监督学习的目标函数相对直接，即目标值和真实值的差距，这个差距通过一次前向反馈就能得到；而策略梯度的目标函数源自交互序列内所有的奖励。另外，由于使用抽样的方式模拟期望，所以也需要对同一套参数进行多次抽样来增加模拟的准确性。

$$\nabla_{\boldsymbol{\theta}}J(\boldsymbol{\theta}) = \frac{1}{N}\sum_{i=1}^{N}\left(\sum_{t=1}^{T}\nabla_{\boldsymbol{\theta}}\log\pi_{\boldsymbol{\theta}}(A_t^i|S_t^i)\right)\left(\sum_{t'=t+1}^{T}\gamma^{t'-t-1}r_{t'}^i\right) \tag{13.14}$$

$$\boldsymbol{\theta} = \boldsymbol{\theta} + \alpha\nabla J(\boldsymbol{\theta}) \tag{13.15}$$

总之，蒙特卡洛策略梯度算法在理论上拥有好的收敛性，并最终能使随机策略梯度上升算法收敛到一个（局部）最优点。然而，蒙特卡洛算法的估算过程中引入了高方差（High Variance），因此在实际应用中普遍会比值函数方法的学习速度慢。

13.3　带基线的 REINFORCE 算法

在 13.2 节，我们基于蒙特卡洛方法的 REINFORCE 算法学习（局部）最优策略。本节介绍如何通过引入基线（Baseline）机制减少蒙特卡洛算法带来的高方差带来的收敛慢问题。

基线机制的实现方式可以是一个关于状态 s 的函数，其与选择的行动 a 无关，具体引入在式 (13.6) 中给出。

$$\nabla J(\boldsymbol{\theta}) = E_{\pi_{\boldsymbol{\theta}}}\Big[\big(q_\pi(s,a) - b(s)\big)\nabla_{\boldsymbol{\theta}}\pi(a|s,\boldsymbol{\theta})\Big] \tag{13.16}$$

值得注意的是，引入基线机制并不会对梯度期望值计算造成影响。下面给出在将 $b(s)$ 加入梯度期望计算后，$b(s)$ 期望值为 0 的计算过程。这说明 $b(s)$ 遵循均值为 0 的分布。

$$\begin{aligned}
\nabla J(\boldsymbol{\theta}) &= E_{\pi_{\boldsymbol{\theta}}}\Big[\big(q_\pi(s,a) - b(s)\big)\nabla_{\boldsymbol{\theta}}\pi(a|s,\boldsymbol{\theta})\Big] \\
&= E_{\pi_{\boldsymbol{\theta}}}[q_\pi(s,a)\nabla_{\boldsymbol{\theta}}\pi(a|s,\boldsymbol{\theta})] - E_{\pi_{\boldsymbol{\theta}}}[b(s)\nabla_{\boldsymbol{\theta}}\pi(a|s,\boldsymbol{\theta})] \\
&= E_{\pi_{\boldsymbol{\theta}}}[q_\pi(s,a)\nabla_{\boldsymbol{\theta}}\pi(a|s,\boldsymbol{\theta})] - \sum_s \mu(s) \sum_a b(s)\nabla_{\boldsymbol{\theta}}\pi(a|s,\boldsymbol{\theta}) \\
&= E_{\pi_{\boldsymbol{\theta}}}[q_\pi(s,a)\nabla_{\boldsymbol{\theta}}\pi(a|s,\boldsymbol{\theta})] - \sum_s \mu(s)b(s)\nabla_{\boldsymbol{\theta}} \sum_a \pi(a|s,\boldsymbol{\theta}) \\
&= E_{\pi_{\boldsymbol{\theta}}}[q_\pi(s,a)\nabla_{\boldsymbol{\theta}}\pi(a|s,\boldsymbol{\theta})] - \sum_s \mu(s)b(s)\nabla_{\boldsymbol{\theta}} 1 \\
&= E_{\pi_{\boldsymbol{\theta}}}[q_\pi(s,a)\nabla_{\boldsymbol{\theta}}\pi(a|s,\boldsymbol{\theta})] - \sum_s \mu(s)b(s) \times 0 \\
&= E_{\pi_{\boldsymbol{\theta}}}[q_\pi(s,a)\nabla_{\boldsymbol{\theta}}\pi(a|s,\boldsymbol{\theta})]
\end{aligned}$$

现在，重新对 REINFORCE 算法中的随机策略梯度上升法进行描述：

$$\boldsymbol{\theta_{t+1}} \leftarrow \boldsymbol{\theta_t} + \alpha\big(G_t - b(S_t)\big)\nabla_{\boldsymbol{\theta}} \log \pi(A_t|S_t,\boldsymbol{\theta_t}) \tag{13.17}$$

针对基线机制对减少方差的贡献，可简单进行以下分析：在使用采样样本计算梯度期望时会发现，每个交互序列 Episode 中的长期回报 G 会相差很大。一些状态 s 对应的行动 a 可能带来较高的长期回报；而另一些状态对应的行动所带来的长期回报则相对较低。因此，通过引入基线机制对其进行调节，对拥有高回报行动的状态配以较高的基线，而对拥有低回报行动的状态配以较低的基线。这样处理的目的是希望用于评估行动的长期回报值有正有负。

下面给出一个示例，进一步阐述为何引入基线机制后能帮助加快收敛。

在对某一策略梯度函数进行建模学习时，状态 s 上共有 a_1、a_2 和 a_3 三种行动，它们对应的长期回报分别为 +1、+1 和 +3。经过 n 轮学习后，拥有较高初始概率的行动 a_1、a_2 均被采样到，而行动 a_3 始终未被采样到。其行动概率分布 $\pi(a|s,\boldsymbol{\theta})$ 经过 n 轮学习后的前后变化如图 13.2 所示。其中，a_1 和 a_2 的采样概率相对得到提升，而 a_3 的采样概率相对下降。

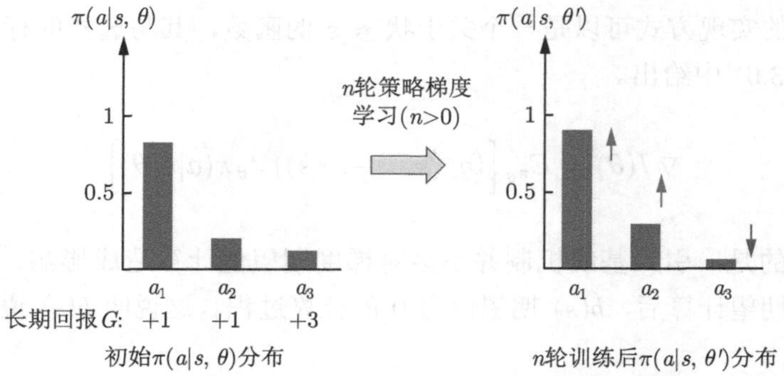

图 13.2　$\pi(a|s,\boldsymbol{\theta})$ 经过 n 轮学习后的分布变化

之所以会出现这种情况，是因为对于所有的行动 a，有 $\sum_a \pi(a|s,\boldsymbol{\theta})=1$。同时，$a_1$ 和 a_2 拥有正值的长期回报，它们一旦被采样到，其采样概率就会得到提升。于是，对于未被采样到但拥有最高长期回报的 a_3，其采样概率就会被迫下降。即使最后能收敛到局部最优结果，也需要更多轮的策略迭代，才能采样到拥有更高长期回报的 a_3。

经分析发现，其问题的根源在于所有行动的长期回报均为非负，这在实际情况下是可能出现的。这时，如果能引入基线机制使得长期回报有正有负，上述情况会被避免，收敛的速度就会被加快。直观地说，如果在给定的状态 s 下采取一个行动 a，其获得的长期回报 G 要比该状态的平均回报水平（基线）要高，则该行动 a 的采取概率会被提高；反之则降低其行动 a 的概率。

使用值函数 $\hat{v}(S_t,\boldsymbol{w}),\boldsymbol{w}\in\mathbb{R}^m$ 实现基线机制是一种常用手段。该 $\hat{v}(S_t,\boldsymbol{w})$ 可通过第 12 章介绍的任意一种方法进行学习得到。这里采用蒙特卡洛法学习参数 $\boldsymbol{w}$，与 REINFORCE 算法保持一致。下面给出引入基线机制后的 REINFORCE 算法（见算法 13.2）。

算法 13.2: 带基线机制的蒙特卡洛策略梯度算法（REINFORCE + Baseline）

输入: 一个可微的策略函数 $\pi(a|s,\boldsymbol{\theta})$ 和一个可微的状态值函数 $\hat{v}(S_t,\boldsymbol{w})$

初始化策略参数 $\boldsymbol{\theta}\in\mathbb{R}^{d'}$ 和状态行动权重 $\boldsymbol{w}\in\mathbb{R}^m$;
初始化步长因子 $\alpha^{\boldsymbol{\theta}}>0$，$\beta^{\boldsymbol{w}}>0$;
初始化模拟总次数 N;
repeat
　　按照策略 $\pi_{\boldsymbol{\theta}}$ 生成一个 Episode: $S_0,A_0,R_1,\cdots,S_{T-1},A_{T-1},R_T$;
　　for 该 Episode 中的每一个时刻 $t=0,1,\cdots,T-1]$ **do**
　　　　$G_t \leftarrow$ 计算时刻 t 后的长期回报 $\sum_{k=t+1}^{T}\gamma^{k-t-1}R_k$;
　　　　$\delta \leftarrow G_t-\bar{v}(S_t,\boldsymbol{w})$;
　　　　$\boldsymbol{w_{t+1}} \leftarrow \boldsymbol{w_t}+\beta^{\boldsymbol{w}}\delta\nabla_{\boldsymbol{w}}\hat{v}(S_t,\boldsymbol{w_t})$;
　　　　$\boldsymbol{\theta_{t+1}} \leftarrow \boldsymbol{\theta_t}+\alpha^{\boldsymbol{\theta}}\delta\nabla_{\boldsymbol{\theta}}\log\pi(A_t|S_t,\boldsymbol{\theta_t})$;
until $i<N$;

综上所述，基线机制的引入减少了蒙特卡洛法带来的方差，加快了 REINFORCE 算法中策略函数学习的收敛。

13.4　A-C 算法

前面提过，基于策略的强化学习方法可能需要使用值函数进行策略参数的学习，这里给出以 $\boldsymbol{w} \in \mathbb{R}^{d'}$ 为权重的值函数定义 $\hat{v}(s, \boldsymbol{w})$。如果同时进行策略函数学习和值函数近似，则统称为 A-C 法（Actor-Critic Methods）[43-44]。

13.3 节介绍了如何通过引入基线机制加速策略学习算法的收敛，本节介绍的 A-C 法也是一种策略学习加速收敛的方法，它可以根据评估策略的不同实现方式分为多个种类。本节主要阐述两种 A-C 算法：A2C 算法（Advantage Actor-Critic）和一步 A-C 算法。

在 A-C 算法中，Actor 指的是策略函数近似（Policy Approximation）模块，它负责环境互动中选择行动；而 Critic 指的是值函数近似（Value Approximation）模块，它负责去评价 Actor 所做的行动。

在介绍 A-C 算法前，首先回顾一下以蒙特卡洛法为核心的 REINFORCE 算法，它通过计算样本长期回报 G_t 评估策略在时刻 t 采取行动的好坏。

$$\nabla J(\boldsymbol{\theta_t}) = E_{\pi_{\boldsymbol{\theta}}}\Big[\big(G_t - b(S_t)\big)\nabla \log \pi(A_t|S_t, \boldsymbol{\theta_t})\Big] \tag{13.18}$$

对于引入基线机制的 REINFORCE 算法，由于随机策略或环境随机反馈的原因，式 (13.18) 中每个交互序列样本对应的长期回报 G_t 之间可能存在很大的差异，这是方差的主要来源。

方差是策略梯度学习收敛慢的主要原因。为了减少方差，相对于计算样本长期回报 G_t，使用值函数估计能以引入偏差为代价减少方差，而值函数估计正是 Critic 主要负责的内容。下面介绍两种 A-C 算法的实现方式。

$$\begin{aligned}\nabla J(\boldsymbol{\theta_t}) &= E_{\pi_{\boldsymbol{\theta}}}\Big[\big(q_\pi(S_t, A_t) - v(S_t)\big)\nabla \log \pi(A_t|S_t, \boldsymbol{\theta_t})\Big] \\ &= E_{\pi_{\boldsymbol{\theta}}}\Big[A(S_t, A_t)\nabla \log \pi(A_t|S_t, \boldsymbol{\theta})\Big]\end{aligned} \tag{13.19}$$

这里给出优势函数（Advantage Function）的定义：$A(S_t, A_t) = q_\pi(S_t, A_t) - v(S_t)$。根据前面我们对策略梯度参数更新表达式的解读，式 (13.19) 中 $A(S_t, A_t)$ 的直观作用是用于评估当前策略在状态 S_t 下采取的行动 A_t 的好坏。基于此，引入 A-C 机制后，Actor 负责策略梯度学习和与环境互动，而 Critic 负责对 $A(S_t, A_t)$ 进行估计，该算法称为 A2C 算法。然而，Critic 需要同时估计两个值函数 $q_{\boldsymbol{w}}(s, a)$ 和 $v_{\boldsymbol{v}}(s)$，这是十分烦琐的训练过程。

这种情况下，使用同样能引入偏差的一步时序差分法是另一种解决思路，通常称该方法为一步 A-C 算法。

由第 10 章可知，时序差分法利用后续状态的估计值更新当前状态的估计值，同时也不用等一个完整的交互序列结束。为了减少方差，可以用 $R_{t+1}+\gamma v(S_{t+1})$ 代替样本长期回报 G_t，并且使用状态值函数作为基线。

$$\begin{aligned}\nabla J(\boldsymbol{\theta_t}) &= E_{\pi_{\boldsymbol{\theta}}}\Big[\big(R_{t+1}+\gamma\hat{v}(S_{t+1},\boldsymbol{w})-\hat{v}(S_t,\boldsymbol{w})\big)\nabla\log\pi(A_t|S_t,\boldsymbol{\theta_t})\Big] \\ &= E_{\pi_{\boldsymbol{\theta}}}\Big[\delta_t\nabla\log\pi(A_t|S_t,\boldsymbol{\theta_t})\Big] \end{aligned} \tag{13.20}$$

其中，$\delta_t=R_{t+1}+\gamma\hat{v}(S_{t+1},\boldsymbol{w})-\hat{v}(S_t,\boldsymbol{w})$ 即 TD 误差。如果 TD 误差为正，则表明当前行动的未来选择倾向应该加强；如果 TD 误差为负，则表明当前行动的未来选择倾向应该减弱。

式 (13.21) 给出了优势函数 $A(S_t,A_t)$ 的无偏估计（Unbiased Estimate）。

$$\begin{aligned}E_{\pi_{\boldsymbol{\theta}}}[\delta_t] &= E_{\pi_{\boldsymbol{\theta}}}\big[R_{t+1}+\gamma v(S_{t+1})-v(S_t)\big] \\ &= E_{\pi_{\boldsymbol{\theta}}}\big[(R_{t+1}+\gamma v(S_{t+1})\big]-v(S_t) \\ &= q(S_t,A_t)-v(S_t) \\ &= A(S_t,A_t)\end{aligned} \tag{13.21}$$

因此，可以使用 TD 误差计算策略梯度。相对于 A2C 算法同时估计两个值函数，一步 A-C 算法只近似一个状态值函数 $\hat{v}(S_t,\boldsymbol{w})$，化繁为简。在一步 A-C 算法中，Critic 通过 TD 误差对状态值函数进行学习，并评估 Actor 所选行动的好坏，与策略梯度算法结合进行策略学习。

图 13.3 给出了一步 A-C 算法的流程图。首先，Actor 依据初始化策略 π 与环境互动获取单步交互序列，接下来 Critic 通过一步时序差分法学习状态值函数 $\hat{v}(s,\boldsymbol{w})$，基于此，Actor 根据 TD 误差进行策略函数学习并得到新的策略 π'，最后再用策略 π' 与环境进行互动，并开始新一轮的算法过程循环。

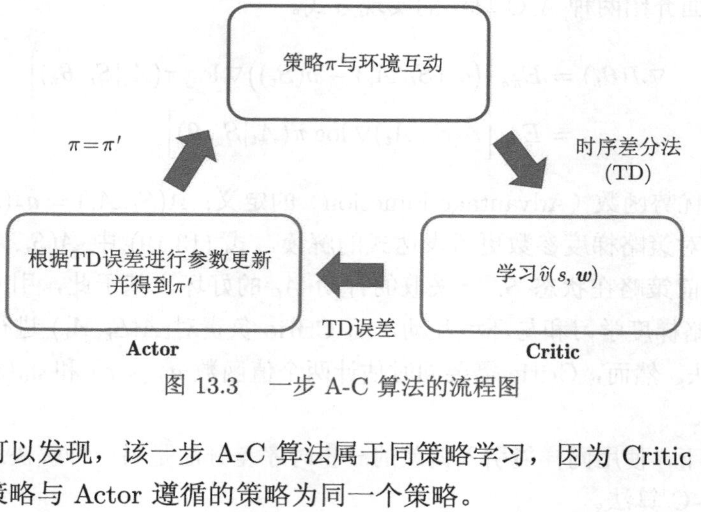

图 13.3　一步 A-C 算法的流程图

通过分析可以发现，该一步 A-C 算法属于同策略学习，因为 Critic 通过值函数估计进行评估的策略与 Actor 遵循的策略为同一个策略。

下面给出一步 A-C 算法的具体过程。

算法 13.3: 一步 A-C 算法

输入: 一个可微的策略函数 $\pi(a|s,\boldsymbol{\theta})$ 和一个可微的状态值函数 $\hat{v}(S_t,\boldsymbol{w})$

初始化策略参数 $\boldsymbol{\theta} \in \mathbb{R}^{d'}$ 和状态行动权重 $\boldsymbol{w} \in \mathbb{R}^m$;
初始化步长因子 $\alpha^{\boldsymbol{\theta}} > 0$，$\beta^{\boldsymbol{w}} > 0$;
初始化模拟总次数 N;
repeat
　初始化状态为 Episode 的初始状态 S;
　while S 不是结束状态 **do**
　　根据策略 $\pi(\cdot|S,\boldsymbol{\theta})$ 选出行动 A，并获得状态 S', R;
　　$\delta \leftarrow R + \gamma\hat{v}(S',\boldsymbol{w}) - \hat{v}(S,\boldsymbol{w})$;
　　$\boldsymbol{w} \leftarrow \boldsymbol{w} + \beta^{\boldsymbol{w}}\delta\nabla_{\boldsymbol{w}}\hat{v}(S,\boldsymbol{w})$;
　　$\boldsymbol{\theta} \leftarrow \boldsymbol{\theta} + \alpha^{\boldsymbol{\theta}}\delta\nabla_{\boldsymbol{\theta}}\log\pi(A|S,\boldsymbol{\theta})$;
　　$S \leftarrow S'$;
until $i < N$;

综上所述，A-C 算法通过 Actor 和 Critic 的分工合作，Actor 负责策略函数学习并用该策略与环境互动，而 Critic 则通过值函数估计评估 Actor 遵循的策略，不同的值函数估计方式使得 A-C 算法分为很多种。本节介绍了两种 A-C 方法：A2C 算法和一步 A-C 算法，它们通过对行动-状态值函数估计和（或）状态值函数估计对策略进行评估。它们的核心思想都是通过引入偏差为代价来减少方差，进而加速策略梯度学习收敛。

13.5 PPO 算法

前面介绍的 REINFORCE 策略梯度算法和 A-C 算法均属于同策略学习方法。第 11 章曾介绍过，在同策略学习中，与环境进行互动产生训练数据的策略与被训练的策略是同一个策略。因此，在同策略的场景下，一旦被训练的策略函数进行了参数更新，就需要再次用新的策略与环境进行互动，进而产生新的训练数据。烦琐的训练数据采集工作使得整个训练过程无法在实际环境中高效进行。基于此，这里介绍一种基于异策略的策略梯度算法——PPO 算法（Proximal Policy Optimization）[29]。PPO 算法也被称作近端优化策略算法，它借助异策略的核心思想实现经验回放，进而简化策略函数的训练过程。

异策略学习是基于重要性采样实现的，即通过对与原分布不同的另一个分布进行采样估计原分布的性质。当把异策略应用到策略梯度学习中时，与环境互动产生训练数据的策略函数与被训练的策略函数拥有两套参数 $\boldsymbol{\theta}'$ 和 $\boldsymbol{\theta}$。首先，负责互动的策略 $\pi_{\boldsymbol{\theta}'}$ 在环境中采样交互序列数据，而被训练的策略 $\pi_{\boldsymbol{\theta}}$ 利用这些交互序列样本进行策略参数学习。所以，结合重要性采样原理，有以下异策略学习推理过程成立。

$$\begin{aligned}\nabla J(\boldsymbol{\theta}) &= E_{\pi_{\boldsymbol{\theta}}}\Big[\big(q_{\pi_{\boldsymbol{\theta}}}(s,a)-v_{\boldsymbol{w}}(s)\big)\nabla\log\pi(a|s,\boldsymbol{\theta})\Big]\\ &= E_{\pi_{\boldsymbol{\theta}}}\Big[A(s,a)\nabla\ \log\pi(a|s,\boldsymbol{\theta})\Big]\\ &= E_{\pi_{\boldsymbol{\theta'}}}\Big[\frac{\pi(a|s,\boldsymbol{\theta})}{\pi(a|s,\boldsymbol{\theta'})}A(s,a)\nabla\log\pi(a|s,\boldsymbol{\theta})\Big]\end{aligned} \tag{13.22}$$

其中 $A(s,a)$ 为优势函数。值得关注的是，这里的优势函数值将由 $\pi_{\boldsymbol{\theta'}}$ 采样样本估算而得。

根据式 (13.22) 和式 $\nabla f(x)=f(x)\nabla\log f(x)$，将 $\pi(a|s,\boldsymbol{\theta})$ 看作 $f(x)$，$\boldsymbol{\theta}$ 看作 x，可以反推出异策略学习的目标函数 $J(\boldsymbol{\theta})$。目标是通过最大化式 (13.23) 中的目标函数以进行策略参数学习，进而获得（局部）最优策略。

$$J^{\mathrm{CPI}}(\boldsymbol{\theta})=E_{\pi_{\boldsymbol{\theta'}}}\Big[\frac{\pi(a|s,\boldsymbol{\theta})}{\pi(a|s,\boldsymbol{\theta'})}A(s,a)\Big] \tag{13.23}$$

其中，CPI 指的是保守策略迭代（Conservative Policy Iteration）[40]。

使用异策略学习的前提条件是，与环境互动的策略 $\pi_{\boldsymbol{\theta'}}$ 和被训练的策略 $\pi_{\boldsymbol{\theta}}$，它们的行动概率分布上不能有太大的差距。

信任域策略优化算法（Trust Region Policy Optimization，TRPO）[26] 就是在满足限定条件 $\mathrm{KL}(\pi_{\boldsymbol{\theta'}},\pi_{\boldsymbol{\theta}})\leqslant\delta$ 下，求解令 $J^{\mathrm{CPI}}(\boldsymbol{\theta})$ 取最大值的参数 $\boldsymbol{\theta}$。

基于式 (13.23)，PPO 算法引入修剪式概率比（Clipped Probability Ratios）限定 $r(\boldsymbol{\theta})=\dfrac{\pi(a|s,\boldsymbol{\theta})}{\pi(a|s,\boldsymbol{\theta'})}$ 的取值在 1 附近。下面给出 PPO 算法的核心表达式。

$$J^{\mathrm{CLIP}}(\boldsymbol{\theta})=E_{\pi_{\boldsymbol{\theta'}}}\Big[\min\big[r(\boldsymbol{\theta})\hat{A}_{\boldsymbol{\theta'}},\mathrm{clip}(r(\boldsymbol{\theta}),1-\varepsilon,1+\varepsilon)\hat{A}\big]\Big] \tag{13.24}$$

其中，ε 为超参数，一般令 $\varepsilon=0.2$。$\hat{A}_{\boldsymbol{\theta'}}$ 为基于策略 $\pi_{\boldsymbol{\theta'}}$ 采样样本计算而得的优势函数估计值。现在通过解读式 (13.24) 阐述 PPO 算法的核心思想。

在最小值操作 min 中有两个表达式：第一个表达式为 $r(\boldsymbol{\theta})\hat{A}_{\boldsymbol{\theta'}}$，在图 13.4 中由绿色虚线表示；第二个表达式为 $\mathrm{clip}(r(\boldsymbol{\theta}),1-\varepsilon,1+\varepsilon)\hat{A}$，其作用是通过“概率修剪”使 $r(\boldsymbol{\theta})$ 的取值落在区间 $[1-\varepsilon,1+\varepsilon]$ 内，在图 13.4 中由蓝色虚线表示。图13.4 中给出 $\hat{A}>0$ 和 $\hat{A}<0$ 两种情况。

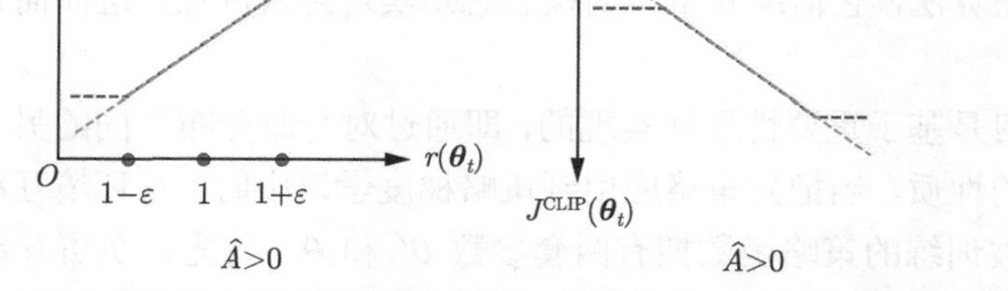

图 13.4 “修剪”和“未修剪”概率比取值示意图（一个时间单位 t）

最后，通过 min 操作在“被修剪”和“未被修剪”表达式中取最小值，即式 (13.24) 为目标函数建立了一个取“下界”值的设定。也就是说，J^{CLIP} 是 J^{CPI} 的下界。

图 13.5 给出了每个时间单位 t 的 $J^{\mathrm{CLIP}}(\boldsymbol{\theta})$ 取值示意图。可以发现，当 $\hat{A}>0$ 时，概率比 $r(\boldsymbol{\theta_t})$ 在 $1+\varepsilon$ 被“修剪”并以此为“上界”值；当 $\hat{A}<0$ 时，$r(\boldsymbol{\theta_t})$ 在 $1-\varepsilon$ 被“修剪”并以此为“上界”值。其中，红色圆点 $r(\boldsymbol{\theta})=\dfrac{\pi(a|s,\boldsymbol{\theta})}{\pi(a|s,\boldsymbol{\theta}')}=1$ 表示每轮策略优化的起始点，这是因为每完成第 m 轮策略 $\pi_{\boldsymbol{\theta}}$ 优化后（$m=1,2,\cdots,M$，每一轮的 $\boldsymbol{\theta}$ 更新 K 个 epochs），PPO 算法会用第 m 轮学习的最优策略参数 $\boldsymbol{\theta}$ 直接覆盖掉第 m 轮中与环境互动的策略参数 $\boldsymbol{\theta}'(\boldsymbol{\theta}'\leftarrow\boldsymbol{\theta})$ 并固定，进而进行第 $m+1$ 轮的互动采样和策略训练。值得注意的是，最终的 $J^{\mathrm{CLIP}}(\boldsymbol{\theta})$ 为基于采样数据多个时间单位 t 的叠加期望值。

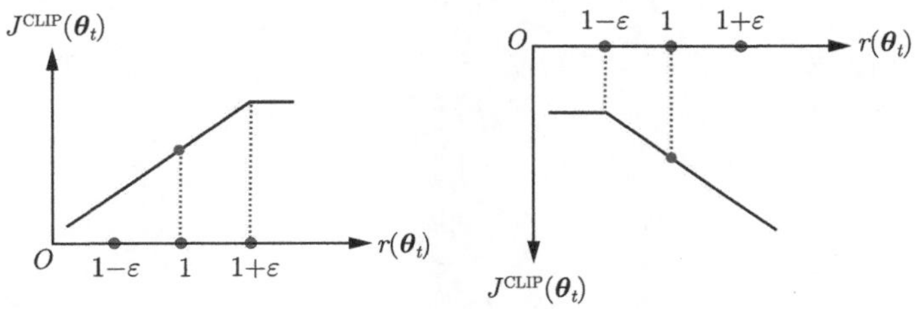

$\hat{A}>0$　　　　$\hat{A}>0$

图 13.5　$J^{\mathrm{CLIP}}(\boldsymbol{\theta})$ 取值示意图（一个时间单位 t）

综上所述，PPO 算法通过引入“修剪”概率比限制策略参数更新的步伐，进而确保异策略学习给予策略函数训练的帮助是有益的，与此同时简化策略函数训练过程。下面给出基于小批量随机梯度下降（Mini-Batch SGD）的 PPO 算法（见算法 13.4）。

算法 13.4: 近端策略优化算法（PPO）

for $i=1,2,\cdots,$max_episodes **do**
　for 交互序列 epi_i 内的交互次数 $j=1,2,\cdots,$max_steps **do**
　　利用策略 $\pi_{\boldsymbol{\theta}'}$ 与环境进行互动;
　　if j% update_timestep == 0 **then**
　　　计算优势函数估计值：$\hat{A}_1,\cdots,\hat{A}_t,\cdots,\hat{A}_T$;
　　　对目标函数 $J^{\mathrm{CLIP}}(\boldsymbol{\theta})$ 进行 K 次优化求解;

本处所列的 PPO 算法为单线程版本，如果使用多个 Actor 与环境互动收集数据，请参考文献 [1]。

13.6　本章小结

相对于之前基于值函数学习选择行动的方法，本章介绍了如何通过学习参数化策略直接得到所有行动被选取的概率。对于策略梯度法而言，行动的选择无须参考状态-行动值（策略评估），但我们依然可以利用状态-行动值学习来更新策略参数，如 A-C 算法。通过引入策略梯度的概念，策略参数的更新方向是性能指标函数关于该参数的梯度方向。

策略梯度法通过学习行动空间的分布确保一定的探索，并逐渐逼近得到一个确定性策略。除此之外，策略梯度算法也能胜任连续状态空间任务，进行策略梯度估计时也无须考虑状态分布函数。策略梯度法作为强化学习的一大重要分支，拥有极大的研究价值。

第14章

深度强化学习

学习目标与要求

1. 掌握深度强化学习的诞生背景和优势。
2. 掌握深度强化学习 DQN 算法原理。
3. 掌握深度强化学习 DQN 算法流程和实现。
4. 掌握深度强化学习 DDPG 算法原理。

深度强化学习

深度学习的出现推进了人工智能第三波浪潮的兴起，其强大的数据感知能力促使人工智能在大数据场景下得到广泛应用。深度强化学习将深度学习的数据感知能力与强化学习的决策能力相结合，是目前强化学习领域的前沿研究方向。本节通过介绍深度强化学习的两大经典算法：DQN 算法和 DDPG 算法，让读者初窥深度强化学习的思想精髓。

14.1 DQN 算法

2016 年，AlphaGo 以 4:1 战胜李世石。2017 年，AlphaGo 以 3:0 战胜柯洁。这两条新闻在世界范围内引发了广泛的关注。AlphaGo 采用的核心技术就是以 DQN（Deep Q-Network）[25−45] 为代表的深度强化学习技术。

之前的章节曾介绍过 Q-Learning 算法的基本原理，即在有限的状态和行动空间中，通过探索和更新状态-行动值表（Q 表）中的状态-行动值（Q 值），从而计算出智能体行动的最佳策略。然而，现实强化学习问题往往具有很大的状态空间和行动空间。因此，使用值函数近似法代替传统的表格求解法是强化学习实际应用的首选。

值函数近似法中，函数逼近器可以是线性的，也可以是非线性的。本节介绍的深度强化学习算法 DQN 采用的是非线性函数逼近器。

DQN 算法的大体框架借鉴传统强化学习中的 Q-Learning 算法，并采用神经网络估计状态-行动值。在此基础上主要进行了如下三方面的修改。

(1) 利用深度卷积神经网络逼近值函数。

当使用深度卷积神经网络表示 Q 值时，针对高维连续状态空间与大规模行动空间的强化学习成为可能（如 Atari 游戏 [25]）。然而，当实际使用神经网络表示 Q 值时，强化学习过程的后半部分会出现不稳定的状态，进而不收敛。具体来说，学习效果刚开始是非常好的，智能体在与环境互动中表现得越来越好。但随着学习进程的推进，即使将步长因子 α 设置为很小的数值，智能体很大概率也会做出糟糕的决定。这种时好时坏的过程会不断循环重复，进而难以实现学习收敛。这种不稳定的原因有以下几个：① 前后相邻的样本状态高度相关；② 不同于 Q-Learning 中每个步骤对状态-动作值的精确更新，在 DQN 中，每个网络参数的单步更新都可能引起策略分布的巨大变化，进而导致训练样本分布的巨大变化；③ 神经网络很容易出现过拟合，很难产生反映出全局环境信息的交互序列数据。对此，我们采用“双网络”机制和经验回放机制（Experience Replay）帮助缓解上述问题。

(2) 设置独立的固定 Q 目标（Fixed Q-target）处理 Q-Learning 算法中的 TD 误差。

回顾表格求解法中的 Q-Learning 算法，其在 TD 误差更新规则的推动下，每次基于单个样本 (s,a,r,s') 更新 Q 值时都会抹去原来的数据值，如式 (14.1) 所示。正如前面提出的，使用神经网络逼近的 Q 值对每个参数的更新都是敏感的，每次网络参数迭代都会造成所有 Q 值的变动，其中包括用于计算 TD 目标的目标 Q 值。这样一来，一直处于变动的目标值会影响网络训练的收敛性。因此，DQN 算法所用的方法与监督学习中用到的方法相似，通过引入“双网络”机制减少目标 Q 值的变动。“双网络”包含用于参数训练的 Q 在线网络（Online Network）和进行前向传播以生成目标 Q 值的 Q 目标网络（Target Network），以目标 Q 值作为监督学习中的训练标签（Label）。

$$Q(s,a) \leftarrow Q(s,a) + \alpha[r + \gamma \max_{a'} Q(s',a') - Q(s,a)] \tag{14.1}$$

(3) 在训练强化学习算法的过程中采用经验回放机制。

DQN 算法会将一段时间的数据作为一个批次进行集中训练，这一批数据集合称为经验（Experience），而这与 Q-Learning 算法每次使用单个样本进行学习的过程有所不同。经验回放过程具体是指专门使用一块内存区域 D 存储一段时间内的 (s,a,r,s') 样本集，然后对该样本集做进一步的随机采样，进而得到一个用于值函数网络参数训练的小批量（Mini-Batch）的样本集。随机采样的过程打破了相邻样本的高度相关性，进一步提高了强化学习的稳定性。

对相关概念和术语有所了解后，我们来具体看一下 DQN 算法的求解步骤。根据 ϵ-greedy 策略执行动作 a，然后把一段时间的经验数据存储到内存 D 中，再从 D 中随机抽取单个样本 (s,a,r,s')。在 DQN 算法中，我们会建立两个结构一模一样的值函数近似网络，其中 Q 目标网络的参数 $\boldsymbol{w}^-$ 会在一次批量训练中进行固定，并用于生成目标 Q 值，以作为标签数据；Q 在线网络则用来评估策略，其网络参数 $\boldsymbol{w}$ 在每次迭代中都会更新。采用均方误差计算 Q 网络训练的损失函数为

$$L(\boldsymbol{w}) = E\left[\left(R + \gamma \max_{a'} Q(s',a';\boldsymbol{w}^-) - Q(s,a;\boldsymbol{w})\right)^2\right] \tag{14.2}$$

值得注意的是，Q 目标网络的参数并不是一直不变的。在 Q 在线网络获得一定次数的更新后，其最新的网络权重参数会直接用于更新 Q 目标网络，以作为下一轮目标网络的固定参数，循环以往。

算法 14.1 给出了基于经验回放机制的 DQN 算法伪代码。图 14.1 直观地给出了 DQN 算法的流程，进一步帮助读者理解 DQN 算法的运作机制。

算法 14.1: DQN 算法（Experience Replay）

输入: 目标网络 $\hat{Q}(s,a;\boldsymbol{w}^-)$ 和在线网络 $Q(s,a;\boldsymbol{w})$

输出: 在线网络 $Q(s,a;\boldsymbol{w})$

初始化用于存储经验数据的内存 D，其容量大小为 N;

初始化在线网络参数 $\boldsymbol{w}$;

初始化目标网络参数 $\boldsymbol{w}^- \leftarrow \boldsymbol{w}$;

for episode $= 1:M$ **do**

　初始化状态 S_1;

　for $t = 1:T$ **do**

　　按照 ϵ-greedy 策略选择一个行动 A_t;

　　智能体执行行动 A_t 并观察到奖励 R_t，以及新的状态 S_{t+1};

　　将 (S_t, A_t, R_t, S_{t+1}) 存储到内存 D 中;

　　从内存 D 中随机采样一个小样本集 (S_j, A_j, R_j, S_{j+1});

　　设置 $y_j = \begin{cases} R_j, & S_{j+1}\text{ 是终止态} \\ R_j + \gamma \max\limits_{a'} \hat{Q}(S_{j+1}, a'; \boldsymbol{w}^-), & S_{j+1}\text{ 不是终止态} \end{cases}$;

　　针对 $(y_j - Q(S_j, A_j; \boldsymbol{w}))^2$ 使用 mini-batch 梯度下降法更新参数 $\boldsymbol{w}$;

　　每 C 轮参数更新后重设 $\hat{Q} \leftarrow Q$，即 $\boldsymbol{w}^- \leftarrow \boldsymbol{w}$;

Return $\boldsymbol{w}$;

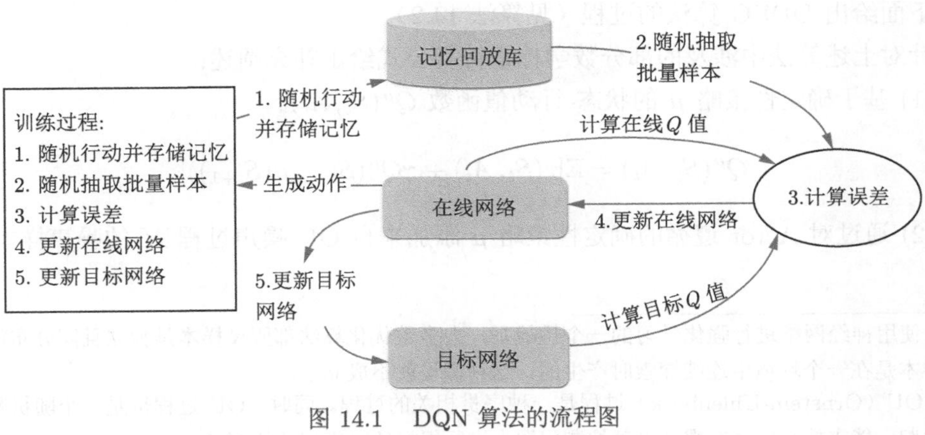

图 14.1　DQN 算法的流程图

DQN 算法的经验回放机制让智能体反复与环境进行互动，以此积累经验数据。直到数据存储到一定的量（如达到数量 N），就开始从 D 中进行随机采样并进行小批次的梯度下降计算（Mini-Batch Gradient Descent）。值得注意的是，在 DQN 算法中，强化学习部分的 Q-Learning 算法和深度学习部分的随机梯度下降法是同步进行的，其中通过 Q-Learning 算法获取无限量的训练样本，然后对神经网络进行梯度下降训练。

综上所述，DQN 算法利用经验回放机制增加了数据的利用率，同时也打破了经验数据之间的相关性①，从而降低了模型参数方差，避免了过拟合。除此之外，DQN 算法通过设定一个固定 Q 目标网络，解决了使用神经网络作为近似函数训练不收敛的问题。

14.2 DDPG 算法

DQN 算法通过引入深度学习增强对原始数据的感知能力，通过近似值函数估计解决连续、高维状态空间问题，例如处理 Atari 游戏的连续像素画面输入。然而，DQN 算法需要在行动空间中找到最大状态-行动值对应的行动，该操作只能在离散、低维的行动空间中进行。在现实世界中，很多物理控制问题都拥有连续、高维的行动空间，而将行动空间简单地离散化只会丢失大量关键的信息。本节介绍的 DDPG（Deep Deterministic Policy Gradient）算法引入了 DQN 的经验回放和固定目标网络这两个技巧来延续非线性值函数近似学习的稳定性和鲁棒性，并与策略梯度法中最简单的 Actor-Critic 算法结构相结合，旨在解决连续高维的动作空间下的强化学习问题。

DDPG 于 2016 年被 Google 的 DeepMind 团队提出，其作为又一个经典的深度强化学习模型，除了引入更深层次的网络结构以带来强大的感知能力外，还使用确定性策略提高算法的效率。相对于策略梯度算法中使用随机性策略以确保探索的可能性，确定性策略的 DDPG 算法则通过异策略机制确保智能体能探索到潜在高回报动作，即根据随机策略 μ'（通过 Ornstein-Uhlenbeck 过程②添加噪声样本到确定性策略 μ 上实现随机策略）选择行动以确保足够的探索，然后学习一个确定性策略 μ。这个想法来自 DDPG 算法的前身——DPG 算法（Deterministic Policy Gradient）。

下面给出 DDPG 算法的过程（见算法 14.2）。

针对上述算法中涉及的部分数学标识符和公式给出补充阐述：

(1) 基于确定性策略 μ 的状态-行动值函数 $Q^\mu(S_t, A_t)$。

$$Q^\mu(S_t, A_t) = \mathbb{E}[r(S_t, A_t) + \gamma Q^\mu(S_{t+1}, \mu(S_{t+1}))] \tag{14.3}$$

(2) 通过对 Actor 遵循的确定性策略 μ 添加来自 OU 噪声过程 $\mathcal{N}$ 的噪声样本，实

① 使用神经网络进行强化学习的一个挑战是，大多数优化算法都假设样本是独立且同分布的。若这些样本是在一个环境中连续探索时产生的，这种假设就不成立了。

② OU（Ornstein-Uhlenbeck）过程是一种序贯相关的过程。同时，OU 过程也是一个随机噪声的均值回归，能支持智能体在惯性物理控制问题上进行很好的时序相关的探索。

现探索随机策略 μ'，其中 $\mu(S_t|\boldsymbol{\theta}_t^{\mu})$ 为关于参数 $\boldsymbol{\theta}_t^{\mu}$ 的策略近似函数网络。

$$\mu'(S_t) = \mu(S_t|\boldsymbol{\theta}_t^{\mu}) + \mathcal{N} \tag{14.4}$$

算法 14.2: DDPG 算法

随机初始化 Critic 值函数网络 $Q(s,a|\boldsymbol{\theta}^{Q})$ 和 Actor 策略网络 $\mu(s|\boldsymbol{\theta}^{\mu})$ 的参数 $\boldsymbol{\theta}^{Q}$ 和 $\boldsymbol{\theta}^{\mu}$;

初始化目标网络 Q' 和 μ' 参数：$\boldsymbol{\theta}^{Q'} \leftarrow \boldsymbol{\theta}^{Q}$，$\boldsymbol{\theta}^{\mu'} \leftarrow \boldsymbol{\theta}^{\mu}$;

初始化经验回放内存 D;

for episode $= 1 : M$ **do**

    初始化一个随机噪声过程 $\mathcal{N}$;

    初始化状态 S_1;

    for $t = 1 : T$ **do**

        按照当前 Actor 策略并添加噪声样本 $\mathcal{N}_t$ 选择一个行动 $A_t = \mu(S_t|\boldsymbol{\theta}^{\mu}) + \mathcal{N}_t$;

        智能体执行行动 A_t 并观察到奖励 R_t，以及新的状态 S_{t+1};

        将 (S_t, A_t, R_t, S_{t+1}) 存储到内存 D 中;

        从内存 D 中随机采样一个小样本集 (S_j, A_j, R_j, S_{j+1});

        设置 $y_j \leftarrow R_t + \gamma Q'(S_{j+1}, \mu'(S_{j+1}|\boldsymbol{\theta}^{\mu'})|\boldsymbol{\theta}^{Q'})$;

        通过最小化损失函数 L 更新 Critic 网络参数 $\boldsymbol{\theta}^{Q}$：

        $L \leftarrow \dfrac{1}{N}\sum_j (y_j - Q(S_j, A_j|\boldsymbol{\theta}^{Q}))^2$;

        基于经验采样策略梯度法更新 Actor 网络：

        $\nabla_{\boldsymbol{\theta}^{\mu}} J \approx \dfrac{1}{N}\sum_j \nabla_a Q(s,a|\boldsymbol{\theta}^{Q})|_{s=S_j, a=\mu(S_j)} \nabla_{\boldsymbol{\theta}^{\mu}} \mu(s|\boldsymbol{\theta}^{\mu})|_{S_j}$;

        更新目标网络 Q' 和 μ' 参数：

        $\boldsymbol{\theta}^{Q'} \leftarrow \tau\boldsymbol{\theta}^{Q} + (1-\tau)\boldsymbol{\theta}^{Q'}$;

        $\boldsymbol{\theta}^{\mu'} \leftarrow \tau\boldsymbol{\theta}^{\mu} + (1-\tau)\boldsymbol{\theta}^{\mu'}$;

---

(3) 针对 Critic 在线网络进行参数 $\boldsymbol{\theta}_t^{\mu}$ 的链式求导，并基于策略梯度定理计算 $\nabla_{\boldsymbol{\theta}^{\mu}} J$ 以用于学习 Actor 确定性策略。

$$\begin{aligned}\nabla_{\boldsymbol{\theta}^{\mu}} J &\approx \mathbb{E}_{S_t}[\nabla_{\boldsymbol{\theta}^{\mu}} Q(s,a|\boldsymbol{\theta}^{Q})|_{s=S_t, a=\mu(S_t|\boldsymbol{\theta}^{\mu})}] \\ &\approx \mathbb{E}_{S_t}[\nabla_a Q(s,a|\boldsymbol{\theta}^{Q})|_{s=S_t, a=\mu(S_t)} \nabla_{\boldsymbol{\theta}^{\mu}} \mu(s|\boldsymbol{\theta}^{\mu})|_{s=S_t}]\end{aligned} \tag{14.5}$$

$$\boldsymbol{\theta}^{\mu} = \boldsymbol{\theta}^{\mu} + \alpha\nabla_{\boldsymbol{\theta}^{\mu}} J \tag{14.6}$$

在 DQN 算法中设置两个 Q 网络：在线 Q 网络负责进行参数更新；目标 Q 网络则作为现实标签网络来实现近似值函数学习收敛。在 DDPG 算法中，我们将“双网络”

机制同时应用在策略函数网络和值函数网络的学习上。DDPG 算法针对策略网络分别设置目标网络 $\mu'(s|\boldsymbol{\theta}^{\mu'})$ 和在线网络 $\mu(s|\boldsymbol{\theta}^{\mu})$，这部分为 Actor；在值函数网络方面也分别设置目标网络 $Q'(s,a|\boldsymbol{\theta}^{Q'})$ 和在线网络 $Q(s,a|\boldsymbol{\theta}^{Q})$，这部分为 Critic。除此之外，每次同时更新策略目标网络和值函数在线网络参数时，DDPG 算法进行的是软更新，具体更新公式为 $\boldsymbol{\theta}' \leftarrow \tau\boldsymbol{\theta} + (1-\tau)\boldsymbol{\theta}'$，其中 $\tau \ll 1$。相对于 DQN 算法中的参数完全复制，软更新使得目标网络的参数更新变得平缓，以提高网络训练的稳定性。

DDPG 算法的流程图如图14.2 所示。

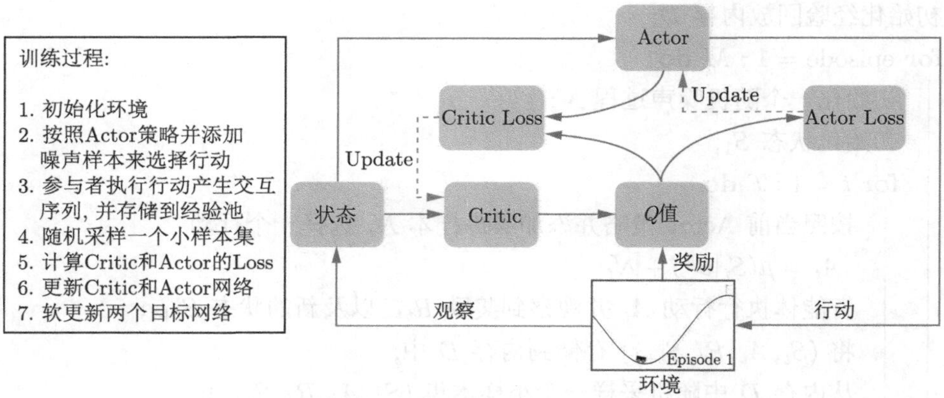

图 14.2 DDPG 算法的流程图

DDPG 是融合了 AC 和 DQN 两种算法优点的算法。它有以下特色：一是在原来 AC 的架构上使用目标网络稳定训练。该算法一共有 4 个网络：Q 网络（θ^{Q}）、目标 Q 网络（$\theta^{Q'}$）、确定性策略网络（θ^{μ}）和目标确定性策略网络（$\theta^{\mu'}$）。目标网络是 Actor 网络和 Critic 网络的滞后副本网络，目的是稳定训练过程。二是 Q 网络和确定性策略网络与 A2C 算法相似，但是 DDPG 中策略网络输出的是确定性的动作，而不是从概率分布中抽取的某个动作。

总而言之，DDPG 算法作为一个无模型、异策略的 Actor-Critic 算法，不仅采纳了 DQN 算法中的经验回放和“双网络”机制，同时引入了 Actor-Critic 算法策略梯度的单步更新。DDPG 最大的贡献在于其能处理连续高维的行动空间，在各种领域强有力地解决具有挑战性的问题。但 DDPG 算法也有不足之处，它设置的目标网络降低了值函数估计的学习步长以换取网络训练的稳定性，其需要学习大量的经验数据，才能得到一个解决方案。

14.3 本章小结

深度学习与强化学习的结合作为机器学习又一个重大研究方向，在连续状态和行动空间任务上已经取得了很大进展。本章介绍的两大经典深度强化学习算法均能作为复杂现实问题的核心算法，并能带来比较好的性能效果。作为深度强化学习开端的 DQN 首先提出了打破样本相关性的经验回放机制，并采用双网络机制（在线网络和目标网络）实现训练稳定性和收敛性，最终较高效地解决了预测和控制问题。DDPG 算法则基于 DQN 算法的原理进行了设计和改进，即在保留经验回放和双网络机制的同时，引入了 Actor-Critic 算法解决连续行动空间的问题。

VI

实践与前沿

第15章

强化学习实践

学习目标与要求

1. 熟悉 OpenAI Gym 环境和其中的 MountainCar-v0 游戏环境。
2. 回顾本书中学习的各种经典强化学习算法。
3. 在 MountainCar-v0 环境中实现本书中的各种强化学习算法。
4. 体会和比较各种强化学习算法的特点和性能。

15.1 MountainCar-v0 环境介绍

例 15.1 小车爬山（Mountain Car）问题。

如图 15.1 所示，该问题的描述为：我们想开车上山到达黄色旗帜处的山顶；然而，由于途中小车动力不足，所以没能直接开车爬坡到达山顶。根据初中的物理知识，我们知道唯一的解决办法是，先驾驶小车向图中左侧的后方山坡倒退，然后踩死油门，利用汽车自身动力加上下坡势能，使得小车向右前进最终到达山顶。注意，在此过程中，我们可能没法一次成功，需要多次倒退才能完成最终目标。这是一个连续控制问题，在任务过程中，小车必须先远离目标，然后才能接近目标。

记小车在 t 时刻所处水平位置为 x_t，小车所处水平位置的范围为 $x_t \in [-1.2, 0.6]$，小车的初始水平位置为 $x_0 \in [-0.6, -0.4]$，小车处于初始位置时速度为 $v_{\text{init}} = 0$，小车的最大速度为 $v_{\max} = 0.07$。小车有 3 个可能的动作：全速前进（+1）、零油门（0）和全油门后退（−1）。该问题中，所有时刻的奖励均为 −1，直到汽车到达山顶目标位置。

小车速度的更新计算公式为

$$v_{t+1} = v_t + 0.001A_t - 0.0025\cos(3x_t), \quad -0.07 \leqslant v_{t+1} \leqslant 0.07 \tag{15.1}$$

小车位置的更新计算公式为

$$x_{t+1} = x_t + v_{t+1}, \quad -1.2 \leqslant x_{t+1} \leqslant 0.6 \tag{15.2}$$

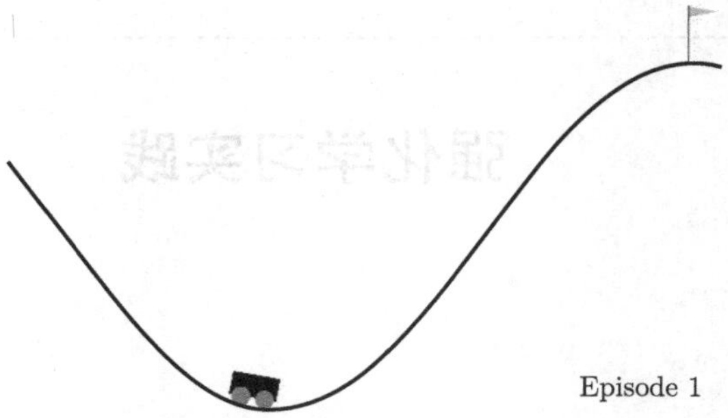

图 15.1 MountainCar-v0 图例

解 在本例中，首先分析 Gym 中自带 Mountain Car 环境①。

在分析 Gym 中自带 Mountain Car 环境时，仅关注本例中的核心函数模块，其中图形渲染功能后续章节会详细讲解。

```
import math
import numpy as np
import gym
from gym import spaces #状态空间
from gym.utils import seeding #随机种子

#定义 MountainCarEnv 类
class MountainCarEnv(gym.Env):
    metadata = {
        'render.modes': ['human', 'rgb_array'],
        'video.frames_per_second': 30
    }
```

在 Gym 的 MountainCarEnv 类中，定义了 __init__() 函数、seed() 函数、step() 函数、reset() 函数、_height() 函数、render() 函数、get_keys_to_action() 函数，以及 close() 函数。接下来逐一解读各个函数的具体功能。

```
def __init__(self, goal_velocity = 0):
    self.min_position = -1.2 #最小位置
    self.max_position = 0.6 #最大位置
    self.max_speed = 0.07 #最大速度
    self.goal_position = 0.5 #目标位置
    self.goal_velocity = goal_velocity #目标速度默认为 0
    self.force=0.001 #小车动力系统
    self.gravity=0.0025 #小车自身重力

    self.low = np.array([self.min_position, -self.max_speed])
    self.high = np.array([self.max_position, self.max_speed])

    self.viewer = None
```

① https://github.com/openai/gym/blob/master/gym/envs/classic_control/mountain_car.py.

```
    #定义动作空间，action_space =0,1,2
    self.action_space = spaces.Discrete(3)
    #定义观察空间，Box(2,): [-1.2,0.6], [-0.07,0.07]
    self.observation_space = spaces.Box(self.low, self.high, dtype=np.float32)

    self.seed()
```

```
#定义随机种子函数
def seed(self, seed=None):
    self.np_random, seed = seeding.np_random(seed)
    return [seed]
```

```
def step(self, action):
    #断言，当 action 不在 action_space 中时，打印错误
    assert self.action_space.contains(action), "%r (%s) invalid" % (action, type(action))

    #获取当前状态
    position, velocity = self.state
    #计算小车速度
    velocity += (action-1)*self.force + math.cos(3*position)*(-self.gravity)
    #限制小车速度范围
    velocity = np.clip(velocity, -self.max_speed, self.max_speed)
    #计算小车位置
    position += velocity
    #限制小车位置范围
    position = np.clip(position, self.min_position, self.max_position)
    if (position==self.min_position and velocity<0): velocity = 0
    #当小车到达目的地时，本次交互序列 Episode 结束
    done = bool(position >= self.goal_position and velocity >= self.goal_velocity)
    reward = -1.0

    self.state = (position, velocity)
    return np.array(self.state), reward, done, {}
```

step() 函数的输入是动作，输出是更新后的状态、奖励、此 Episode 是否结束的标记符，以及调试项。除了 Gym 中自带的环境，当构建新环境时，通常基于 Agent 的运动学模型和动力学模型在 step() 函数中计算下一时刻的状态和奖励，并判断该 Episode 是否达到终止状态。

```
#初始化小车状态
def reset(self):
    self.state = np.array([self.np_random.uniform(low=-0.6, high=-0.4), 0])
    return np.array(self.state)
```

```
#计算高度，用在下面的 render() 函数中
def _height(self, xs):
```

```
    return np.sin(3 * xs)*.45+.55
```

```
#定义图形渲染界面
def render(self, mode='human'):
    ...
    return self.viewer.render(return_rgb_array = mode=='rgb_array')
```

```
#获得控制的方向（使用左箭头键和右箭头键进行控制）
def get_keys_to_action(self):
    return {():1,(276,):0,(275,):2,(275,276):1}
```

```
#关闭可视化界面
def close(self):
    if self.viewer:
    self.viewer.close()
    self.viewer = None
```

一个仿真环境通常由物理引擎和图像引擎构成，物理引擎用于模拟环境中物体的运动规律；图像引擎用于显示环境中的物体图像。本例构建的仿真环境中，step() 函数充当物理引擎的角色，render() 函数充当图像引擎的角色。

15.2 表格式方法

15.2.1 Sarsa 算法

例 15.2 以 MountainCar 学习控制问题为例，使用 Sarsa 算法使小车爬上山顶[①]。

解 Sarsa 中的 5 个字母是当前 S（状态）、A（行动）、R（奖励），以及下一步 S'（状态）与 A'（行动）的组合，即我们不仅需要知道当前的 S、A，R，还需要知道下一步的 S' 和 A'。Sarsa 是一种典型的以图表形式存储 Q 值的强化学习方法，通常需要建立 Q 表格来学习并存储对应状态和动作的 Q 值。

首先，使用 gym 中的 gym.make(''MountainCar-v0'') 创建 MountainCar 游戏环境，使用 env.reset() 初始化游戏环境。

```
import gym
import numpy as np
import matplotlib.pyplot as plt
#建立 gym 环境
env = gym.make("MountainCar-v0")
env.reset()
```

① 参考答案详见 https://github.com/AIOpenData/Reinforcement-Learning-Code/blob/master/12-1%20Mountain%20Car%20Q-learning_SARSA.ipynb.

observersion 为观察到的状态，在这款游戏中，我们的状态有两个维度：[位置，速度]。通过 env.observation_space.low 和 env.observation_space.high 可以看到这两个维度的上下限。我们发现位置的范围是 $[-1.2, 0.6]$，速度的范围是 $[-0.07, 0.07]$。

```
env.observation_space.low
#输出：array([-1.2 , -0.07], dtype=float32)
env.observation_space.high
#输出：array([0.6 , 0.07], dtype=float32)
```

现在创建需要学习的 Q-table。把状态切割成 20×20 的离散状态，即把位置和速度的范围分别切割成 20 等份，一共有 400 个状态。后续，每一个状态 [位置，速度] 会对应学习到的 Q 值。

```
LEARNING_RATE = 0.5
DISCOUNT = 0.95
EPISODES = 10000
SHOW_EVERY = 200
Q_TABLE_LEN = 20
#建立 Q Table
DISCRETE_OS_SIZE = [Q_TABLE_LEN] * len(env.observation_space.high)

discrete_os_win_size = (env.observation_space.high - env.observation_space.low) /
        DISCRETE_OS_SIZE
#输出：discrete_os_win_size = array([0.09 , 0.007])
```

输入原始状态 [位置，速度]，输出表格化的状态 (位置，速度)。

```
def get_discrete_state(state):
    discrete_state = (state - env.observation_space.low) // discrete_os_win_size
    return tuple(discrete_state.astype(int))
```

表格法需要人工进行探索和利用的均衡，通常使用 ϵ-贪心策略方法。原则是，刚开始学习的时候加强随机探索，随着时间的推移慢慢加大利用的概率。在这里，ϵ 从初始值 1 开始递减，大家可以自行设置 ϵ 的值。

```
def take_epsilon_greedy_action(q_table, state, epsilon):
    if np.random.random() < epsilon: #随机探索
        action = np.random.randint(0, env.action_space.n)
    else: #取最优动作
        action = np.argmax(q_table[get_discrete_state(state)])
    return action
```

见下面 sarsa() 函数模块的代码，初始化所有元素为 0，表格大小为 (20,20,3) 的 q-table（第 2 行）。这里的 3 是动作空间的大小，即游戏中包含 3 种可用的动作，我们在每一个状态，对于每一个动作存储对应的 q 值，所以 q-table 大小为 (20,20,3)。从初始状态到游戏结束（爬到山顶）为一个完整的交互序列（Episode），这里一共尝试 10000 个交互序列。在每一轮交互序列中，先初始化游戏状态（第 5 行），采取 ϵ-贪心策略方法采取的动作（第 6 行），即刚开始的时候采取随机动作，随着学习过程的推进，慢慢增加最优动作的概率。使用 env.step(action) 给游戏输入动作 a，得到下一个状态 s'、即时回报 r 和是否结束游戏 done 等反馈（第 8 行）。

下面根据 Sarsa 算法定义进行 q-table 里当前 q 值的更新。首先通过采取 ϵ-贪心策略方法产生出动作 a'（第 9 行），然后可以求出目标 q 值 $\text{td\_target}(s,a)=r+\gamma q(s',a')$（第 11 行）。最后，更新当前 q 值 $q(s,a)=q(s,a)+\alpha(\text{td\_target}-q(s,a))$（第 12 行），其中 α 为学习率。

在游戏环境中，小车位置范围为 $[-1.2,0.6]$，一般认为小车位置超过 0.5 时就达到了山顶。判断位置是否到达山顶，如果到达山顶，则回合结束并跳出循环（第 15 行）。最后，将当前状态更新到下一个状态，并且把刚才得到的下一个动作 a' 更新到下一轮中的真实动作 a。如果回合没有结束，将继续进行循环，直到回合结束。（这里以“***”标注与 Q-Learning 算法不同的部分，请对比 15.2.2 节阅读。）

```
1  def sarsa(env, episodes, discount, epsilon, alpha):
2      q_table = np.zeros((DISCRETE_OS_SIZE + [env.action_space.n]))
3      #输出：q_table.shape = (20, 20, 3)
4      for episode in range(episodes):
5          state = env.reset()
6          action = take_epsilon_greedy_action(q_table, state, epsilon)  #***
7          while(True):
8              next_state, reward, done, _ = env.step(action)
9              next_action = take_epsilon_greedy_action(q_table, next_state, epsilon)  #***
10
11             td_target = reward + discount * q_table[get_discrete_state(next_state)][next_action]
12             q_table[get_discrete_state(state)][action] += alpha * (td_target - q_table[
       get_discrete_state(state)][action])
13             if next_state[0] >= 0.5:
14                 q_table[get_discrete_state(state)][action] = 0
15                 break
16             state = next_state
17             action = next_action  #***
18             if START_EPSILON_DECAYING <= episode <= END_EPSILON_DECAYING:
19                 epsilon -= epsilon_decay_value
20     return q_table
```

15.2.2 Q-Learning 算法

例 15.3 以 MountainCar 学习控制问题为例，使用 Q-Learning 算法使小车爬上山顶①。

① 参考答案详见 https://github.com/AIOpenData/Reinforcement-Learning-Code/blob/master/12-1%20Mountain%20Car%20Q-learning_SARSA.ipynb.

解　见下面模块的代码，Q-Learning 算法和 Sarsa 算法极其相似，都是用 Q 表存储对应每个状态和动作的 q 值，只是更新方式上有些区别。Q-Learning 算法通过 ϵ-贪心策略得到新的动作（第 7 行），在更新 q 值时用到的动作 a' 不是由 ϵ-贪心策略得到的，而是选择的最优动作（第 9 行）。创建 Q 表格的方法，以及把状态空间映射到表格的方法都与 Sarsa 相同。这里只展示 Q-Learning 算法核心部分，其中以“***”标注与 Sarsa 不同的部分。

```
1  def q_learning(env, episodes, discount, epsilon, alpha):
2      q_table = np.zeros((DISCRETE_OS_SIZE + [env.action_space.n]))
3      #输出：q_table.shape = (20, 20, 3)
4      for episode in range(episodes):
5          state = env.reset()
6          while(True):
7              action = take_epsilon_greedy_action(q_table, state, epsilon)  #***
8              next_state, reward, done, _ = env.step(action)
9              best_next_action = np.argmax(q_table[get_discrete_state(next_state)])  #***
10
11             td_target = reward + discount * q_table[get_discrete_state(next_state)][
           best_next_action]
12             q_table[get_discrete_state(state)][action] += alpha * (td_target - q_table[
           get_discrete_state(state)][action])
13             if next_state[0] >= 0.5:
14                 q_table[get_discrete_state(state)][action] = 0
15                 break
16             state = next_state
17             action = next_action  #***
18             if START_EPSILON_DECAYING <= episode <= END_EPSILON_DECAYING:
19                 epsilon -= epsilon_decay_value
20     return q_table
```

Q-Learning 选择动作时采用 ϵ-贪心策略，而计算 td_target 时选择的是最大的 q 值。由此可见，Q-Learning 学习和行动分别采用了两套不同的策略，Q-Learning 是异策略（Off-policy）算法。

Sarsa 是在行动中学习的，它通过 ϵ-贪心策略产生的动作用于计算 td_target 并更新 q-table，并且在实际中也确实采用了该动作。所以，Sarsa 学习和行动都遵循同一个策略，Sarsa 是同策略（On-policy）的算法。

15.3 策略梯度法

15.3.1 REINFORCE 算法

例 15.4　使用蒙特卡洛策略梯度法（REINFORCE 算法）解决小车爬山 MountainCar 问题①。

① 参考答案详见 https://github.com/AIOpenData/Reinforcement-Learning-Code/blob/master/12-4%20Mountain%20Car-REINFORCE.ipynb.

解 图 15.2 以直观的方式展示了策略梯度公式中各因子与实际收集数据之间的关系。式 (15.3) 中的 $\sum_{t=1}^{T} r(S_t^i, A_t^i)$ 表示总奖励 $R(\tau^i)$。某个回合的总奖励高，不代表这个回合里的每个状态-行动对都是好的。对每个状态-行动对计算当前时间到回合结束的累积奖励，用 v_t 表示。这里引进了衰减奖励的概念，表示策略当前做的动作对未来的奖励有影响，时间间隔越近，影响力越大；时间间隔越远，影响力越小。

实际使用代码（如 PyTorch、TF 等）实现 REINFORCE 算法时非常方便，例如 log_prob() 函数可以直接求出概率密度函数在给定样本值处的值的对数，我们只需要在互动过程中收集每一步的 log_prob() 和 reward（用来回合结束后计算每一步的 v_t），可参照流程图13.1。

$$\nabla_{\boldsymbol{\theta}} J(\boldsymbol{\theta}) \approx \frac{1}{N}\sum_{i=1}^{N}\left(\sum_{t=1}^{T}\nabla_{\boldsymbol{\theta}} log\pi_{\boldsymbol{\theta}}(A_t^i|S_t^i)\right)\left(\sum_{t=1}^{T} r(S_t^i, A_t^i)\right) \tag{15.3}$$

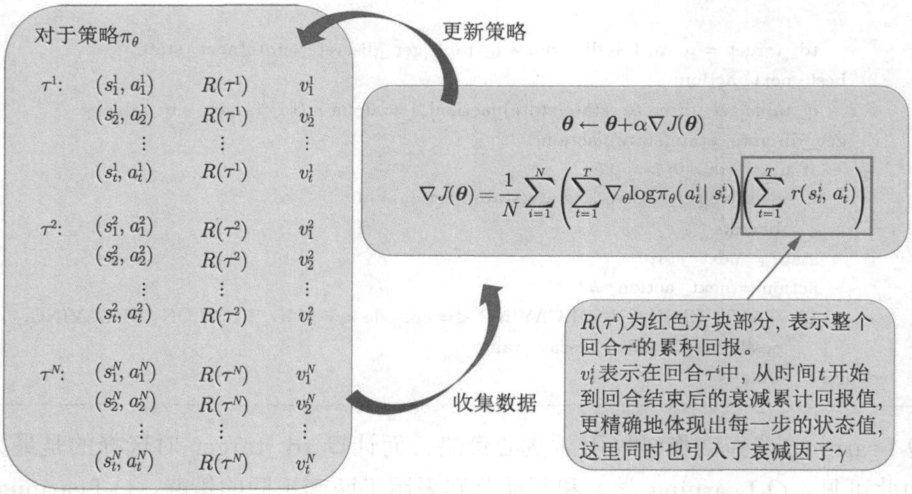

图 15.2 策略梯度公式里的因子与收集数据的具体关系

REINFORCE 算法是策略梯度法中最简单的实现方法。此处定义的在线网络包括初始化（init）、前向反馈（forward）、选择动作（select_action）、更新策略（update_policy）和计算 v_t（discouned_norm_rewards）等部分。

(1) init：初始化在线网络结构，输入为游戏的状态的维度，这里为 2，分别代表位置和速度；隐藏层的个数设置为 24，输出层神经元个数为 3，分别表示向左、不动和向右，设定学习率为 0.01。

(2) forward：前向反馈，输入状态，经过在线网络的前向反馈，得到每个对应动作的概率，例如向左 70%、不动 10%、向右 20%。

```
class PolicyNetwork(nn.Module):
    def __init__(self, num_inputs, num_actions, hidden_size =24, learning_rate = 0.01):
```

```
        super (PolicyNetwork, self).__init__()
        self.fc1 = nn.Linear(num_inputs, hidden_size)
        self.fc2 = nn.Linear(hidden_size, num_actions)
        self.optimizer = optim.Adam(self.parameters(), lr=learning_rate)

    def forward(self, state):
        x = torch.relu(self.fc1(state))
        x = F.softmax(self.fc2(x), dim=1)
        return x
```

(3) select_action：输入状态值，通过 forward 的前向反馈，得到动作的概率分布。从网络输出的概率中采样一个动作并执行。这里需要注意的是，如果使用 PyTorch，当概率密度函数相对于其参数可微分时，只需要通过计算 sample() 和 log_prob() 来实现。log_prob() 返回概率密度函数在给定样本值处的对数，这将在计算 loss 的时候使用，参照式 (13.14)。

```
class PolicyNetwork(nn.Module):
    ...
    def select_action(self, state):
        state = torch.from_numpy(state).float().unsqueeze(0)
        act_probs = self.forward(state)
        c = Categorical(act_probs)
        action = c.sample()
        return action.item(), c.log_prob(action)
```

(4) update_policy：正式计算 loss。参照式 (13.14)，我们需要对当前回合中的所有状态-行动对进行 log_prob()$\times v_t$ 的计算。log_prob 在 select_action 时一并计算，而 v_t 会在下一个函数 discounted_norm_rewards() 中计算。增加负号是因为在一般的机器学习问题中，都默认为进行梯度下降，使损失函数最小化；而此处的强化学习问题是最大化目标函数（长期回报期望值），采取的是梯度上升算法。

```
class PolicyNetwork(nn.Module):
    ...
    def update_policy(self, vts, log_probs):
        policy_loss = []
        for log_prob, vt in zip (log_probs, vts):
            policy_loss.append (-log_prob * vt)
        self.optimizer.zero_grad()
        policy_loss = torch.stack(policy_loss).sum()
        policy_loss.backward()
        self.optimizer.step()
```

(5) discounted_norm_rewards：计算 v_t。$v_t = \left(\sum_{t'=t}^{T} \gamma^{t'-t} r(s_{i,t'}, a_{i,t'})\right)$。每一个回合结束后得到整个轨迹的 reward，我们要对此进行衰减，并计算出在每个状态的未来

衰减长期回报。有多种实现方式，本例只是一个参考。

```
class PolicyNetwork(nn.Module):
    ...
    def discounted_norm_rewards (self, rewards, GAMMA):
        vt = np.zeros_like(rewards)
        running_add = 0
        for t in reversed (range(len(rewards))):
            running_add = running_add * GAMMA + rewards[t]
            vt[t] = running_add
        vt = (vt − np.mean(vt)) / (np.std(vt)+eps)
        return vt
```

(6) main：第一行先构造一个策略模型并随机初始化模型参数 θ，开始进行 5000 个回合的训练（第 2 行），使用 env.reset() 初始化游戏环境（第 4 行），并得到初始状态值。开始进行游戏互动（第 7 行），通过在线网络得到动作的分布概率，并依此采样一个将要实施的动作 action（第 8 行）。通过 env.step(action) 和环境互动得到 new_state、reward 和 done （是否结束游戏）等信息（第 9 行）。分别存储奖励信息，以便计算整个回合累积奖励或者每个状态的未来累积奖励，和用于计算 policy loss 的 log_prob 值（第 10，11 行）。当回合结束时计算每个状态的未来长期回报值 v_t，并依据 v_t 引导策略梯度的更新（第 13，14 行）。最后，进行状态更新（第 16 行），以此类推，继续进行与环境的互动，等回合结束后再做一次梯度更新。

```
1  policy_net = PolicyNetwork(state_space,action_space, hidden_layer)
2  def main (episodes = 5000, GAMMA = 0.99):
3      for episode in range(episodes):
4          state = env.reset()
5          rewards = [ ]
6          log_probs = [ ]
7          while True:
8              action, log_prob = policy_net.select_action(state)
9              new_state, reward, done, _ = env.step(action)
10             rewards.append(reward)
11             log_probs.append(log_prob)
12             if done:
13                 vt = policy_net.discounted_norm_rewards(rewards, GAMMA)
14                 policy_net.update_policy(vt, log_probs)
15                 break
16             state = new_state
```

上面代码的奖励变化如图 15.3(a) 所示。可以看到，REINFORCE 算法随着训练的回合增加，奖励值上升并逐渐收敛到一个理想的状态。

最后一个回合中 v_t 值的变化如图 15.3(b) 所示。根据 MountainCar 游戏的特性，除了最后爬到山顶拿高分以外，其他奖励都是 −1。所以，在一个回合中，时间越靠后，临近爬到山顶前的状态值越高，要加大发生这种情况的概率。

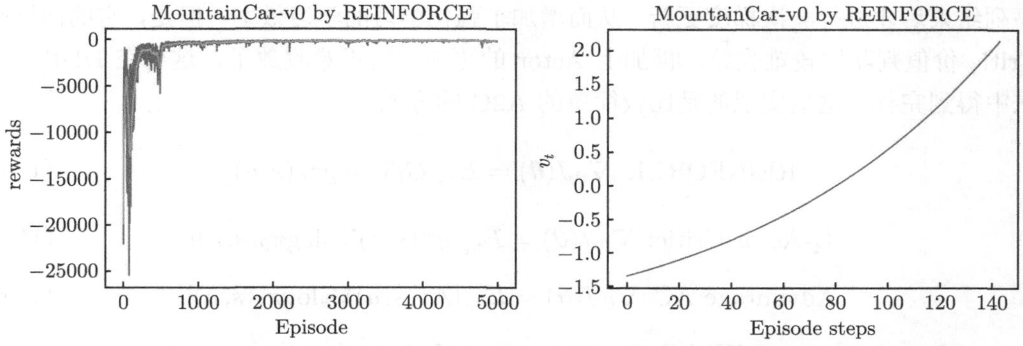

(a) REINFORCE算法中奖励的变化　(b) REINFORCE算法中v_t的变化

图 15.3　REINFORCE 算法

15.3.2　A-C 算法

例 15.5　使用 Actor-Critic 算法解决 MountainCar 问题①。

Actor-Critic 对 REINFORCE（蒙特卡洛策略梯度）进行了优化。REINFORCE 是基于一个完整的交互序列计算衰减长期回报值，需要等一个完整的回合结束才能更新一次梯度。从式 (15.4) 中可以看出，对于同样的策略 $\pi_{\boldsymbol{\theta}}$，蒙特卡洛法在某个状态下采取的动作带有随机性，导致每个不同的回合可能产生不同的轨迹，从而导致巨大的方差。

根据定义，在某个状态 s，采取动作 a 的期望值，其实就是 $q(s,a)$ 值。我们估计每一步的 Q 值指导 log_prob 的变化，参照式 (15.5)。不管是状态-行动值 q，还是状态值 v，它估计的都是期望值，从而减小方差。由此可见，Actor-Critic 方法结合了策略梯度（Actor）和值函数估计（Critic）的方法。可以直观地理解为 Actor 是动作的执行者，Critic 是对 Actor 的行为作出好或坏的评论者。

在 REINFORCE 算法中，如果奖励值一直是正值，那么累积奖励也是正的，我们总是会增加其发生的概率，如果随机采样足够充分，这不成问题，但是在有限采样的情况下，就会自然地降低其他没有被采样到的动作的概率；反之亦然。这里对长期回报减去一个基线值（如长期回报的平均值），这样就可以增加好动作被采用的概率，减少不好动作被采用的概率。传统的 Actor-Critic 算法同样引入了基线，将值函数作为基线值。它体现的是在给定状态下，该动作比平均动作有多大的优势。优势（Advantage）函数为 $A(S_t,A_t)=q(S_t,A_t)-v(S_t)$，见式 (15.8)。这就是 Advanced Actor-Critic (A2C) 的方法，即式 (15.6)。如果该动作的优势大于平均值，即 $A>0$，则增加该动作在给定状态的发生概率，反之亦然。

需要分别估计 q 值和 v 值两个神经网络吗？答案是不用。可以对 $q(s,a)$ 近似取 $r+v(S_{t+1})$，见式 (15.9)，然后就只需要估计一个状态值函数。它采用 TD error 的方式近似优势函数，使算法的回合更新制变成了**单步更新制**，每次不用等到一个完整交互

① 参考答案详见 https://github.com/AIOpenData/Reinforcement-Learning-Code/blob/master/12-5%20Mountain%20Car-A2C.ipynb.

序列结束后才进行一次梯度更新，从而增加了强化学习的学习效率。但是，它的问题是 Critic 价值判断比较难收敛，再加上 Actor 的更新，就更难收敛了，这会在 DDPG 算法中得到完善。这里实现的是比较简单的 A2C 的方式。

$$\text{REINFORCE}:\nabla_{\boldsymbol{\theta}} J(\boldsymbol{\theta}) = E_{\pi_{\boldsymbol{\theta}}}[G_t \nabla_\theta log\pi_\theta(s,a)] \tag{15.4}$$

$$\text{Q-Actor-Critic: } \nabla_{\boldsymbol{\theta}} J(\boldsymbol{\theta}) = E_{\pi_{\boldsymbol{\theta}}}[q^w(s,a) \nabla_\theta \log\pi_\theta(s,a)] \tag{15.5}$$

$$\text{Advantage AC}:\nabla_{\boldsymbol{\theta}} J(\boldsymbol{\theta}) = E_{\pi_{\boldsymbol{\theta}}}[A^w(s,a) \nabla_\theta \log\pi_\theta(s,a)] \tag{15.6}$$

$$\text{TDAC}:\nabla_{\boldsymbol{\theta}} J(\boldsymbol{\theta}) = E_{\pi_{\boldsymbol{\theta}}}[\delta \nabla_\theta \log\pi_\theta(s,a)] \tag{15.7}$$

$$\text{Advantage function}:A^w(s,a) = q^w(S_t^i, A_t^i) - v^w(S_t^i) \tag{15.8}$$

$$\text{TD error}:\delta = r_t^i + v^\pi(S_{t+1}^i) - v^\pi(S_t^i) \tag{15.9}$$

解 Actor-Critic 集合了基于策略和基于值的两类强化学习方法的优点。从式 (15.4) 到式 (15.7) 可以看出，不同策略梯度计算方法的区别在于行动值函数的估计方式不同。因为 Actor-Critic 本身的性质，我们需要建立两个网络。可以分别建立两个网络，也可以建立如图 15.4 所示的两个网络共享隐藏层的神经网络。因为两个网络的输入都是状态的维度，只是输出不一样。特别是在高维空间中，共享隐藏层可以显著减少计算量。

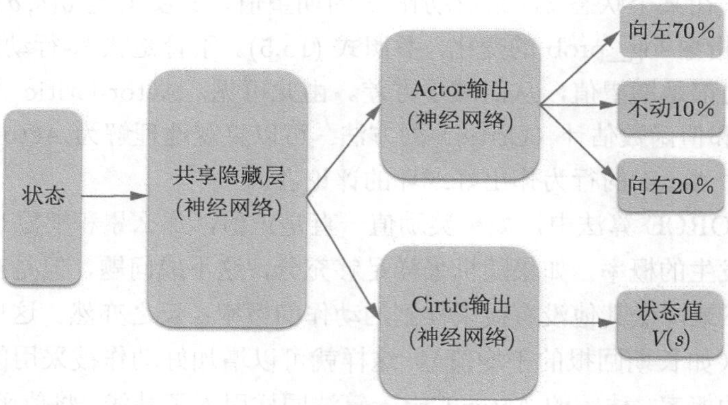

图 15.4　Actor-Critic 算法共享隐藏层的神经网络结构图

A-C 算法的大体框架是在 REINFORCE 算法的基础上增加一个值函数网络。这里采用了共享部分网络层的方法。

(1) Policy：初始化两个网络，共享第一个隐藏层，再分别设定 Actor 和 Critic 两个输出层，用的都是全连接层。这里设置的隐藏层有 50 个参数，学习率为 0.02。

```
#超参数设置
GAMMA = 0.99
learning_rate = 0.02
hidden_layer= 50
episodes = 1000
```

```
env = gym.make('MountainCar-v0')
env = env.unwrapped
env.seed(0)
torch.manual_seed(1)
state_space = env.observation_space.shape[0]
action_space = env.action_space.n
SavedAction = namedtuple('SavedAction', ['log_prob', 'value'])

class Policy(nn.Module):
    #在一个模型中创建 Actor 和 Critic
    def __init__(self):
        super(Policy, self).__init__()
        #共享隐藏层
        self.fc1 = nn.Linear(state_space, hidden_layer)
        #Actor 输出层
        self.action_fc2 = nn.Linear(hidden_layer, action_space)
        #Critic 输出层
        self.value_fc2 = nn.Linear(hidden_layer, 1)
        #动作和回报的缓存
        self.saved_actions = []
        self.rewards = []
```

(2) forward 和 select_action：forward 部分定义了两个网络的前向反馈，其中 Actor 网络接收状态向量，通过共享隐藏层，再以 softmax 概率分布形式输出不同动作的概率值；Critic 网络同样也是接收状态向量，通过共享隐藏层，最后输出要估计的值。因为输出的是一个值，所以输出维度就是 1。select_action 部分，我们在其概率分布的基础上采样了一个要发生的动作，并且和 REINFORCE 算法相似，存储了 log_prob 的值，以便后面用于计算在线网络的 Loss 值。

```
class Policy(nn.Module):
    ...
    def forward(self, x):
        #Actor 和 Critic 两个网络的前向反馈
        x = F.relu(self.fc1(x))
        #Actor 网络的前向反馈
        action_prob = F.softmax(self.action_fc2(x), dim=-1)
        #Critic 网络的前向反馈
        state_values = self.value_fc2(x)
        return action_prob, state_values

def select_action(state):
    state = torch.from_numpy(state).float()
    probs, state_value = model(state)
    #在可能性行动的列表上创建一个分类分布
    m = Categorical(probs)
    #使用分布进行抽样选出动作
    action = m.sample()
    #保存到动作缓存中
```

```
        model.saved_actions.append(SavedAction(m.log_prob(action), state_value))
        #返回选出的动作
        return action.item()
```

(3) update_policy：这部分是该算法中的关键。这里实现的是 Advantage Actor-Critic (A2C) 的方法。优势函数我们用的是实际值 G_t 减去值函数估计的状态值。在线网络的“损失函数”采用了优势函数。添加负号表示策略梯度是上升的。值函数的损失函数是真实值和估计值距离的平方。

```
class Policy(nn.Module):
    ...
    #计算 Actor 和 Critic 的损失并执行反推
    R = 0
    saved_actions = model.saved_actions
    policy_losses = []
    value_losses = []
    returns = []
    #计算真实从环境中反馈的回报值
    for r in model.rewards[::-1]:
        #计算衰减值
        R = r + GAMMA * R
        returns.insert(0, R)
    returns = torch.tensor(returns)
    returns = (returns - returns.mean()) / (returns.std() + eps)

    for (log_prob, value), R in zip(saved_actions, returns):
        advantage = R - value.item()
        #计算 actor(policy) 损失
        policy_losses.append(-log_prob * advantage)
        #计算 critic(value) 损失
        value_losses.append(F.smooth_l1_loss(value, torch.tensor([R])))

    optimizer.zero_grad()
    loss = torch.stack(policy_losses).sum() + torch.stack(value_losses).sum()
    loss.backward()
    optimizer.step()
    #重置奖励和动作缓存
    del model.rewards[:]
    del model.saved_actions[:]
```

(4) main：我们设定训练 1000 个回合，每个回合进行游戏的初始化，从一个环境给的初始状态开始。通过在线网络选出将要采取的动作，对环境做出该动作后，得到环境反馈的下一个状态值、奖励值和是否结束游戏等信息。收集计算在线网络和值函数网络的 loss 所需要的奖励值，再把当前状态转换为执行刚才动作后的新状态，进行新一轮的互动。回合结束后，进行两个网络的更新。

```
for i_episode in range(1, episodes+1):
    #重置环境和回合回报
    state = env.reset()
    ep_reward = 0
    #对于每一回合，最多运行 10000 步，避免无限循环
    for t in range(10000):
        #根据策略选择动作
        action = select_action(state)
        #采取动作从环境中得到反馈
        state, reward, done, _ = env.step(action)
        model.rewards.append(reward)
        ep_reward += reward
        if done:
            break
    #执行反向传播，更新策略
    update_policy()
```

Advantage Actor-Critic 算法的学习进度与奖励值的变化如图 15.5 所示。可以看到，A2C 算法随着训练的回合增加，奖励值变大，并且收敛到一个理想的状态。

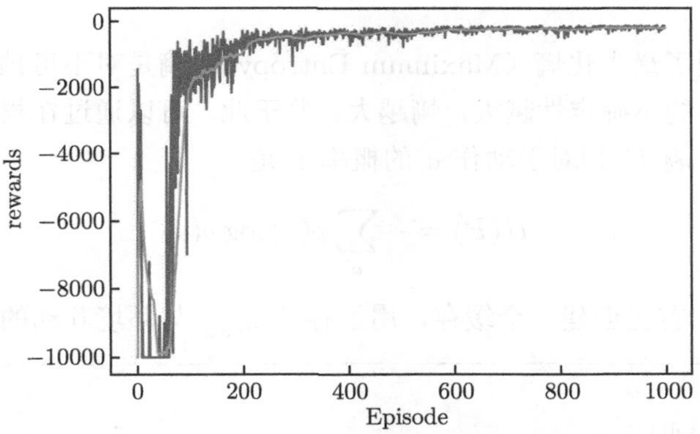

图 15.5 Advantage Actor-Critic 算法的学习进度与奖励值的变化

15.3.3 PPO 算法

例 15.6 使用近端策略优化（PPO）的方法解决 MountainCar 问题[①]。

PPO 利用重要性采样的原理，用旧策略所产生的经验更新策略。它解决了强化学习中每次更新策略后需要重新收集经验的烦琐过程，从而有效利用了过往的经验，加快了学习进程。在线网络的目标函数见式 (15.10)。重要性采样原理要求 $r_t(\theta)=\dfrac{\pi_\theta(a_t|s_t)}{\pi_{\theta_{\text{old}}}(a_t|s_t)}$ 尽可能接近 1，这里对这个目标做了一个限制，见式 (15.11)，一般 ϵ 取 0.2，clip() 函数限制 $r_t(\theta)$ 保持在 $0.8\sim1.2$。PPD 算法的流程图如图 15.6 所示。

① 参考答案详见 https://github.com/AIOpenData/Reinforcement-Learning-Code/blob/master/12-6%20Mountain%20Car-PPO.ipynb.

$$L(\theta) = E_t\left[\frac{\pi_\theta(a_t|s_t)}{\pi_{\theta_{\text{old}}}(a_t|s_t)}\hat{A}_t\right] \tag{15.10}$$

$$L^{\text{CLIP}}(\theta) = \hat{E}_t[\min(r_t(\theta)\hat{A}_t, \text{clip}(r_t(\theta), 1-\epsilon, 1+\epsilon)\hat{A}_t] \tag{15.11}$$

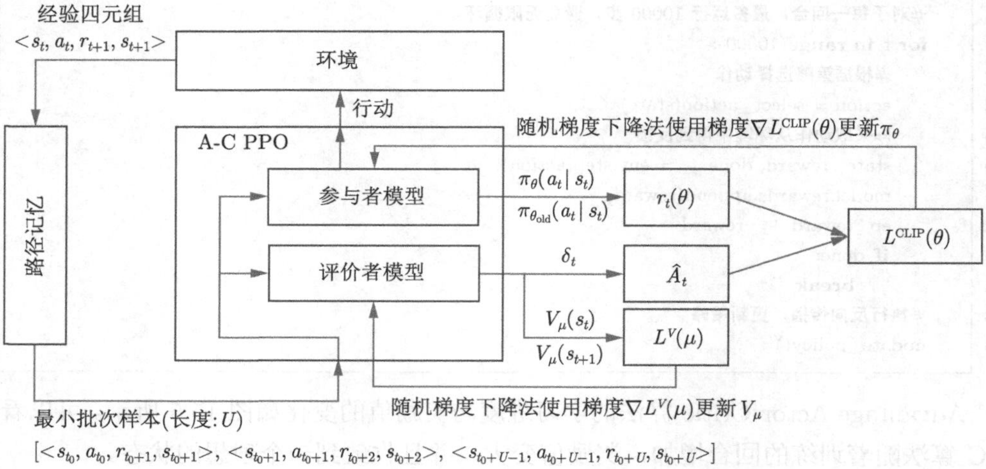

图 15.6 PPO 算法的流程图 [46]

解 本例使用了最大化熵（Maximum Entropy）。熵是对不可预测性或随机性的一种度量。事件发生的不确定性越大，熵越大。鉴于此，可以通过在损失函数中加入熵极大化项鼓励探索。熵 H 相对于动作 a 的概率 p 是

$$H(P) = -\sum_a p(a)\log p(a) \tag{15.12}$$

(1) Memory：首先创建一个缓存，用于存储 $\pi_{\theta_{\text{old}}}$ 与环境互动的经验。

```
class Memory:
    def __init__(self):
        self.actions = []
        self.states = []
        self.logprobs = []
        self.rewards = []
        self.is_terminals = []
    def clear_memory(self):
        del self.actions[:]
        del self.states[:]
        del self.logprobs[:]
        del self.rewards[:]
        del self.is_terminals[:]
```

(2) ActorCritic：PPO 也使用了 AC 的结构。这里，Actor 用了两个 64 个结点的隐藏层，输入是状态，输出是基于 softmax 的动作概率值。Critic 用的也是两个 64 个结点的隐藏层，输入是状态，输出是值函数。

```
class ActorCritic(nn.Module):
    def __init__( self , state_dim, action_dim, hidden_dim):
        super(ActorCritic, self).__init__()
        #Actor 网络
        self .action_layer = nn.Sequential(
                nn.Linear(state_dim, hidden_dim),
                nn.Tanh(),
                nn.Linear(hidden_dim, hidden_dim),
                nn.Tanh(),
                nn.Linear(hidden_dim, action_dim),
                nn.Softmax(dim=-1)
                )
        #Critic 网络
        self .value_layer = nn.Sequential(
                nn.Linear(state_dim, hidden_dim),
                nn.Tanh(),
                nn.Linear(hidden_dim, hidden_dim),
                nn.Tanh(),
                nn.Linear(hidden_dim, 1)
                )
    def forward(self):
        raise NotImplementedError
```

(3) act：通过 Actor 网络产生与环境互动的动作并返回，同时将 state、action、log_prob 等值存储到刚才创建的 memory 缓存中。这些存储的经验（状态，动作）在随后计算 Loss 时要被新的策略 π_θ 评估，而这里的 log_prob 会作为旧的策略 $\pi_{\theta_{\text{old}}}$ 计算 $r_t(\theta)$。

```
class ActorCritic(nn.Module):
    ...
    def act(self, state, memory):
        state = torch.from_numpy(state).float()
        action_probs = self.action_layer(state)
        dist = Categorical(action_probs)
        action = dist.sample()
        memory.states.append(state)
        memory.actions.append(action)
        memory.logprobs.append(dist.log_prob(action))
        return action.item()
```

(4) evaluate：通过 Actor 网络，输出不同动作的概率分布，继而得出 log_prob 和 entropy 值并返回。通过 Critic 网络，输出状态值并一起返回。后面将状态值用于计算 Loss，评估当前策略 π_θ 所产生的值。

```
class ActorCritic(nn.Module):
    def evaluate(self, state, action):
        action_probs = self.action_layer(state)
```

```
        dist = Categorical(action_probs)
        action_logprobs = dist.log_prob(action)
        dist_entropy = dist.entropy()
        state_value = self.value_layer(state)
        return action_logprobs, torch.squeeze(state_value), dist_entropy
```

(5) PPO：下面定义 PPO 类并初始化。PPO 采用了重要性采样原理，有相似的策略 π_θ 和 $\pi_{\theta_{\text{old}}}$，这里建立了 policy 和 policy_old 两个结构相同的 AC 网络，policy 是需要优化的网络，使用 Adam 优化器进行优化，而 policy_old 在 PPO 算法中与 policy 近似，即 $r_t(\theta)$ 尽可能接近 1，用来生成与环境互动的经验，是供 policy 进行多次优化使用的，自身不进行梯度更新，而是周期性地复制 policy 的参数进行更新。

```
class PPO:
    def __init__(self , state_dim, action_dim, hidden_dim, lr, gamma, K_epochs, eps_clip):
        self.lr = lr
        self.gamma = gamma
        self.eps_clip = eps_clip
        self.K_epochs = K_epochs
        self.policy = ActorCritic(state_dim, action_dim, hidden_dim)
        self.optimizer = torch.optim.Adam(self.policy.parameters(), lr=lr)
        self.policy_old = ActorCritic(state_dim, action_dim, hidden_dim)
        self.policy_old.load_state_dict(self.policy.state_dict())
        self.MseLoss = nn.MSELoss()
        self.losses = []
```

(6) PPO update：下面定义 PPO 类的梯度更新的算法。2～13 行采用蒙特卡洛法计算每个状态的衰减长期回报 G_t。使用缓存 memory 中的旧经验包括状态、动作，使用当前的 π_θ 求出当前 log_prob、状态值和 entropy。可以通过 exp（当前 log_prob 缓存中的 old_logprob）求出 $r_t(\theta)$（第 26 行）。同时，也可以求出优势值，用蒙特卡洛法得到的动作状态值减去通过 Critic 网络得出的状态值（第 29 行）。那么，式 (15.11) 中要取最小值二选一的两个部分都可以求解（第 30，31 行）。随后可以计算损失 Loss，因为 Actor 网络最大化长期回报使用的是梯度上升法，所以计算 Loss 项中的第一项取了负值，第二项是最小化 MSE 进行 Critic 网络的梯度下降，第三项是减去 Actor 输出的 entropy。经过反向传播进行两个网络的梯度更新。利用经验进行 K_epochs 次数，即 4 次的梯度更新。最后旧的策略把更新后的策略参数复制过来进行自我更新。

```
1      def update(self, memory):
2          #蒙特卡洛估计状态回报
3          rewards = []
4          discounted_reward = 0
5          for reward, is_terminal in zip(reversed(memory.rewards), reversed(memory.is_terminals)):
6              if is_terminal:
7                  discounted_reward = 0
8              discounted_reward = reward + (self.gamma * discounted_reward)
9              rewards.insert(0, discounted_reward)
```

```
        #标准化回报
        rewards = torch.tensor(rewards)
        rewards = (rewards − rewards.mean()) / (rewards.std() + 1e−5)

        #将列表转换为张量
        old_states = torch.stack(memory.states).detach()
        old_actions = torch.stack(memory.actions).detach()
        old_logprobs = torch.stack(memory.logprobs).detach()

        #为 K epochs 优化策略
        for _ in range(self.K_epochs):
            #评估旧的行动和值
            logprobs, state_values, dist_entropy = self.policy.evaluate(old_states, old_actions)

            #找到比率
            ratios = torch.exp(logprobs − old_logprobs.detach())

            #找到代理损失
            advantages = rewards − state_values.detach()
            surr1 = ratios * advantages
            surr2 = torch.clamp(ratios, 1−self.eps_clip, 1+self.eps_clip) * advantages
            loss = −torch.min(surr1, surr2) + 0.5*self.MseLoss(state_values, rewards) − 0.01*
dist_entropy
            self.losses.append(loss.mean())

            #采取梯度措施
            self.optimizer.zero_grad()
            loss.mean().backward()
            self.optimizer.step()

        #将新权重复制到旧策略中
        self.policy_old.load_state_dict(self.policy.state_dict())
```

(7) main：主函数部分首先创建用于存储旧策略经验的缓存 memory，创建一个叫作 PPO 的智能体，从前面 PPO 类的定义中可以知道，它包括两个 AC 网络。从第一回合开始，初始化游戏状态，旧策略生成动作，与环境互动，并把奖励值等信息写入缓存。每 1000 步进行 K_epochs 数量的 PPO 的更新，并清空缓存。以此类推，继续进行下一个 1000 步的互动，并更新 PPO 策略。

```
def main():
    memory = Memory()
    ppo = PPO(state_dim, action_dim, hidden_dim, lr, gamma, K_epochs, eps_clip)
    for i_episode in range(1, max_episodes+1):
        state = env.reset()
        for t in range(max_timesteps):
            timestep += 1
            action = ppo.policy_old.act(state, memory)
            state, reward, done, _ = env.step(action)
```

```
        #保存回报
        memory.rewards.append(reward)
        memory.is_terminals.append(done)
        #如果是时间，则更新
        if timestep % update_timestep == 0:
            ppo.update(memory)
            memory.clear_memory()
            timestep = 0
        ep_reward += reward
        if done:
            break
env.close()
```

图 15.7 显示了奖励值的增加和 loss 减少的过程。

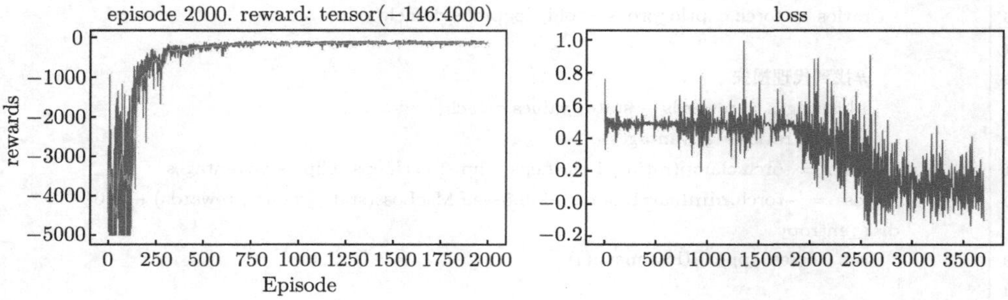

图 15.7　PPO 在 MountainCar 环境下的奖励值曲线和 loss 曲线

15.4　深度强化学习

15.4.1　DQN 算法

例 15.7　使用 DQN 的方法解决 MountainCar 问题[①]。

解　首先简单回顾一下 DQN 算法。神经网络是一种很好的函数逼近器。DQN 试图使用神经网络拟合 Q-Value 的值，解决了表格法（Q-Learning 和 Sarsa 等）中只能表示有限个离散状态空间的问题，使强化学习能直接处理图像等高维状态，继而扩大了强化学习的适用范围。

DQN 的学习过程如下：

(1) 智能体随机地采取行动，与环境进行一段时间的交互，积累一定量的状态变换信息，存储到记忆回放库中。

(2) 从记忆回放库中随机采样选取 batch 个状态变换信息用于更新在线网络。

① 参考答案详见 https://github.com/AIOpenData/Reinforcement-Learning-Code/blob/master/12-3_Mountain_Car_DQN.ipynb.

具体来说，计算更新所需的损失函数 loss $= (q - q_{\text{target}})^2$，其中 q_{target} 为 TD 目标，q 估计值则来自在线网络。

$$q_{\text{target}} = r + \gamma \max_{a'} Q(s', a', \omega)$$
$$q = Q(s, a, \omega) \tag{15.13}$$

(3) 以固定的目标网络作为标签，利用反向传播算法更新在线网络。

(4) 在对在线网络进行一定次数的更新后，将其最新的参数用于更新目标网络，即把在线网络的网络参数直接复制到目标网络。

下面先看简单版本的 DQN，即由经验回放库和单独的在线网络通过自身网络进行 TD 误差更新的方法。

(1) ReplayBuffer：构建可以存储一定量经验的记忆库。在 DQN 算法中，我们会多次从记忆库中抽取部分经验数据训练网络参数，这里我们设定经验池可以存储 20000 组经验。push 用来给记忆库添加经验，sample 用来从记忆库中随机抽取 batch_size 数量的经验，这里设置批的数量为 64。

```python
from collections import deque
class ReplayBuffer(object):
    def __init__(self, capacity):
        self.buffer = deque(maxlen=capacity)
    def push(self, state, action, reward, next_state, done):
        state = np.expand_dims(state, 0)
        next_state = np.expand_dims(next_state, 0)
        self.buffer.append((state, action, reward, next_state, done))
    def sample(self, batch_size):
        state, action, reward, next_state, done = zip(*random.sample(self.buffer, batch_size))
        return np.concatenate(state), action, reward, np.concatenate(next_state), done
    def __len__(self):
        return len(self.buffer)
```

(2) Epsilon (ϵ)：DQN 的动作选择是基于 ϵ-贪心策略实现的。训练前期需要进行大量的随机探索，随着学习的增加，慢慢地减小其随机探索度，增加最好动作的输出概率。下面是 ϵ 衰减的实现代码。衰减过程如图 15.8 所示。

```python
epsilon_start = 1.0
epsilon_final = 0.01
epsilon_decay = 100
epsilon_by_epi = lambda episode: epsilon_final + (epsilon_start - epsilon_final) * np.exp(-1. *
    episode / epsilon_decay)
plt.plot([epsilon_by_epi(i) for i in range(num_episodes)])
plt.title('Epsilon decay by episode')
```

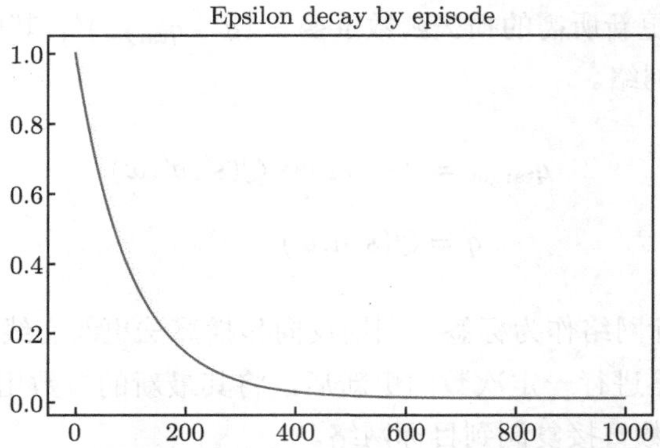

图 15.8　Epsilon 随回合增加的衰减图

(3) DQN 网络：这里设计的网络是包含两个隐藏层为 64 的神经网络。输入是状态向量，输出是不同动作的好坏。act() 函数基于 ϵ-贪心策略实现，后期采用 DQN 网络学习到的最优的行动。

```
class DQN(nn.Module):
    def __init__(self, num_inputs, num_actions):
        super(DQN, self).__init__()

        self.layers = nn.Sequential(
            nn.Linear(env.observation_space.shape[0], 64),
            nn.ReLU(),
            nn.Linear(64, 64),
            nn.ReLU(),
            nn.Linear(64, env.action_space.n)
        )

    def forward(self, x):
        return self.layers(x)

    #epsilon-greedy 贪心动作选择
    def act(self, state, epsilon):
        if random.random() > epsilon:
            q_value = self.forward(torch.Tensor(state))
            action  = torch.argmax(q_value).data.item()
        else:
            action = random.randrange(env.action_space.n)
        return action

model = DQN(env.observation_space.shape[0], env.action_space.n)
optimizer = optim.Adam(model.parameters())
```

(4) update_policy：这是最关键的环节，即计算 loss 和更新梯度的部分。从经验记忆库中随机抽取 batch_size 的经验，损失 loss = Q 现实-Q 估计。

```
def update_policy(batch_size):
    state, action, reward, next_state, done = replay_buffer.sample(batch_size)
    state = torch.Tensor(np.float32(state))
    next_state = torch.Tensor(np.float32(next_state)).detach()
    action = torch.LongTensor(action)
    reward = torch.Tensor(reward)
    done = torch.Tensor(done)

    q_value = model(state).gather(dim=1, index = action.unsqueeze(1)).squeeze(1)
    next_q_value = model(next_state).max(1)[0]
    target_q_value = reward + gamma * next_q_value * (1 - done)
    loss = (q_value - target_q_value.data).pow(2).mean()

    optimizer.zero_grad()
    loss.backward()
    optimizer.step()
    return loss
```

(5) main：每个回合初始化到最初状态，每个回合用 ϵ-贪心策略的方式和环境进行互动，每产生一次经验，都存放到经验记忆库中。如果存够了批处理的量，则开始计算 loss 并更新梯度。图 15.9 显示了随着回合数的增加，长期回报逐渐增加，loss 逐渐减小，直至收敛，这里的 loss 有大有小，是因为强化学习不是像传统的监督学习有标准的 lable 来计算误差，而是根据自身网络不断地变化。

```
for episode in range(1, num_episodes + 1):
    state = env.reset()
    episode_reward = 0
    while True:
        global_count +=1
        epsilon = epsilon_by_epi(episode)
        action = model.act(state, epsilon)
        next_state, reward, done, _ = env.step(action)
        replay_buffer.push(state, action, reward, next_state, done)

        state = next_state
        episode_reward += reward

        if (len(replay_buffer) > batch_size) & (global_count % 30 == 0) :
            loss = update_policy(batch_size)
            losses.append(loss.data.item())
        if done:
            all_rewards.append(episode_reward)
            break
```

(6) update_policy：目标网络不自己进行梯度更新，而是在在线网络学习一段时间以后复制在线网络的参数。这里创建了同样结构的另一个 target_model。在线网络每学习 30 次后，就进行目标网络的更新。同样，在计算 TD error 时，目标 Q 值要通过目标网络来生成。用 PyTorch 实现时，需要使用.detach() **切断目标网络的反向传播**，结果可参照图 15.10。

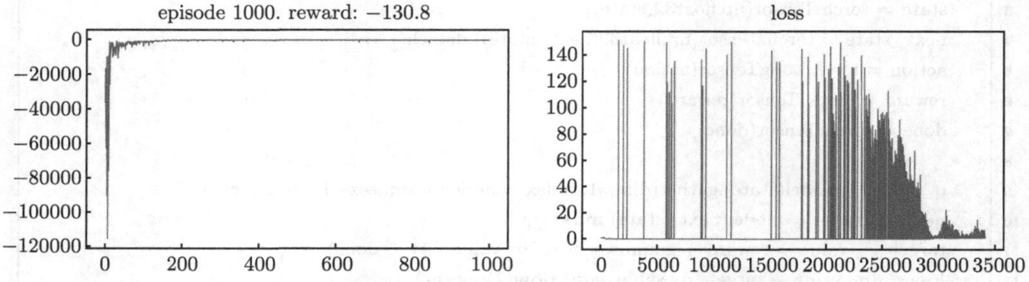

图 15.9　DQN：每个回合的长期回报曲线图和每次更新梯度时 loss 的大小

```
model = DQN(env.observation_space.shape[0], env.action_space.n)
target_model = DQN(env.observation_space.shape[0], env.action_space.n)
optimizer = optim.Adam(model.parameters())
replay_buffer = ReplayBuffer(20000)
def update_policy(batch_size):
    if model.learn_policy_counter % replace_target_iter ==0:
        target_model.load_state_dict(model.state_dict())
    state, action, reward, next_state, done = replay_buffer.sample(batch_size)
    state = torch.Tensor(np.float32(state))
    next_state = torch.Tensor(np.float32(next_state)).detach()
    action = torch.LongTensor(action)
    reward = torch.Tensor(reward)
    done = torch.Tensor(done)
    q_value  = model(state).gather(dim=1, index = action.unsqueeze(1)).squeeze(1)
    next_q_value = target_model(next_state).max(1)[0]
    target_q_value = reward + gamma * next_q_value * (1 - done)
    loss = (q_value - target_q_value.data).pow(2).mean()
    optimizer.zero_grad()
    loss.backward()
    optimizer.step()
    model.learn_policy_counter +=1
    return loss
```

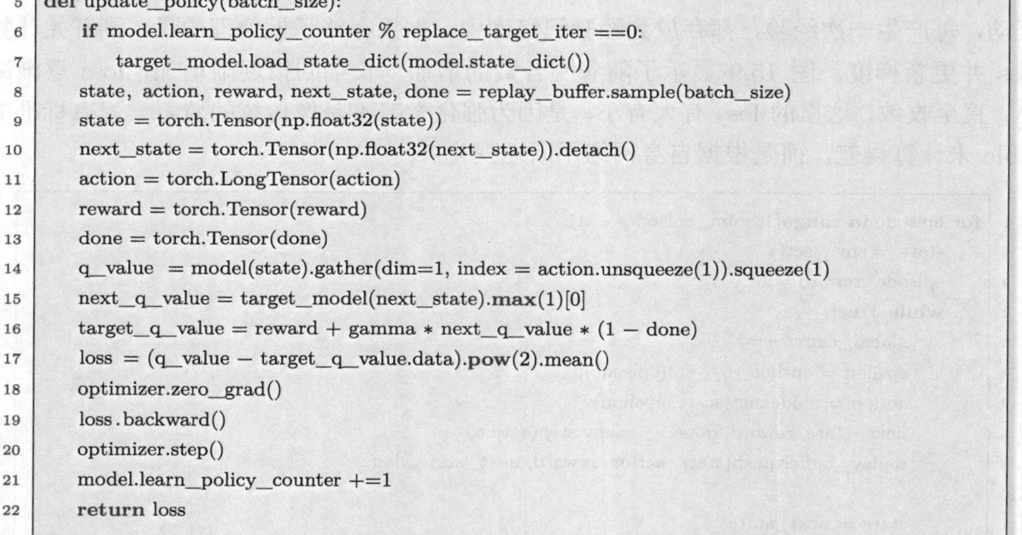

图 15.10　加入目标网络的 DQN：每个回合的长期回报曲线图和每次更新梯度时 loss 的大小

15.4.2 DDPG 算法

例 15.8　使用 DDPG 解决 Mountain Car Continuous-v0 连续空间的问题①。

解　可以把 DDPG 算法实现分为四个部分：经验回放，Actor 和 Critic 网络的更新，目标网络的更新，以及探索（Exploration）。

(1) 经验回放：正如 DQN，DDPG 也使用经验池采样经验来更新神经网络参数。在每一次轨迹产生的过程中，保存所有的经验元组（state、action、reward、next_state），并将它们存储在一个有限大小的缓存——“经验池”中。然后，当更新 Q 值和策略网络时，从经验池随机抽取小批经验。

```
class Memory:
    def __init__(self, max_size):
        self.max_size = max_size
        self.buffer = deque(maxlen=max_size)
    def push(self, state, action, reward, next_state, done):
        experience = (state, action, np.array([reward]), next_state, done)
        self.buffer.append(experience)
    def sample(self, batch_size):
        state_batch = [ ]
        action_batch = [ ]
        reward_batch = [ ]
        next_state_batch = [ ]
        done_batch = [ ]
        batch = random.sample(self.buffer, batch_size)
        for experience in batch:
            state, action, reward, next_state, done = experience
            state_batch.append(state)
            action_batch.append(action)
            reward_batch.append(reward)
            next_state_batch.append(next_state)
            done_batch.append(done)
        return state_batch, action_batch, reward_batch, next_state_batch, done_batch
    def __len__(self):
        return len(self.buffer)
```

(2) Actor 和 Critic 网络的更新：先创建 Actor 和 Critic 两个网络结构。

```
class Actor(nn.Module):
    def __init__(self, input_size, hidden_size, output_size):
        super(Actor, self).__init__()
        self.linear1 = nn.Linear(input_size, hidden_size)
        self.linear2 = nn.Linear(hidden_size, hidden_size)
        self.linear3 = nn.Linear(hidden_size, output_size)
    def forward(self, state):
        #参数 state 为张量
```

① 参考答案详见 https://github.com/AIOpenData/Reinforcement-Learning-Code/blob/master/12-7%20Mountain%20Car-DDPG.ipynb.

```
        x = F.relu(self.linear1(state))
        x = F.relu(self.linear2(x))
        x = torch.tanh(self.linear3(x))
        return x

class Critic(nn.Module):
    def __init__(self, input_size, hidden_size, output_size):
        super(Critic, self).__init__()
        self.linear1 = nn.Linear(input_size, hidden_size)
        self.linear2 = nn.Linear(hidden_size, hidden_size)
        self.linear3 = nn.Linear(hidden_size, output_size)
    def forward(self, state, action):
        #参数 state 和 action 为张量
        x = torch.cat([state, action], 1)
        x = F.relu(self.linear1(x))
        x = F.relu(self.linear2(x))
        x = self.linear3(x)
        return x
```

然后初始化 4 个网络：actor、actor_target、critic、critic_target。目标网络分别复制原始网络的网络参数。

```
self.actor = Actor (self.num_states, hidden_size, self.num_actions)
self.actor_target = Actor (self.num_states, hidden_size, self.num_actions)
self.critic = Critic(self.num_states + self.num_actions, hidden_size, self.num_actions)
self.critic_target = Critic(self.num_states + self.num_actions, hidden_size, self.num_actions)
for target_param, param in zip(self.actor_target.parameters(), self.actor.parameters()):
    target_param.data.copy_(param.data)
for target_param, param in zip(self.critic_target.parameters(), self.critic.parameters()):
    target_param.data.copy_(param.data)
```

① Critic（价值）网络更新：价值网络的更新类似于 Q-Learning 中所做的。更新后的 Q 值由 Bellman 方程得到。而在 DDPG 中，下一状态 Q 值是通过目标值网络和目标策略网络计算的。然后最小化更新后的 Q 值与原 Q 值之间的均值平方损失。注意，原始 Q 值是通过值网络计算的，而不是目标值网络。

```
#Critic 损失
Qvals = self.critic.forward(states, actions)
next_actions = self.actor_target.forward(next_states)
next_Q = self.critic_target.forward(next_states, next_actions.detach())
Qprime = rewards + self.gamma * next_Q
critic_loss = self.critic_loss(Qvals, Qprime)
```

② Actor（策略）网络的更新：目标是最大化预期回报。使用批次经验以非策略方式更新策略，计算迷你批的梯度总和的平均值。

```
#Actor 损失
policy_loss = −self.critic.forward(states, self.actor.forward(states)).mean()
```

(3) 目标网络的更新：复制一份目标网络参数，并让它们通过“软更新”缓慢跟踪已学习网络的参数，如下所示。

$$\theta^{Q'} \leftarrow \tau\theta^{Q} + (1-\tau)\theta^{Q'}, (\tau \ll 1) \tag{15.14}$$

$$\theta^{\mu'} \leftarrow \tau\theta^{\mu} + (1-\tau)\theta^{\mu'}, (\tau \ll 1) \tag{15.15}$$

```
for target_param, param in zip(self.actor_target.parameters(), self.actor.parameters()):
    target_param.data.copy_(param.data * self.tau + target_param.data * (1.0 − self.tau))
for target_param, param in zip(self.critic_target.parameters(), self.critic.parameters()):
    target_param.data.copy_(param.data * self.tau + target_param.data * (1.0 − self.tau))
```

(4) 探索（Exploration）：在离散行动空间的强化学习中，探索是通过概率选择一个随机行动完成的（如 epsilon-greedy）。对于连续的动作空间，探索是通过给动作本身添加噪声完成的（还有参数空间噪声）。

在 DDPG 论文中，作者使用 Ornstein-Uhlenbeck 过程对动作输出添加噪声：

$$\mu'(s_t) = \mu(s_t|\theta_t^{\mu}) + \mathcal{N} \tag{15.16}$$

```
class OUNoise(object):
    def __init__(self, action_space, mu=0.0, theta=0.15, max_sigma=0.25, min_sigma=0.25,
        decay_period=100000):
        self.mu           = mu
        self.theta        = theta
        self.sigma        = max_sigma
        self.max_sigma    = max_sigma
        self.min_sigma    = min_sigma
        self.decay_period = decay_period
        self.action_dim   = action_space.shape[0]
        self.low          = action_space.low
        self.high         = action_space.high
        self.reset()
    def reset(self):
        self.state = np.ones(self.action_dim) * self.mu
    def evolve_state(self):
        x  = self.state
        dx = self.theta * (self.mu − x) + self.sigma * np.random.randn(self.action_dim)
        self.state = x + dx
        return self.state
    def get_action(self, action, t=0):
        ou_state = self.evolve_state()
        self.sigma = self.max_sigma − (self.max_sigma − self.min_sigma) * min(1.0, t / self.
            decay_period)
```

```
        return np.clip(action + ou_state, self.low, self.high)
```

```
env = gym.make("MountainCarContinuous-v0")
agent = DDPGagent(env)
noise = OUNoise(env.action_space)
batch_size = 256
for episode in range(1,501):
    state = env.reset()
    noise.reset()
    episode_reward = 0
    for step in range(2000):
        action = agent.get_action(state)
        action = noise.get_action(action, step)
        new_state, reward, done, _ = env.step(action)
        agent.memory.push(state, action, reward, new_state, done)
        if len(agent.memory) > batch_size:
            agent.update(batch_size)
        state = new_state
        episode_reward += reward
        if done:
            break
```

最后，在 Mountain Car Continuous-v0 环境中训练 400 个回合，并绘出图 15.11。

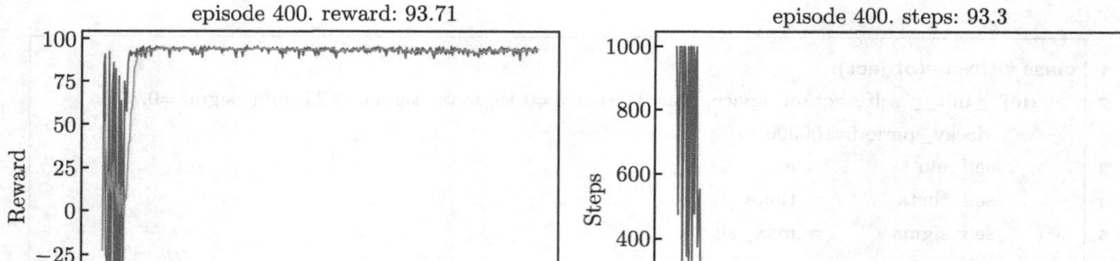

图 15.11 DDPG 算法在 Mountain Car Continuous-v0 环境中的训练结果

15.5 本章小结

本章以 MountainCar-v0 环境为例，使用 PyTorch 实现了经典强化学习算法，包括基于值的 Q-Learning、Sarsa 和 DQN，基于策略的 REINFORCE 算法，以及基于值与基于策略相结合的 A2C、PPO 等算法。

MountainCar 是强化学习算法实战中常用到的环境。MountainCar 游戏中 Reward 一直都是 -1，直到最后爬上小坡为止，它属于稀疏奖励问题，即完成目标的步数很长，导致奖励空间中的负奖励样本远远多于正奖励样本。在某些算法中很难进行初步学习，如 A2C 算法本来可以进行单步更新，但是因为基于值的 Critic 无法在刚开始就能学到东西，所以我们以回合更新的方法实现。对于稀疏奖励问题，经验池机制可以有效地解决这个问题，如 DQN、PPO、DDPG 等。也可以重新构建奖励函数，解决其因奖励稀疏性不能提供有效信息的问题。还有更高级的递进学习（Curriculum Learning）、HER（Hindsight Experience Replay）等算法，有兴趣的同学可以自行学习。

表格式方法对状态空间进行了离散化处理，更新对应的 Q 值。Q-Learning 和 Sarsa 方法可以非常快而且稳定地找出最好的策略，但是无法对高维度状态都进行表格化处理，它们无法应用到状态空间复杂的环境中。

DQN 在传统表格法里加入了神经网络，用神经网络拟合 Q 值，使之可以处理高维状态空间，如图像等。但是，由于神经网络的不稳定性，训练效果也不是很稳定。DQN 引入了经验回放和目标网络的概念解决这个问题。根据实践可知，对于像 MountianCar 这种稀疏奖励问题，经验池足够大是解决问题的关键。

REINFORCE 是基于策略的强化学习算法。它对长期回报期望直接求导，进行梯度上升，找到使长期回报期望值最高的策略。REINFORCE 对回合任务的长期回报进行一次梯度更新，存在的问题就是引入了高方差。

Actor-Critic 算法联合了基于值和基于策略的优点。Actor 是基于策略的神经网络，用来对环境做出动作；Critic 是基于值的神经网络，用来更好地评估状态值或者状态-动作值，指导 Actor 进行更好的决策。A2C、A3C、PPO、DDPG 等都传承了这种思想。A2C 加入了基线的概念，解决奖励值总是正的或者总是负的问题；PPO 引入重要性采样概念解决了每次更新策略后需要重新收集经验的烦琐过程，有效地利用了过往的经验，加快了学习进程，是一种异策略学习的方法。

第16章

强化学习前沿

学习目标与要求

1. 了解深度强化学习前沿。
2. 了解多智能体强化学习前沿。
3. 了解多任务强化学习前沿。

16.1 深度强化学习

深度强化学习方法可以分为基于值的方法、基于策略的方法，以及基于模型的方法。第 14 章已经介绍了最新的基于值的深度强化学习方法 DQN 和基于策略的深度强化学习方法 DDPG。本节主要介绍基于模型的深度强化学习的最新进展。

在基于模型的学习中，样本用于学习一个转移模型，该模型可以在优化策略时多次使用。基于模型的强化学习的成功与否取决于动力学模型的质量。高维问题的动力学建模通常需要高容量的网络，需要大量样本实现高泛化并避免过拟合，这又潜在地抵消了基于模型的方法拥有的高样本效率。所以，如何构造一个具有高预测能力和低样本复杂度的高容量动力学模型是关键问题。最新综述 [47] 将面向高维问题的基于模型的强化学习方法分为三种情况：① 基于给定转移模型的规划；② 基于转移模型学习的规划；③ 转移模型和规划的端到端学习。表 16.1 总结了这 3 种情况下的最新算法。

在基于给定转移模型的规划问题中，环境明确提供了转移和奖励模型。例如，围棋和国际象棋等游戏。通过将经典的启发式搜索规划算法，如 Alpha-beta 和蒙特卡洛树搜索（Monte Carlo Tree Search，MCTS），与深度学习、自我博弈相结合，实现课程学习（Curriculum Learning）[60]。课程学习的主要思想是模仿人类学习过程由简单到困难的特点，学习样本的难度由易到难，这样容易使模型找到更好的局部最优，同时加快训练的速度。TD-Gammon [48] 使用一个小神经网络学习价值函数和一个两级深度的 Alpha-beta 搜索 [61]，利用时序差分从头开始学习。

专家迭代（Expert Iteration, ExIt）[49] 结合了基于 MCTS 搜索的专家规划和深度学习迭代，将单一的多任务神经网络用于策略和值函数的学习。专家迭代的进一步发展是使用策略梯度搜索替代搜索树 [62]。AlphaZero 及其前身 AlphaGo Zero 是基于模型的自我博弈课程学习 [50]，转移函数和奖励函数是由游戏规则定义的，目标是学习最优策略和价值函数。自我生成课程学习是否可以应用于单个智能体问题 [63-65] 和多智能体的即时战略游戏的问题 [66] 正在研究中。

表 16.1 基于模型的强化学习方法 [47]

分 类	方法名称	学 习	规 划	RL 方法	应 用
基于给定转移模型的规划	TD-Gammon [48]	全连接网络	Alpha-beta	时间差分	西洋双陆棋
	ExIt [49]	策略/值 CNN	MCTS	课程学习	Hex
	AlphaGo Zero [50]	策略/值 ResNet	MCTS	课程学习	Go/chess/shogi
基于转移模型学习的规划	PILCO [51]	高斯过程	基于梯度	–	Pendulum
	iLQG [52]	二阶非线性	MPC	–	Humanoid
	GPS [53]	iLQG	轨迹	–	Swimmer
	SVG [54]	值梯度	轨迹	–	Swimmer
	PETS [55]	不确定性集成	MPC	–	Cheetah
转移模型和规划的端到端学习	VIN [56]	CNN	网络中的 Rollout	值迭代	Mazes
	VProp [57]	CNN	Hierarch Rollouts	值迭代	Maze、nav
	TreeQN [58]	树形网络	Plan-functions	DQN/A-C	Box-push
	Planning [59]	CNN+LSTM	Rollouts in network	A3C	Sokoban

在基于给定转移模型的规划问题中，转移规则可以直接从问题中派生出来，然而，现实中的许多问题需要对环境进行采样来学习转移模型。基于转移模型学习的规划算法是通过环境样本的反向传播学习转移模型进行规划。单网络模型学习对于低维问题很有效，高斯过程建模实现了样本效率和良好策略的泛化。对于高维问题，泛化和样本效率下降，需要更多的样本，策略也不能很好地发挥作用。可以使用指导策略搜索（Guided Policy Search, GPS）[67] 限制使用模型控制预测范围，使用带有轨迹采样的概率集成（Probabilistic Ensembles with Trajectory Sampling, PETS）[55] 来应对环境的动态性。对于较小的模型，可以使用环境样本将转移模型近似为随机变量的高斯过程。高斯过程可以精确地学习简单过程，并具有良好的样本效率 [68]。PILCO [51] 采用了这种方法，即学习控制的概率推理[69−70]。另一种相关的方法是采用非线性最小二乘优化的轨迹优化方法。线性二次高斯（Linear Quadratic Gaussian, LQG）控制问题是控制理论中最基本的最优控制问题之一。迭代 LQG （Iterative LQG, iLQG）[52] 是非线性最小二乘优化的高斯-牛顿方法的控制模拟。与 PILCO 不同的是，模型对奖励函数使用二次逼近，对转移函数使用线性逼近 [71]。GPS 使用轨迹优化避免较差的局部最优值。在 GPS 中，

参数化策略是利用轨迹分布的样本进行监督训练。通过微分动态规划生成指导样本，并通过正则化重要抽样将指导样本纳入策略中。与之前的方法相比，GPS 算法可以训练具有数千个参数的复杂策略。从某种意义上说，GPS 将 iLQG 控制器转换为具有信任区域的神经网络策略，该信任区域内的新控制器不会与样本偏离太多 [53, 72, 73]。随机值梯度（Stochastic Value Gradients, SVG）[54] 通过计算沿真实环境轨迹而不是规划轨迹的值梯度减轻学习模型的不准确性。通过随机样本的再参数化和反向传播，解决了预测跃迁与真实跃迁之间的不匹配问题。相比之下，PILCO 使用高斯过程模型计算对模型不确定性非常敏感的策略梯度，而 GPS 则借助随机轨迹优化器和局部线性模型优化策略。SVG 则侧重于全局神经网络的值函数逼近。PETS 通过模型集成（Ensemble）强调了不确定性估计在基于模型的强化学习的重要性 [74]。

最后一种方法是端到端学习转换模型和规划步骤。值迭代网络（VIN）[56,75] 是一种可微的多层网络。它的核心思想是值迭代或逐步规划，可以通过多层卷积网络实现：每一层都做一步前瞻。通过反向传播，模型学习值迭代参数。然而，VIN 的一个限制是 CNN 的层数限制了规划步骤的数量，使得 VINs 只能在较小的低维域内进行。价值传播（VProp）[57] 是受 VIN 启发而创建的可归纳规划器的另一种尝试。通过使用层次结构，VProp 能够推广到更大的映射大小和动态环境，可以学习在动态环境中进行规划和导航。TreeQN/ATreeC 通过在网络中合并递归树结构为深度强化学习创建可微分树规划 [58]。可微分规划的另一种方法是教一系列卷积神经网络展示规划行为。Planning [59] 证明了由卷积网络和 LSTM 模块组成的神经网络体系结构可以学习规划器的行为。规划网络结合了规划和转移学习，将规划引入网络中，使得规划过程本身是可微分的，然后基于这个网络做规划决策。

16.2 多智能体强化学习

多智能体强化学习（Multi-Agent RL，MARL）通过多个智能体的合作解决复杂任务。多智能体深度强化学习（Multi-Agent Deep RL，MADRL）通过深度强化学习解决多智能体强化学习问题。在多智能体系统（Multi-Agent System，MAS）中，各智能体相互通信，并与环境相互作用。多智能体之间的关系涉及完全合作、完全竞争和混合的场景。与单一智能体环境不同，MAS 中各智能体的价值函数依赖于联合行动和联合决策，控制多个智能体带来了额外的挑战，比如多个智能体之间相互作用不断重塑环境导致环境的非平稳性，环境是部分可观测的，以及需要针对多智能体的训练方案等。

16.2.1 基于值函数

部分可观测的马尔可夫决策过程（Partially Observable Markov Decision Process, POMDP）可以对部分可观测环境中的强化学习问题进行建模。基于长短期记忆网络的深度递归 Q 网络（Deep Recurrent Q-Network, DRQN）[76] 通过递归结构，能够在部分可观测的环境中以稳定的方式学习改进的策略。文献 [77] 将 DRQN 扩展到深度分布式循环 Q 网络（Deep Distributed Recurrent Q-Network, DDRQN）来处理多智能体 POMDP 问题。同样是在部分可观测环境中，多任务多智能体强化学习（Multi-Task Multi-Agent RL, MT-MARL）[78] 方法扩展到了多任务多智能体问题。该方法集成了滞后学习 [78]、DRQN [76]、蒸馏法 [79] 和并发经验回放轨迹（Concurrent Experience Replay Trajectories, CERTs）[45]。

由于马尔可夫性质在非平稳环境中不再成立，Q-Learning 在单智能体环境下的收敛理论不能保证适用于大多数多智能体问题 [80]。深度重复更新 Q 网络（Deep Repeated Update Q-Network，DRUQN）[81−82] 和深度松耦合 Q 网络（Deep Loosely Coupled Q-Network, DLCQN）[83] 是 DQN 的两个变种，以解决多智能体任务中的非平稳性问题 [84]。多智能体并发 DQN （Multi-Agent Concurrent DQN, MAC-DQN）是 DQN 的扩展，该方法在非平稳环境下被证明可以收敛 [85]。文献 [86] 介绍了两种方法来稳定 MADRL 中 DQN 的经验回放，第一种方法使用重要性采样方法自然地衰减过时的数据，第二种方法使用指纹消除从回放缓存中检索到的样本年龄的歧义。宽容 DQN（Lenient DQN, LDQN）[87] 引入宽大处理的概念来处理经验回放存储器中的采样策略更新。在随机奖励环境下，LDQN 算法在收敛于最优策略方面优于滞后 DQN（Hysteretic DQN, HDQN）[78]。文献 [88] 将宽容处理的概念和规划的重放策略合并到加权双深度 Q 网络（Weighted Double Deep Q-Network, WDDQN）中来应对 MAS 中的非平稳性。

将单智能体深度 RL 方法扩展到多智能体环境中的直接方法是将其他智能体作为环境的一部分去独立地学习，如使用独立 Q-Learning 算法 [89]。但是该方法容易出现过拟合 [90]，计算代价高昂。另一种流行的方法是集中学习和分散执行（每个代理可以根据其局部观察采取行动）[91−92]，可以通过开放式通信渠道使用集中方式同时训练一组代理 [91]。在部分可观察性和有限的通信条件下，分散式策略具有优势。文献 [93] 研究了 MAS 的 3 种不同的训练方案，包括集中学习、并行学习和参数共享。基于集中学习方法的强化智能体间学习（Reinforced Inter-Agent Learning, RIAL）和可微分代理间学习（Differentiable Inter-Agent Learning, DIAL）方法可以改善智能体间的学习交流 [77]。通信神经网络（Communication Neural Net, CommNet）[94] 允许动态代理学习连续通信，以及完全合作任务的策略。与 CommNet 不同的深度强化对手网络（Deep Reinforcement Opponent Network, DRON）[95] 将对对手的观察编码到 DQN 中，在没有领域知识的情况下共同学习策略和对手的行为。主从多代理 RL（Master-Slave Multi-Agent RL, MS-MARL）[96−97] 的模型将分散和集中的观点合并到分层的主从体系结构中，以解决 MAS 中的通信问题。

16.2.2　基于策略

深度策略推理 Q-Network（Deep Policy Inference Q-Network, DPIQN）可以建模多智能体系统，它的增强版——深度递归策略推理 Q-Network（Deep Recurrent Policy Inference Q-Network, DRPIQN）可以应对部分可观测性 [98]。DPIQN 和 DRPIQN 都

是通过在训练过程的各个阶段调整网络对策略特征及其自身 Q 值的关注学习。试验表明，DPIQN 和 DRPIQN 的总体性能都优于基准 DQN 和 DRQN [76]。贝叶斯动作解码器（Bayesian Action Decoder, BAD）算法可用于部分可观测环境下的多个智能体的协作学习 [99]。基于 BAD 引入的新概念——公共信念马尔可夫决策过程（Public Belief MDP），采用近似贝叶斯更新来获得公共可观测环境的公共信念。BAD 依靠分解和近似信念状态发现约定，以使智能体能够有效地学习最佳策略。这与人类用于解释他人行为的心理理论密切相关。

信赖域策略优化（Trust Region Policy Optimization, TRPO）[26] 方法可以扩展到连续状态和动作空间，并且用于机器人局部运动和基于图像的博弈领域的随机控制策略优化。由于具有执行分散策略的能力，参数共享可扩展单个代理深度 RL 算法，以适应多智能体系统。在不影响智能体稳定性的前提下，信息的收集和处理必须有一定的重复性。在多智能体的环境下，特定状态的良好策略在未来不能保持稳定。文献 [93] 提出了参数共享与 TRPO 的结合，即参数共享 TRPO（Parameter Sharing and TRPO, PS-TRPO）。PS-TRPO 基于 TRPO 给出了基于策略的多智能体训练方案，能够有效地处理多智能体学习的连续动作空间 [27]，可应用于高维观测和部分可观测环境。

16.2.3 基于 A-C 框架

深度确定性策略梯度（Deep Deterministic Policy Gradient, DDPG）[27] 基于异策略 A-C 算法处理连续动作空间，需要大量的训练集来寻找解决方案。递归 DPG（Recurrent DPG, RDPG）[100] 将 DDPG 扩展为可以处理部分可观察环境中的连续动作空间问题，可用于智能体在无法获得真实状态时做出决策。多智能体深度确定性策略梯度（Multi-Agent Deep Deterministic Policy Gradient, MADDPG）[101] 的特点是集中学习和分散执行。在这种范式中，MADDPG 由分散的 Actor 组成的多智能体和集中的 Critic 组成，Critic 使用额外的信息简化培训过程，在执行阶段只使用 Actor 根据其本地观察采取行动。

除了部分可观察性，智能体有时需要在极端嘈杂的环境中进行观察，这与环境的真实状态是弱相关的。通信介质增强的多智能体深度确定性策略梯度（Multi-Agent Deep Deterministic Policy Gradient enhanced by a Communication Medium, MADDPG-M）结合 DDPG 和通信媒介解决这种环境面临的问题 [102]。智能体需要决定它们的观察是否能与其他智能体共享，并通过经验与主要策略同时学习通信策略。

反事实多代理（Counterfactual Multi-Agent, COMA）[92] 是另一种多智能体 A-C 方法，同样依赖于集中学习和分散执行方案。与 MADDPG [101] 不同，COMA 可以处理多代理的信用分配问题 [103]，在这个问题中，智能体很难通过合作环境下的联合行动产生的全局奖励计算出其贡献。COMA 的缺点是只关注离散的动作空间 [27]，MADDPG 能够有效地学习连续的策略。

文献 [93] 将课程学习技术扩展到 MAS，整合了策略梯度、时序差分和 A-C 方法。课程学习的原则是开始学习简单的任务积累知识，然后再执行复杂的任务。这同样适用于 MAS 环境，在这种环境中，最初只有较少的智能体合作，然后再扩展到多智能体来完成困难任务。试验结果表明，课程学习方法对于将深度 RL 算法扩展到复杂的多智能体问题具有至关重要的作用。

表 16.2 给出了针对多智能体学习挑战的解决方案。可以看到，已经提出许多 DQN 的扩展，而基于策略或基于 A-C 的多智能体方法还没有得到充分的研究探索。

表 16.2　多智能体学习的挑战以及相应解决方法 [104]

挑　战	方　案		
	基　于　值	基于策略	基于 A-C
部分可见	DRQN [76]; DDRQN [77]; MT-MARL [78]; RIAL, DIAL [77]; MT-MARL [78]	DPIQN 和 DRPIQN [98]; PS-TRPO [93]; BAD [99]	RDPG [100]; MADDPG [101]
非平稳性	DRUQN [82]; DLCQN [83]; MAC-DQN [85]; LDQN [87]; HDQN [78]; WDDQN [88]	PS-TRPO [93]	MADDPG-M [102]; RDPG [100]
多智能体训练方案	DQN 的多智能体扩展 [89]; RIAL, DIAL [99]; CommNet [94]; DRON [95]; MS-MARL [96,97]	PS-TRPO [93]	MADDPG [101]; COMA [92]

16.3　多任务强化学习

无论是单智能体强化学习，还是多智能体强化学习，前面章节介绍的方法的共同点是只学习一个任务。但现实生活中的问题往往比较复杂，它会涉及多个任务。例如，自动驾驶涉及环境探测、路线规划、前车跟踪等。在这种情况下，如果每个智能体分别和环境互动各自学习任务，样本效率将非常低，训练成本也很高昂。事实上，这些场景的信息源涉及许多相互依赖的任务，如果多个任务能够一起学习，并相互分享各自的知识，最终会使整个系统的泛化性能有更大的提高。这种方法被称为多任务学习（Multi-Task Learning, MTL）。在强化学习领域，MTL 可以分为单一智能体-多任务和多智能体-多任务两种情况。MTL 有多种形式，如联合学习（Joint Learning）、自主学习（Learning to Learn）和带有辅助任务的学习（Learning with Auxiliary Task）等。

多任务学习基于共享表示，是一种把多个相关的任务放在一起学习的机器学习范式。多任务学习采用一种诱导迁移机制，其关键目标是提高泛化性能 [105]。多任务背后的核心目标遵循一种“学习到学习”的方法，以便通过共享表示并行地训练各个相关任务来利用累积的信息[106]。这样，在每个任务学习中获得的知识就可以被再利用，有利于更好地学习其他任务。最终，通过这种方法，多任务学习提高了整体泛化性能。从强化学习的角度看，多任务学习是一种旨在在假定智能体经历的性能瓶颈问题来自同一分布的前提下优化代理性能的方法。

本节从多任务强化学习算法和多任务强化学习框架两个方面介绍多任务强化学习领域的最新进展。

16.3.1 多任务强化学习算法

蒸馏是一种有效的监督学习模型压缩方法[107]。蒸馏方法使用一个不太复杂的目标分布，使用监督回归的方法训练一个目标网络，从而产生与原始网络相同的分布。它可以将复杂模型学习的函数压缩成一个更小、更快的模型，并且具有与原始集成相当的性能[79]。蒸馏把知识从教师（Teacher）网络 T 转移到未经学习的学生（Student）网络 S，超参数 τ 表示教师传递给学生知识时的知识温度。以 DQN 方法为例，教师模型最终输出可以表示为 $\mathrm{softmax}\left(\frac{\boldsymbol{q}^T}{\tau}\right)$，其中 $\boldsymbol{q}^T$ 表示教师网络输出 Q 值组成的向量。这个得出的目标输出最终会被学生网络通过回归方法进行学习。策略蒸馏[79] 可以看作一种用于提取强化学习智能体策略的技术。进一步，该策略将用于训练一个拥有专家级别的具有较小的规模和较高效率的新网络，并且可以继续扩展，将多个用于特定任务的策略合并为单个策略。策略蒸馏用于处理多任务问题时，分别训练多个专家智能体，这些智能体分别生成输入和目标，并将这些数据存储在不同的经验复用池中。进一步，蒸馏代理依次从这些数据缓冲区中学习，将多个教师模型 T 知识迁移到学生模型 S。

演员模仿（Actor-Mimic）是一种关注多任务和迁移学习的方法。它使智能体能够学习如何同时处理多个任务，然后将这些积累的知识推广到新的领域[108]。通常，演员模仿可以看作一种通过使用一组相关的源任务训练单一深度策略网络的方法。它在许多游戏中都能达到专家水平。更重要的是，由于源任务与目标任务相似，因此在训练源任务时学到的特征可以很好地进行泛化，并用于训练目标任务[109]。演员模仿方法同时利用了深度强化学习方法和模型压缩技术。它的目的是训练网络在多个专家的指导下学习不同任务中的策略。继而，这种深度策略网络学习到的表示可以在没有前提知识的情况下，被用于泛化到新的任务。因为不同任务中的奖励分布和规模比例都不一样，所以可以将 DQN 网络转化为相应的 Boltzmann 策略，然后最小化这些策略和所需要得到的策略网络之间的差距[110]。通常，演员模仿被视为模仿学习方法类中的一种。模仿学习使用专家指导教智能体如何在环境中行动。在模仿学习中，在对模仿代理的行为进行采样时，策略将被训练成直接模仿专家的行为[108]。

异步优势 A-C（Asynchronous Advantage Actor-critic, A3C）是 DeepMind 引入的一种并行训练算法[28]。A3C 通过多个智能体在同一环境的多个实例上并行执行，以异步方式更新全局值函数。A3C 的并行和异步架构，使多个 Actor 分别被分配到环境中，与环境交互并收集它们的个人经验，最后异步地将它们的梯度更新推送到一个中心目标网络（全局网络）。这个全局网络的更新，通常在梯度累积到一定步骤之后进行。在训练过程中，在任何特定的时间步长，所有智能体都会经历各种不同的状态，这使得所有智能体的学习几乎都是独一无二的。由于这种唯一性，A3C 使得智能体能完成对整个状态空间的高效探索。

DeepMind 团队采用辅助学习的方式拓展了 A3C 算法，提出无监督强化与辅助学习（UNsupervised REinforcement and Auxiliary Learning, UNREAL）[111]，旨在解决稀疏的奖励环境给强化学习带来的挑战。该方法使用辅助任务和伪奖励自主选择环境中与目标最相关的特征，使包括这些辅助任务的所有奖励函数都最大化。这些辅助任务需要在无监督的、没有任务给定的外在奖励下进行。为此，需要设计一个新的机制，使多个任务能够集中表征在外部奖励上，以便适应实际任务。

人类能利用之前学习的知识学习新技能，具有举一反三的能力，并且不会突然忘记之前习得的技能。迁移学习利用在类似领域训练好的模型作为基础，然后在新的目标场景中训练新的模型，在这个过程中，神经网络参数会直接变化，导致模型灾难性遗忘原任务的大部分内容。为了实现持续学习，DeepMind 提出了渐进式神经网络（Progressive Neural Network, PNN）[112]。PNN 首先训练一个神经网络来执行初始任务，学习第二个任务时添加一个额外的列并冻结第一列的权重，以此类推，消除灾难性遗忘。该方法的最大优势之一是能够在整个训练周期中保留一组预先训练好的模型。此外，PNN 还可以从预先训练好的模型中学习横向连接，为新的任务提取有用的特征。这种递进性的方法带来了更丰富的组合性，并且允许在特征层次的每一层轻松集成先验知识。这种类型的持续学习使得智能体不仅能够学习一系列依次经历的任务，而且能够同时从之前的任务中转移知识，从而提高收敛速度[113]。该方法可能的缺点是，由于模型规模会随着学习周期的增长而增长，因此计算成本可能会很高。

DeepMind 随后提出了 PathNet 网络——一种超大规模的神经网络。相较于渐进式神经网络中一个任务增加一列，PathNet 直接预先构建好一个 L 层的模块化的神经网络，每层有 M 个模块，每个模块本身就是一个神经网络，可以是卷积的、递归的、前馈的等类型的网络结构。它将多个智能体嵌入神经网络算法中。每个智能体的目标是在学习新任务时确定网络的哪些部分重用[106,114]。PathNet 是一个神经网络的网络，使用随机梯度下降和遗传选择方法训练。每一层模块的集成输出将被传递到下一层的活动模块中。在每一层中，每个路径都有最大允许的模块数量[114]。每个正在学习任务的神经网络的最后一层是唯一的，不会与环境中的任何其他任务共享。PathNet 的优点之一是，神经网络可以非常有效地重用现有知识，而不是从头开始学习每个任务。这个特性在强化学习的环境中非常有用，因为在状态空间中有许多相互关联的任务。

表 16.3 总结了这些多任务学习算法的原理、解决痛点及应用。最新的多任务强化学习算法应用研究有端到端视频字幕生成[115]、语义目标导航和嵌入式问题解答[116]、大型文档流的实时事件摘要[117]等。

表 16.3　多任务强化学习算法

算　法	原　理	解决痛点	应　用
策略蒸馏 [79]	在复杂模型中，蒸馏针对一个不太复杂的目标分布，使用监督回归的方法训练一个目标网络，从而产生与原始网络相同的分布	添加伪奖励，解决奖励稀疏性问题	模型压缩而性能不降低；多个智能体策略可以组合成一个多任务策略
角色模仿 [108]	使用模型压缩和玻尔兹曼策略的转换技术，使多个任务的策略泛化到一个新的策略上	压缩模型、玻尔兹曼转化	Arcade 学习环境（ALE）
A3C [28]	A-C 结构的扩展，实现了并行和异步更新	并行和异步更新	Atari 游戏
UNREAL [111]	通过增加非监督性的辅助任务，帮助智能体获得辅助能力，最终有助于主任务的学习过程	添加伪奖励，解决奖励稀疏性问题	从 3D 第一人称迷宫游戏中寻找所有的绿色苹果。3 个辅助任务：像素控制、预测奖励和价值函数回放
PNN [112]	使用迁移学习的方式，可以横向连接先前学习的特征，继而分享其他任务学到的知识，并且对灾难性遗忘免疫	逐步迁移任务间知识，对灾难性遗忘免疫	将在仿真环境中训练好的机械臂知识迁移到真实世界的机械臂
PathNet [114]	将多个智能体嵌入神经网络算法中，每个智能体在学习新任务时决定网络的哪些部分重用	有效重用现有知识，而不是从头开始学习	Atari 和 Labyrinth 等强化学习任务的知识迁移

16.3.2　多任务强化学习框架

在解决多任务强化学习问题中，通常使用迁移学习导向的方法，如在相关任务中共享神经网络参数 [118]。通常，此类方法存在一些瓶颈，例如，负知识迁移、如何在多任务环境中设置奖励等。在多任务环境中，要注意不能让某一个任务主导共享模型的学习。蒸馏迁移学习（DIStill & TRAnsfer Learning, DISTRAL）是一个可以同时进行多任务强化学习的框架 [119]，可以很好地解决以上问题，比传统的共享网络参数的方法性能好 [119]。DISTRAL 基于共享策略推导出蒸馏策略 [119]，之后使用 KL（Kullback-Leibler）散度对特定任务的策略进行正则化，以指导特定任务的策略。这样，在一个任务中获得的知识就被提炼进共享策略中，继而迁移到其他的任务 [79]。用这种方法，每个智能体需要在尽可能保持与共享策略相近的情况下被单独地进行训练来解决各自的任务。这个利用蒸馏技术提炼的共享策略会被当作质心策略来指导所有的任务。这个方法在强化学习中对涉及 3D 环境中的知识迁移非常有效。更重要的是，在深度强化学习中，这种方法更稳定，具有鲁棒性 [120]。

单一智能体解决多任务强化学习面临的挑战是需要处理的数据量的增加和所需训练时间的延长。为了解决这个问题，DeepMind 团队提出了重要性加权的 Actor-Learner 架构（Importance Weighted Actor-Learner Architecture，IMPALA）。IM-

PALA 是一个分布式架构，它采用了具有一组参数的单一强化学习智能体，能够在单机训练环境中有效地使用资源，同时可以扩展到多台机器，而不牺牲数据效率或资源利用率。通过利用一种名为 V-trace 的异策略校正方法，IMPALA 可以通过结合去耦行为来学习，在高吞吐量下实现相当稳定的学习 [121]。IMPALA 的架构深受 A3C 算法的启发，遵循了 Actor-Critic 设置，是由多个 Actors 和学习者组成的可以协作构建知识的拓扑结构。

多任务学习研究面临的挑战之一是在单个学习系统的有限资源环境中，平衡多个任务的需求。学习算法的概率往往会从一组任务中被几个任务分散注意力（通常称为分心困境）[122]。通常，这种情况需要建立一个多任务强化学习（MTRL）系统，以建立对分散注意力困境的抵抗力，并在掌握单个任务和实现更好的泛化这一最终目标之间建立平衡。这种分散注意力的场景背后的主要原因是，某些任务的相关奖励的密度或强度过大，导致这些任务对于学习过程显得更加突出。这就促使算法在多任务环境中更多地关注这类突出的任务，从而降低了通用性。这导致多任务强化学习智能体常常因为忽略了其他任务而将注意力集中在错误的任务上 [122]。为了解决这一问题，DeepMind 提出了一种名为 PopArt 的方法来改进多任务环境下的强化学习。PopArt 的核心目标是尽量减少分心，从而稳定学习，促进 MTRL 技术的性能。PopArt 模型是基于 IMPALA 架构设计的，结合了多个卷积神经网络层和其他技术，如长-短期记忆递归神经网络中的单词嵌入 [122]。PopArt 方法的工作原理是使每个单独任务的贡献适应智能体的更新，确保所有智能体都发挥各自的作用，从而对整体学习动态产生相应的影响。PopArt 的关键在于，根据环境中所有任务的输出修改神经网络的权重。在初始阶段，PopArt 会估计最终目标的平均值和分布，进一步，PopArt 使用这些估计值在更新网络权重之前将目标标准化。这种方法使学习过程更加稳定，当不同环境中使用的奖励系统存在差异时，奖励裁剪是一种用于规范所有环境设置的奖励方法 [45]。在 Atari 游戏中，PopArt 展示了其性能优于其他多任务强化学习架构。

表 16.4 总结了这些多任务学习框架的原理、解决痛点及应用。

表 16.4 多任务强化学习框架

框　架	原　理	解决痛点	应　用
DISTRAL	结合了策略蒸馏和迁移学习方法。DISTRAL 框架建立在一种共享策略的概念上，这种共享策略从特定的任务策略中蒸馏提炼出共同的行为特征。蒸馏提炼之后通过 KL 散度对特定任务的策略进行正则化，以指导特定任务的策略。这样，在一个任务中学到的知识就被提炼进共享策略中，继而迁移到其他的任务	多任务学习的正式框架。解决多任务之间的协调问题，如来自某些任务的梯度可能对于特定任务来讲相当于噪声	性能非常稳定，能够很好地提取和传递多任务中的共同行为策略。可以采用子任务的方式高效地完成第一人称 3D 迷宫，也可以同时训练多个游戏

续表

框　架	原　理	解决痛点	应　用
IMPALA	A3C 架构可用于分布式训练的具备高扩展性的多任务学习框架。多个行动者分别收集经验（状态、动作和奖励等），然后将其传递给中央学习者计算梯度。分离的行动和学习的过程增加了整个系统的吞吐量，导致行动者策略滞后于学习者，这里加入了 V-trace 的异策略校正方法，实现了稳定性	多任务学习的正式框架。分离的行动和学习者的结构增加了系统吞吐量	不仅可以单机训练，还可以扩展到数千台机器上。多任务设置 DMLab-30 和 Atari-57 中均实现了极高的数据吞吐率和稳定性
PopArt	归一化多任务更新幅度。某些任务的奖励密度或强度过大导致这些任务对于学习过程尤为突出，导致多任务学习的分心困境。PopArt 根据环境中所有任务的输出修改神经网络的权重。奖励剪裁解决了有关个体奖励规模的问题	多任务学习的正式框架。解决了分心困境	Atari 游戏中，PopArt 证明了其性能优于其他多任务强化学习架构

16.4 本章小结

基于人工智能领域的顶级会议论文和最新研究综述，本章概括介绍了强化学习的最新前沿进展，包括深度强化学习、多智能体强化学习，以及多任务强化学习这 3 个前沿研究方向。学术界学者和工业界专家在这些前沿方向已经做了一些工作，后续需要投入更多的力量来研究探索。

VII

附　录

习题参考答案 (第 8 章、第 9 章)

第 8 章习题

习题 8.1 用 Python 编程实现算法 8.1~8.4，并比较 4 个算法的运行时间。

解：算法 8.1 为普通递归、算法 8.2 为基于备忘录的递归，用 Python 编程实现算法 8.1 和算法 8.2 的参考答案如图 17.1 所示。

算法 8.3 为基于备忘录的迭代、算法 8.4 为无备忘录的迭代，用 Python 编程实现算法 8.3 和算法 8.4 的参考答案如图 17.2 所示。

在本例中，求解 Fibonacci 数列的前 30 项时，普通递归算法和基于备忘录的递归算法的运行时间分别是 $t = 0.679$ 和 $t = 0.001$，基于备忘录的递归算法明显优于普通递归算法。n 越大，运行时间的差距越大。

通过练习题，我们发现用动态规划（自底向上的迭代算法）求解 Fibonacci 数列花费的时间略少用带备忘录的递归算法求解花费的时间。

习题 8.2 设计带备忘录的递归算法求解例 8.2，并编程实现。

解： 带备忘录的递归算法如下所示：首先初始化任务价值 v、前一个任务编号 pastJob 和备忘录 maxVMemo，然后采用自上向下的方法递归求解 maxV(n)。

其中，pastJob 记录了前一个任务的编号。例如，如果选择任务 8，则前一个最近的可做任务是任务 6，因此，pastJob[8] = 6。

maxVMemo 为备忘录字典，key=0 时，value=0，表示没有任务时获得的最大收益为 0；key=1 时，value=0，表示选任务 1 时获得的最大收益为 5。

带备忘录的递归算法求解例 8.2 的运行结果为 maxV(8) = 17，因此，小明周六一天获得的最大报酬为 1700 元。依据 pastJob 可知，小明选择任务 8、任务 6、任务 1 时获得的最大报酬为 1700 元。

```python
#普通递归算法
import time #导入时间模块用于计算程序运行时间

start = time.clock() #start用于记录程序开始运行的时间
#Fibonacci函数
def fib(n):
    if n == 0:
        return 0
    elif n == 1:
        return 1
    else:
        return fib(n-2) + fib(n-1)

#测试Fibonacci函数
print([fib(n) for n in range(30)])

end = time.clock() #end用于记录程序结束运行的时间
print(f't={end-start}')
```

```
[0, 1, 1, 2, 3, 5, 8, 13, 21, 34, 55, 89, 144, 233, 377, 61
0, 987, 1597, 2584, 4181, 6765, 10946, 17711, 28657, 46368,
75025, 121393, 196418, 317811, 514229]
t=0.7555377413227689
```

(a) 算法8.1的实现

```python
#基于备忘录的递归算法
import time #导入时间模块用于计算程序运行时间

start = time.clock() #start用于记录程序开始运行的时间
past_fib = {}
#Fibonacci函数
def fib(n):
    if n in past_fib:
        return past_fib[n]
    elif n == 0:
        past_fib[n] = 0
        return past_fib[n]
    elif n == 1:
        past_fib[n] = 1
        return past_fib[n]
    else:
        past_fib[n] = fib(n-2) + fib(n-1)
        return past_fib[n]

#测试Fibonacci函数
print([fib(n) for n in range(30)])

end = time.clock() #end用于记录程序结束运行的时间
print(f't={end-start}')
```

```
[0, 1, 1, 2, 3, 5, 8, 13, 21, 34, 55, 89, 144, 233, 377, 61
0, 987, 1597, 2584, 4181, 6765, 10946, 17711, 28657, 46368,
75025, 121393, 196418, 317811, 514229]
t=0.001198768732137978
```

(b) 算法8.2的实现

图 17.1　习题 8.1 参考答案 (1)：递归算法求解 Fibonacci 数列

```python
#基于备忘录的自底向上迭代法
import time #导入时间模块用于计算程序运行时间

start = time.clock() #start用于记录程序开始运行的时间
past_fib = {}
#Fibonacci函数
def fib(n):
    past_fib[0] = 0
    past_fib[1] = 1
    if n in past_fib:
        return past_fib[n]
    else:
        for i in range(2,n+1,1):
            past_fib[i] = past_fib[i-2] + past_fib[i-1]
    return past_fib[n]

#测试Fibonacci函数
print([fib(n) for n in range(30)])

end = time.clock() #end用于记录程序结束运行的时间
print(f't={end-start}')
```

```
[0, 1, 1, 2, 3, 5, 8, 13, 21, 34, 55, 89, 144, 233, 377, 61
0, 987, 1597, 2584, 4181, 6765, 10946, 17711, 28657, 46368,
75025, 121393, 196418, 317811, 514229]
t=0.0010088200942846015
```

(a) 算法8.3的实现

```python
#无备忘录的自底向上迭代法
import time #导入时间模块用于计算程序运行时间

start = time.clock() #start用于记录程序开始运行的时间

#Fibonacci函数
def fib(n):
    if n == 0:
        return 0
    elif n == 1:
        return 1
    else:
        f_past = 0
        f_now = 1
        for i in range(2,n+1,1):
            f_future = f_past + f_now
            f_past = f_now
            f_now = f_future
    return f_future

#测试Fibonacci函数
print([fib(n) for n in range(30)])

end = time.clock() #end用于记录程序结束运行的时间
print(f't={end-start}')
```

```
[0, 1, 1, 2, 3, 5, 8, 13, 21, 34, 55, 89, 144, 233, 377, 61
0, 987, 1597, 2584, 4181, 6765, 10946, 17711, 28657, 46368,
75025, 121393, 196418, 317811, 514229]
t=0.00036266652023186907
```

(b) 算法8.4的实现

图 17.2　习题 8.1 参考答案 (2)：迭代算法求解 Fibonacci 数列

```
v = {1 : 5, 2 : 1, 3 : 7, 4 : 5, 5 : 3, 6 : 8, 7 : 2, 8 : 4};
pastJob = {1 : 0, 2 : 0, 3 : 0, 4 : 1, 5 : 3, 6 : 1, 7 : 4, 8 : 6};
maxVMemo = {0 : 0, 1 : 5};
if n in maxVMemo then
    Return maxVMemo[n];
else
    choose = v[n] + maxV (pastJob[n]);
    not_choose = maxV(n − 1);
    maxVMemo[n] = max(choose, not_choose);
Return maxVMemo[n];
```

习题 8.2 和习题 8.3 参考答案如图 17.3 所示。

```python
# recursion algorithm with memoization
import time
start = time.clock() #start用于记录程序开始运行的时间
v = {1:5, 2:1, 3:7, 4:5, 5:3, 6:8, 7:2, 8:4}
pastJob = {1:0, 2:0, 3:0, 4:1, 5:3, 6:1, 7:4, 8:6}

maxVMemo = {0:0, 1:5}
def maxV(n):
    if n in maxVMemo:
        return maxVMemo[n]
    else:
        choose = v[n] + maxV(pastJob[n])
        not_choose = maxV(n-1)
        maxVMemo[n] = max(choose, not_choose)
    return maxVMemo[n]

print(f'maxV({len(pastJob)})={maxV(len(pastJob))}')
print(f'maxVMemo={maxVMemo}')
end = time.clock() #end用于记录程序结束运行的时间
print(f't={end-start}')
```

```
maxV(8)=17
maxVMemo={0: 0, 1: 5, 2: 5, 3: 7, 4: 10, 5: 10, 6: 13, 7: 13, 8: 17}
t=0.0009037945009993109
```

(a) 习题8.2参考答案

```python
import time
start = time.clock() #start用于记录程序开始运行的时间
v = {1:5, 2:1, 3:7, 4:5, 5:3, 6:8, 7:2, 8:4}
pastJob = {1:0, 2:0, 3:0, 4:1, 5:3, 6:1, 7:4, 8:6}

maxVMemo = {0:0, 1:5}
def maxV(n):
    if n in maxVMemo:
        return maxVMemo[n]
    else:
        for i in range(2,n+1,1):
            choose = v[i] + maxVMemo[pastJob[i]]
            not_choose = maxVMemo[i-1]
            maxVMemo[i] = max(choose, not_choose)
        return maxVMemo[n]

print(f'maxV({len(pastJob)})={maxV(len(pastJob))}')
print(f'maxVMemo={maxVMemo}')
end = time.clock() #end用于记录程序结束运行的时间
print(f't={end-start}')
```

```
maxV(8)=17
maxVMemo={0: 0, 1: 5, 2: 5, 3: 7, 4: 10, 5: 10, 6: 13, 7: 13, 8: 17}
t=0.0006018459069423443
```

(b) 习题8.3参考答案

图 17.3 习题 8.2 和习题 8.3 参考答案

习题 8.3 用 Python 编程实现算法 8.5。

解：算法 8.5 是采用动态规划求解例 8.2，用 Python 编程实现算法 8.5 的参考答案如配图所示。

采用动态规划求解例 8.2 的运行结果为 maxV(8) = 17，因此，小明周六一天获得的最大报酬为 1700 元。依据 pastJob 可知，小明选择任务 8、任务 6、任务 1 时获得的最大报酬为 1700 元。

采用动态规划求解例 8.2 和采用带备忘录的递归算法求解例 8.2 的运行结果相同。

采用动态规划求解例 8.2 所需运行时间 $t = 0.006$，采用带备忘录的递归算法求解例 8.2 所需运行时间 $t = 0.009$。

在该例题中，用动态规划（自底向上的迭代算法）求解问题的时间略少于用带备忘录的递归算法求解问题的时间。因为带备忘录的递归算法需要频繁调用递归函数，而动态规划采用自底向上的求解方法，避免了频繁调用递归函数的问题。

习题 8.4 根据 $k = 2$ 时的状态值函数，计算 $k = 3$ 时 $s = 5$ 的状态值函数。

解：由于 $s = 5$ 时，下一时刻可能的状态 $s' \in \{6, 9, 4, 1\}$，因此有

$$
\begin{aligned}
v_\pi^3(s) = & \sum_a \pi(a|s)\Big[R_s^a + \gamma\sum_{s'} p_{ss'}^a v_\pi^2(s')\Big] \\
= & \pi(a=e|s=5)\Big[R_{s=5}^{a=e} + p_{56}^e v_\pi^2(s'=6)\Big] \\
& + \pi(a=s|s=5)\Big[R_{s=5}^{a=s} + p_{59}^s v_\pi^2(s'=9)\Big] \\
& + \pi(a=w|s=5)\Big[R_{s=5}^{a=w} + p_{54}^w v_\pi^2(s'=4)\Big] \\
& + \pi(a=n|s=5)\Big[R_{s=5}^{a=n} + p_{51}^n v_\pi^2(s'=1)\Big] \\
= & \frac{1}{4}\Big[-1 + 1\times(-2)\Big]\times 2 + \frac{1}{4}\Big[-1 + 1\times(-1.75)\Big]\times 2
\end{aligned}
$$

$$= -2.875 \tag{17.1}$$

习题 8.5 用 Python 编程实现例 8.3 的求解。

解： 首先声明状态空间和行动空间，并且初始化状态值函数，参考 Python 代码如配图所示。

在本例中，给定当前状态，就可以确定下一时刻的状态空间，参考 Python 代码如图 17.4 所示，相应的运行结果为

$$\begin{aligned}&\{0:[0],15:[15],1:[2,5,0,1],2:[3,6,1,2],\\&\ 3:[3,7,2,3],4:[5,8,4,0],5:[6,9,4,1],\\&\ 6:[7,10,5,2],7:[7,11,6,3],8:[9,12,8,4],\\&\ 9:[10,13,8,5],10:[11,14,9,6],11:[11,15,10,7],\\&12:[13,12,12,8],13:[14,13,12,9],14:[15,14,13,10]\}\end{aligned} \tag{17.2}$$

策略评估迭代算法的核心部分参考 Python 代码如图第三部分所示，该部分主要是计算每轮迭代中状态值函数的值。

```python
# 声明状态空间
S = [s for s in range(16)]    # S = [0,1,...,15]
# 声明行动空间
A = ['e', 's', 'w', 'n']
# 初始化状态值函数
Vs = [0 for _ in range(16)]
# 折现因子
gamma = 1.0

```

(a) 第一部分

```python
# 用字典存储各个状态的下一时刻状态空间
nextStates = {0:[0], 15:[15]}
for i in range(1,15):
    nextStates[i] = []
    if i in [0,15]:
        nextStates[i].append(i)
    for a in A:
        actValue = {'e':1, 's':4, 'w':-1, 'n':-4}
        if ((i+1)%4==0 and a=='e') or (i>11 and a=='s')\
        or (i%4==0 and a=='w') or (i<4 and a=='n'):
            nextStates[i].append(i)
        else:
            nextStates[i].append(i + actValue[a])
print(nextStates)

```

(b) 第二部分

```python
# 迭代函数
def iterationFunc():
    global Vs
    for i in range(16):
        print('{:>5.2f}'.format(Vs[i]), end = ' ')
        if (i+1)%4 == 0:
            print('')
    newVs = [0 for _ in range(16)]
    for s in S:
        newVs[s] = newVsFunc(s)
    Vs = newVs

def newVsFunc(s):
    #奖励函数
    reward = -1
    if s in [0, 15]:
        reward = 0
    #根据公式4.5求解
    newValue = 0.00
    for next_s in nextStates[s]:
        newValue += 1.00/4 * (reward + gamma * Vs[next_s])
    return newValue
```

(c) 第三部分

```python

def main():
    maxIter = 160
    i = 0
    while i <= maxIter:
        print(f'Iteration {i}: ')
        iterationFunc()
        i += 1

if __name__ == '__main__':
    main()
```

(d) 第四部分

图 17.4 习题 8.5 参考答案

第 9 章习题

习题 9.1 用投点法求解 $\int_0^{\pi}\sin t\mathrm{d}t$。

解：直接采用积分公式对该例题求解。

$$\int_0^{\pi}\sin t\mathrm{d}t = (-\cos t)|_{t=0}^{t=\pi} = (-\cos\pi) - (-\cos 0) = 2 \tag{17.3}$$

即 $\int_0^{\pi}\sin t\mathrm{d}t = 2$，可以用这个值验证投点法和平均值法求解 $\int_0^{\pi}\sin t\mathrm{d}t$ 的正确性。

求解定积分 $\int_0^{\pi}\sin t\mathrm{d}t$ 的值，就是求解如图 17.5 所示的蓝色阴影区域的面积。

蒙特卡洛投点法求解问题的基本思想是：向已知面积的长方形内大量投掷随机点（该题中选取长为 π，宽为 1 的已知面积的长方形），计算如图 17.5 所示蓝色阴影区域内的点数 innerNum 与长方形内总点数 totalNum 的比例。当投掷随机点的数量无穷大时，该比例等于蓝色阴影区域面积与长方形面积的比值。

因此，定积分的值为

$$\int_0^{\pi}\sin t\mathrm{d}t = \pi \times \frac{\text{innerNum}}{\text{totalNum}} \tag{17.4}$$

用 Python 编程实现的该例题参考答案如图 17.5 所示。

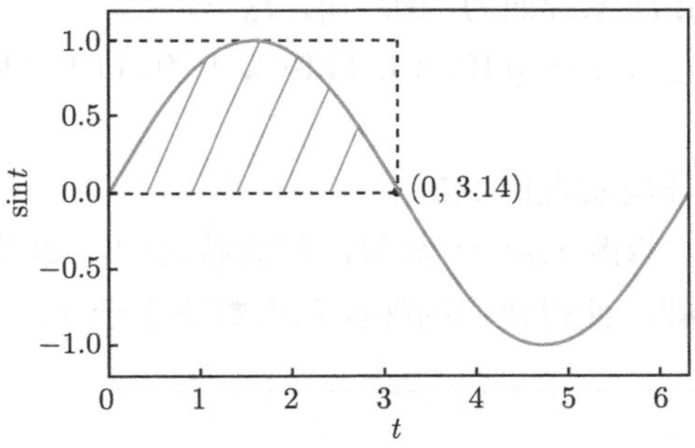


```python
import random
import math

totalNum = 100000
innerNum = 0

for i in range(totalNum):
    x = math.pi * random.random()
    y = random.random()
    if y < math.sin(x):
        innerNum += 1
result = math.pi * innerNum / totalNum
print(f'result = {result}')
```

```
result = 2.004995847447542
```

图 17.5　习题 9.1 参考答案

习题 9.2 用蒙特卡洛平均值法求解 $\int_0^{\pi}\sin t\mathrm{d}t$。

解：由蒙特卡洛平均值法可知

$$\int_a^b f(x)\mathrm{d}x = \lim_{N\to\infty}\frac{b-a}{N}\sum_{i=1}^{N} f(X_i) \tag{17.5}$$

当 N 取一个较大的值时，可由式 (17-6) 估算 $\int_0^{\pi}\sin t\mathrm{d}t$ 的值。

$$\int_0^{\pi}\sin t\mathrm{d}t = \frac{\pi - 0}{N}\sum_{i=1}^{N}\sin(X_i) \tag{17.6}$$

习题 9.2 参考答案如图 17.6 所示。

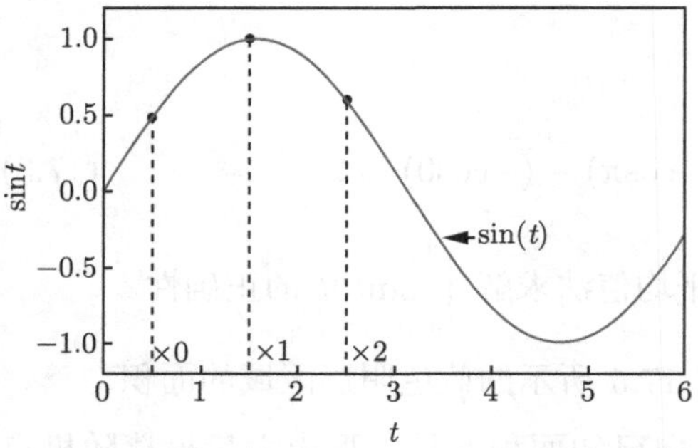


```
import random
import math

N = 100000
sumValue = 0

for i in range(N):
    x = math.pi * random.random() # x: [0,pi)
    sumValue += math.sin(x)
result = math.pi * sumValue / N
print(f'result = {result}')
```

```
result = 2.00551702957413
```

图 17.6　习题 9.2 参考答案

习题 9.3　若玩家牌面为 player_hand = [3, 10, 1, 10]，庄家牌面为 dealer_hand = [10, 10]，给出该局完整的交互序列。

解： play_times=6 时，初始状态 player_hand = [3, 10]，dealer_hand=[10, 10]。玩家能观察到的初始状态为 dealer_show=10，player_point=13，player_usable_a = False，即 $s_1 = (10, 13, \text{False})$，由于玩家的总点数 13 小于 20，则要牌，$a_1$=1。要牌后，玩家牌面为 [3, 10, 1]，$r_2 = 0$，$s_2 = (10, 14, \text{False})$，总点数 14 小于 20，则要牌，$a_2 = 1$。要牌后，玩家牌面为 [3, 10, 1, 10]，爆炸停止庄家牌面为 [10, 10]，$r_3 = -1$。

第二局完整的 episode = $[s_1, a_1, r_2, s_2, a_2, r_3]$ = [(10, 13, False), 1, 0, (10, 14, False), 1, −1]。

习题 9.4　利用 Gym 中内置的 21 点游戏环境实现例 9.5。

解： 对于 Gym 中内置的 21 点游戏环境[①]，修改 reset() 函数，初始状态中，如果庄家或者玩家的牌面总点数小于 12，则另外发牌，使得他们的牌面总点数不小于 12。

```
def reset(self):
    self.dealer = draw_hand(self.np_random)
    self.player = draw_hand(self.np_random)
    while sum_hand(self.player) < 12:
        self.player.append(draw_card(self.np_random))
    while sum_hand(self.dealer) < 12:
        self.dealer.append(draw_card(self.np_random))
    return self._get_obs()
```

修改 Gym 21 点游戏环境中 step() 函数的返回值，使其返回 self.player 和 self.dealer，以便后续打印玩家和庄家手上的牌面值。

① Gym 中 21 点游戏环境的源代码地址为 https://github.com/openai/gym/blob/master/gym/envs/toy_text/blackjack.py。

```
def step(self, action):
    ...
return self._get_obs(), reward, done, self.player, self.dealer
```

```
env = BlackjackEnv() #环境实例化
def policy(observation): #玩家的策略
    player_point, dealer_show, player_usable_a = observation
    return 0 if player_point >= 20 else 1
def episode(env): #一局 21 点游戏
    epi = [ ]
    state = env.reset()
    while(True):
        action = policy(state)
        next_state, reward, done, player, dealer = env.step(action)
        epi = epi + [(state, action, reward)]
        if done:
            break
        state = next_state
    print(player)
    print(dealer)
    print(epi)
    return epi
if __name__ == "__main__":
    n = 10
    for i in range(n):
        epi = episode(env)
```

运行结果示例为

player_hand = [6, 10, 7]，dealer_hand = [4, 9, 9]

episode = [(4, 16, False), 1, 0]

player_hand = [2, 10, 1, 9]，dealer_hand = [5, 3, 10]

episode = [(5, 12, False), 1, 0, (5, 13, False), 1, −1]

REFERENCES
参考文献

[1] Richard S Sutton, Andrew G Barto. Reinforcement learning: An introduction [M]. Cambridge, MA: MIT Press, 2018.

[2] Edward L Thorndike. Animal intelligence [J]. Nature, 1898, 58(1504): 390–390.

[3] Marvin Minsky. Steps toward artificial intelligence [J]. Proceedings of the IRE, 1961, 49(1): 8–30.

[4] John H Andreae. Stella: A scheme for a learning machine [J]. IFAC Proceedings Volumes, 1963, 1(2): 497–502.

[5] Donald Michie. Trial and error [J]. Science Survey, Part, 1961, 2: 129–145.

[6] Donald Michie. Experiments on the mechanization of game-learning Part I. Characterization of the model and its parameters [J]. The Computer Journal, 1963, 6(3): 232–236.

[7] A Harry Klopf. Brain function and adaptive systems: a heterostatic theory [M]. Number 133. Bedford, MA: Air Force Cambridge Research Laboratories, Air Force Systems Command, 1972.

[8] A Harry Klopf. A comparison of natural and artificial intelligence [J]. ACM SIGART Bulletin, 1975, (52): 11–13.

[9] A Harry Klopf. The hedonistic neuron: a theory of memory, learning, and intelligence [M]. Washington: Hemisphere Press, 1982.

[10] Andrew G Barto, P Anandan. Pattern-recognizing stochastic learning automata [J]. IEEE Transactions on Systems, Man, and Cybernetics, 1985(3): 360–375.

[11] Andrew G Barto and Richard S Sutton. Landmark learning: An illustration of associative search [J]. Biological cybernetics, 1981, 42(1): 1–8.

[12] Andrew G Barto, Richard S Sutton, and Peter S Brouwer. Associative search network: A reinforcement learning associative memory [J]. Biological cybernetics, 1981, 40(3): 201–211.

[13] Richard Bellman. Dynamic programming [J]. Science, 1966, 153(3731): 34–37.

[14] Richard Bellman. A Markovian decision process [J]. Journal of mathematics and mechanics, 1957, 6(4): 679–684.

[15] Ronald A Howard. Dynamic programming and markov processes [M]. Cambridge, MA: MIT Press, 1960.

[16] Richard Bellman, Stuart Dreyfus. Functional approximations and dynamic programming [J]. Mathematical Tables and Other Aids to Computation, 1959, 13(68): 247–251.

[17] Ian H Witten. An adaptive optimal controller for discrete-time markov environments [J]. Inf. Control., 1977, 34(4): 286–295.

[18] Paul J Werbos. Building and understanding adaptive systems: A statistical/numerical approach to factory automation and brain research [J]. IEEE Transactions on Systems, Man, and Cybernetics, 1987, 17(1): 7–20.

[19] Watkins C J C H. Learning from delayed rewards [D]. PhD thesis, Cambridge: University of Cambridge, 1989.

[20] Marvin Lee Minsky. Theory of neural-analog reinforcement systems and its application to the brain model problem [M]. Princeton：Princeton University, 1954.

[21] Sutton R S. Learning theory support for a single channel theory of the brain [Z]. 1978.

[22] Richard S Sutton. Single channel theory: A neuronal theory of learning [J]. Brain Theory Newsletter, 1978, 4: 72–75.

[23] Sutton R S. A unified theory of expectation in classical and instrumental conditioning [Z]. 1978.

[24] Andrew G Barto, Richard S Sutton, Charles W Anderson. Neuronlike adaptive elements that can solve difficult learning control problems [J]. IEEE transactions on systems, man, and cybernetics, 1983(5): 834–846.

[25] Volodymyr Mnih, Koray Kavukcuoglu, David Silver, et al. Playing atari with deep reinforcement learning [J]. arXiv preprint arXiv: 1312.5602, 2013.

[26] John Schulman, Sergey Levine, Pieter Abbeel, et al. International conference on machine learning: Trust region policy optimization [C].New York: ACM, 2015.

[27] Timothy P Lillicrap, Jonathan J Hunt, Alexander Pritzel, et al. Continuous control with deep reinforcement learning [J]. arXiv preprint arXiv: 1509.02971, 2015.

[28] Volodymyr Mnih, Adria Puigdomenech Badia, Mehdi Mirza, et al. International conference on machine learning: Asynchronous methods for deep reinforcement learning [C].New York: ACM, 2016.

[29] John Schulman, Filip Wolski, Prafulla Dhariwal, et al. Proximal policy optimization algorithms [J]. arXiv preprint arXiv: 1707.06347, 2017.

[30] Guillaume Chaslot, Sander Bakkes, Istvan Szita, et al. AIIDE: Monte-Carlo tree search: A new framework for game AI [C].Menlo Park: AAAI Press, 2008.

[31] Cihua Liu. Random process (in Chinese) [M]. Wuhan: Huazhong University of Science and Technology Press, 2008.

[32] Zhou Sheng. Probability theory and mathematical statistics [M]. Beijing: Education Press, 2008.

[33] Dajin Lu. Stochastic process and the application (in Chinese) [M]. Beijing: Tsinghua University Press, 1986.

[34] Samuel Karlin. A first course in stochastic processes [M]. New York：Academic Press, 2014.

[35] Thomas H Cormen, Charles E Leiserson, Ronald L Rivest, et al. Introduction to algorithms [M]. Cambridge, MA：MIT Press, 2009.

[36] Sheldon Ross. A first course in probability [J]. Upper Saddle River, 2009.

[37] Sheldon M Ross. Applied probability models with optimization applications [M]. Chelmsford, MA：Courier Corporation, 2013.

[38] Xian Guo. Easy to understand reinforcement learning (in Chinese) [M]. Beijing: Publishing House of Electronics Industry, 2018.

[39] Chao Fen. Essentials of reinforcement learning (in Chinese) [M]. Beijing: Publishing House of Electronics Industry, 2018.

[40] Sham Kakade, John Langford. ICML: Approximately optimal approximate reinforcement learning [C].New York: ACM, 2002.

[41] Richard S Sutton, David Mcallester, Satinder Singh, et al. Advances in neural information processing systems: Policy gradient methods for reinforcement learning with function approximation [C].Cambridge, MA: MIT Press, 2000.

[42] David Silver, Guy Lever, Nicolas Heess, et al. ICML: Deterministic policy gradient algorithms [C].New York: ACM, 2014.

[43] Vijay R Konda and John N Tsitsiklis. Advances in neural information processing systems: Actor-critic algorithms [C].Cambridge, MA: MIT Press, 2000.

[44] Shalabh Bhatnagar, Mohammad Ghavamzadeh, Mark Lee, et al. Advances in neural information processing systems: Incremental natural actor-critic algorithms [C].Cambridge, MA: MIT Press, 2008.

[45] Volodymyr Mnih, Koray Kavukcuoglu, David Silver, et al. Human-level control through deep reinforcement learning [J]. nature, 2015, 518(7540): 529–533.

[46] Hyun-Kyo Lim, Ju-Bong Kim, Joo-Seong Heo, et al. Federated reinforcement learning for training control policies on multiple IoT devices [J]. Sensors, 2020, 20(5): 1359.

[47] Aske Plaat, Walter Kosters, Mike Preuss. Model-based deep reinforcement learning for high-dimensional problems, a survey [J]. arXiv preprint arXiv: 2008.05598, 2020.

[48] Gerald Tesauro. TD-Gammon, a self-teaching backgammon program, achieves master-level play [J]. Neural computation, 1994, 6(2): 215–219.

[49] Thomas Anthony, Zheng Tian, David Barber. Advances in neural information processing systems: Thinking fast and slow with deep learning and tree search [C]. Cambridge, MA: MIT Press, 2017.

[50] David Silver, Julian Schrittwieser, Karen Simonyan, et al. Mastering the game of go without human knowledge [J]. Nature, 2017, 550(7676): 354–359.

[51] Marc Deisenroth, Carl E Rasmussen. Proceedings of the 28th international conference on machine learning (ICML-11): PILCO: A model-based and data-efficient approach to policy search [C]. New York: ACM, 2011.

[52] Yuval Tassa, Tom Erez, Emanuel Todorov. 2012 IEEE/RSJ International conference on intelligent robots and systems: Synthesis and stabilization of complex behaviors through online trajectory optimization [C]. Piscataway, NJ: IEEE, 2012.

[53] Sergey Levine, Pieter Abbeel. Advances in neural information processing systems: Learning neural network policies with guided policy search under unknown dynamics [C]. Cambridge, MA: MIT Press, 2014.

[54] Nicolas Heess, Gregory Wayne, David Silver, et al. Advances in neural information processing systems: Learning continuous control policies by stochastic value gradients [C].Cambridge, MA: MIT Press, 2015.

[55] Kurtland Chua, Roberto Calandra, Rowan McAllister, et al. Advances in neural informa-

tion processing systems: Deep reinforcement learning in a handful of trials using probabilistic dynamics models [C]. Cambridge, MA: MIT Press, 2018.

[56] Aviv Tamar, Yi Wu, Garrett Thomas, et al. Advances in neural information processing systems: Value iteration networks [C]. Cambridge, MA: MIT Press, 2016.

[57] Nantas Nardelli, Gabriel Synnaeve, Zeming Lin, et al. Value propagation networks [J]. arXiv preprint arXiv: 1805.11199, 2018.

[58] Shimon Whiteson. Proceedings of the sixth international conference on learning representations: TreeQN and ATreeC: Differentiable tree planning for deep reinforcement learning [C]. Netherlands: Elsevier, 2018.

[59] Arthur Guez, Mehdi Mirza, Karol Gregor, et al. An investigation of model-free planning [J]. arXiv preprint arXiv: 1901.03559, 2019.

[60] Yoshua Bengio, Jérôme Louradour, Ronan Collobert, et al. Proceedings of the 26th annual international conference on machine learning: curriculum learning [C]. New York: ACM, 2009.

[61] Donald E Knuth and Ronald W Moore. An analysis of alpha-beta pruning [J]. Artificial intelligence, 1975, 6(4): 293–326.

[62] Thomas Anthony, Robert Nishihara, Philipp Moritz, et al. Policy gradient search: Online planning and expert iteration without search trees [J]. arXiv preprint arXiv: 1904.03646, 2019.

[63] Thang Doan, Joao Monteiro, Isabela Albuquerque, et al. Proceedings of the AAAI conference on artificial intelligence: On-line adaptative curriculum learning for GANs [C]. Menlo Park: AAAI, 2019.

[64] Alexandre Laterre, Yunguan Fu, Mohamed Khalil Jabri, et al. Ranked reward: Enabling self-play reinforcement learning for combinatorial optimization [J]. arXiv preprint arXiv: 1807.01672, 2018.

[65] Sanmit Narvekar, Bei Peng, Matteo Leonetti, et al. Curriculum learning for reinforcement learning domains: A framework and survey [J]. arXiv preprint arXiv: 2003.04960, 2020, 2020.

[66] Oriol Vinyals, Igor Babuschkin, Wojciech M Czarnecki, et al. Grandmaster level in StarCraft II using multi-agent reinforcement learning [J]. Nature, 2019, 575(7782): 350–354.

[67] Sergey Levine, Vladlen Koltun. International conference on machine learning: Guided policy search [C]. New York: ACM, 2013.

[68] Christopher M Bishop. Pattern recognition and machine learning [M]. New York: springer, 2006.

[69] Marc Peter Deisenroth, Dieter Fox, Carl Edward Rasmussen. Gaussian processes for data-efficient learning in robotics and control [J]. IEEE transactions on pattern analysis and machine intelligence, 2013, 37(2): 408–423.

[70] Sanket Kamthe, Marc Deisenroth. International conference on artificial intelligence and statistics: Data-efficient reinforcement learning with probabilistic model predictive control [C]. Berlin: Springer, 2018.

[71] Arthur George Richards. Robust constrained model predictive control [D]. PhD thesis, Cambridge, MA: Massachusetts Institute of Technology, 2005.

[72] Chelsea Finn, Sergey Levine, Pieter Abbeel. International conference on machine learning: Guided cost learning: Deep inverse optimal control via policy optimization [C].New York: ACM, 2016.

[73] William H Montgomery, Sergey Levine. Advances in neural information processing systems: Guided policy search via approximate mirror descent [C]. Cambridge, MA: MIT Press, 2016.

[74] Balaji Lakshminarayanan, Alexander Pritzel, Charles Blundell. Advances in neural information processing systems: Simple and scalable predictive uncertainty estimation using deep ensembles [C]. Cambridge, MA: MIT Press, 2017.

[75] Sufeng Niu, Siheng Chen, Hanyu Guo, et al. Generalized value iteration networks: Life beyond lattices [J]. arXiv preprint arXiv: 1706.02416, 2017.

[76] Matthew Hausknecht, Peter Stone. Deep recurrent q-learning for partially observable mdps [J]. arXiv preprint arXiv: 1507.06527, 2015.

[77] Jakob N Foerster, Yannis M Assael, Nando de Freitas, et al. Learning to communicate to solve riddles with deep distributed recurrent q-networks [J]. arXiv preprint arXiv: 1602.02672, 2016.

[78] Shayegan Omidshafiei, Jason Pazis, Christopher Amato, et al. Deep decentralized multi-task multi-agent reinforcement learning under partial observability [J]. arXiv preprint arXiv: 1703.06182, 2017.

[79] Andrei A Rusu, Sergio Gomez Colmenarejo, Caglar Gulcehre, et al. Policy distillation [J]. arXiv preprint arXiv: 1511.06295, 2015.

[80] Pablo Hernandez-Leal, Michael Kaisers, Tim Baarslag, et al. A survey of learning in multiagent environments: Dealing with non-stationarity [J]. arXiv preprint arXiv: 1707.09183, 2017.

[81] Sherief Abdallah, Michael Kaisers. Proceedings of the 2013 international conference on autonomous agents and multi-agent systems: Addressing the policy-bias of Q-learning by repeating updates [C]. Berlin: Springer, 2013.

[82] Sherief Abdallah, Michael Kaisers. Addressing environment non-stationarity by repeating Q-learning updates [J]. The Journal of Machine Learning Research, 2016, 17(1): 1582–1612.

[83] Chao Yu, Minjie Zhang, Fenghui Ren, et al. Multiagent learning of coordination in loosely coupled multiagent systems [J]. IEEE transactions on cybernetics, 2015, 45(12): 2853–2867.

[84] Alvaro Ovalle Castaneda. Deep reinforcement learning variants of multi-agent learning algorithms [J]. Master thesis, School of Informatics, University of Edinburgh, 2016.

[85] Elhadji Amadou Oury Diallo, Ayumi Sugiyama, Toshiharu Sugawara. International conference on machine learning and applications (ICMLA): Learning to coordinate with deep reinforcement learning in doubles pong game [C]. Piscataway, NJ: IEEE, 2017.

[86] Jakob Foerster, Nantas Nardelli, Gregory Farquhar, et al. Stabilising experience replay for deep multi-agent reinforcement learning [J]. arXiv preprint arXiv: 1702.08887, 2017.

[87] Gregory Palmer, Karl Tuyls, Daan Bloembergen, et al. Lenient multi-agent deep reinforcement learning [J]. arXiv preprint arXiv: 1707.04402, 2017.

[88] Yan Zheng, Zhaopeng Meng, Jianye Hao, et al. Pacific Rim international conference on artificial intelligence: Weighted double deep multiagent reinforcement learning in stochastic cooperative environments [C]. Berlin: Springer, 2018.

[89] Ardi Tampuu, Tambet Matiisen, Dorian Kodelja, et al. Multiagent cooperation and competition with deep reinforcement learning [J]. PloS one, 2017, 12(4): e0172395.

[90] Marc Lanctot, Vinicius Zambaldi, Audrunas Gruslys, et al. Advances in neural information processing systems: A unified game-theoretic approach to multiagent reinforcement learning [C]. Cambridge, MA: MIT Press, 2017.

[91] Landon Kraemer, Bikramjit Banerjee. Multi-agent reinforcement learning as a rehearsal for decentralized planning [J]. Neurocomputing, 2016, 190: 82–94.

[92] Jakob Foerster, Gregory Farquhar, Triantafyllos Afouras, et al. Counterfactual multi-agent policy gradients [J]. arXiv preprint arXiv: 1705.08926, 2017.

[93] Jayesh K Gupta, Maxim Egorov, Mykel Kochenderfer. International conference on autonomous agents and multiagent systems: Cooperative multi-agent control using deep reinforcement learning [C]. Berlin: Springer, 2017.

[94] Sainbayar Sukhbaatar, Rob Fergus, et al. Advances in neural information processing systems: Learning multiagent communication with backpropagation [C].Cambridge, MA: MIT Press, 2016.

[95] He He, Jordan Boyd-Graber, Kevin Kwok, et al. International conference on machine learning: Opponent modeling in deep reinforcement learning [C]. New York: ACM, 2016.

[96] Xiangyu Kong, Bo Xin, Fangchen Liu, et al. Hierarchical reinforcement learning workshop at the 31st conference on NIPS: Effective master-slave communication on a multiagent deep reinforcement learning system [C]. Cambridge, MA: MIT Press, 2017.

[97] Xiangyu Kong, Bo Xin, Fangchen Liu, et al. Revisiting the master-slave architecture in multi-agent deep reinforcement learning [J]. arXiv preprint arXiv: 1712.07305, 2017.

[98] Zhang-Wei Hong, Shih-Yang Su, Tzu-Yun Shann, et al. A deep policy inference q-network for multi-agent systems [J]. arXiv preprint arXiv: 1712.07893, 2017.

[99] Jakob Foerster, Francis Song, Edward Hughes, et al. International conference on machine learning: Bayesian action decoder for deep multi-agent reinforcement learning [C]. New York: ACM, 2019.

[100] Nicolas Heess, Jonathan J Hunt, Timothy P Lillicrap, et al. Memory-based control with recurrent neural networks [J]. arXiv preprint arXiv: 1512.04455, 2015.

[101] Ryan Lowe, Yi I Wu, Aviv Tamar, et al. Advances in neural information processing systems: Multi-agent actor-critic for mixed cooperative-competitive environments [C].Cambridge, MA: MIT Press, 2017.

[102] Ozsel Kilinc, Giovanni Montana. Multi-agent deep reinforcement learning with extremely noisy observations [J]. arXiv preprint arXiv: 1812.00922, 2018.

[103] Ahad Harati, Majid Nili Ahmadabadi, Babak Nadjar Araabi. Knowledge-based multiagent credit assignment: A study on task type and critic information [J]. IEEE systems journal, 2007, 1(1): 55–67.

[104] Thanh Thi Nguyen, Ngoc Duy Nguyen, Saeid Nahavandi. Deep reinforcement learning for multiagent systems: A review of challenges, solutions, and applications [J]. IEEE transactions on cybernetics, 2020, 50(9): 3826–3839.

[105] Andreas Maurer, Massimiliano Pontil, Bernardino Romera-Paredes. The benefit of multitask representation learning [J]. The Journal of Machine Learning Research, 2016, 17(1): 2853–2884.

[106] Rich Caruana. Multitask learning [J]. Machine learning, 1997, 28(1): 41–75.

[107] Geoffrey Hinton, Oriol Vinyals, Jeff Dean. Distilling the knowledge in a neural network [J]. arXiv preprint arXiv: 1503.02531, 2015.

[108] Emilio Parisotto, Jimmy Lei Ba, Ruslan Salakhutdinov. Actor-mimic: Deep multitask and transfer reinforcement learning [J]. arXiv preprint arXiv: 1511.06342, 2015.

[109] Md Shad Akhtar, Dushyant Singh Chauhan, Asif Ekbal. A deep multi-task contextual attention framework for multi-modal affect analysis [J]. ACM Transactions on Knowledge Discovery from Data (TKDD), 2020, 14(3): 1–27.

[110] Marc G Bellemare, Yavar Naddaf, Joel Veness, et al. The arcade learning environment: An evaluation platform for general agents [J]. Journal of Artificial Intelligence Research, 2013, 47: 253–279.

[111] Max Jaderberg, Volodymyr Mnih, Wojciech Marian Czarnecki, et al. Reinforcement learning with unsupervised auxiliary tasks [J]. arXiv preprint arXiv: 1611.05397, 2016.

[112] Andrei A Rusu, Neil C Rabinowitz, Guillaume Desjardins, et al. Progressive neural networks [J]. arXiv preprint arXiv: 1606.04671, 2016.

[113] Matthew E Taylor, Peter Stone. An introduction to intertask transfer for reinforcement learning [J]. Ai Magazine, 2011, 32(1): 15–15.

[114] Chrisantha Fernando, Dylan Banarse, Charles Blundell, et al. Pathnet: Evolution channels gradient descent in super neural networks [J]. arXiv preprint arXiv: 1701.08734, 2017.

[115] Lijun Li, Boqing Gong. 2019 Winter conference on applications of computer vision (WACV): End-to-end video captioning with multitask reinforcement learning [C].Piscataway, NJ: IEEE, 2019.

[116] Devendra Singh Chaplot, Lisa Lee, Ruslan Salakhutdinov, et al. Embodied multimodal multitask learning [J]. arXiv preprint arXiv: 1902.01385, 2019.

[117] Min Yang, Wenting Tu, Qiang Qu, et al. MARES: multitask learning algorithm for web-scale real-time event summarization [J]. World Wide Web, 2019, 22(2): 499–515.

[118] Yongyuan Liang, Bangwei Li. Parallel knowledge transfer in multi-agent reinforcement learning [J]. arXiv preprint arXiv: 2003.13085, 2020.

[119] Yee Teh, Victor Bapst, Wojciech M Czarnecki, et al. Advances in neural information processing systems: Distral: Robust multitask reinforcement learning [C].Cambridge, MA: MIT Press, 2017.

[120] Xi Liu, Li Li, Ping-Chun Hsieh, et al. Developing multi-task recommendations with long-term rewards via policy distilled reinforcement learning [J]. arXiv preprint arXiv: 2001.09595, 2020.

[121] Lasse Espeholt, Hubert Soyer, Remi Munos, et al. Impala: Scalable distributed deep-rl with importance weighted actor-learner architectures [J]. arXiv preprint arXiv: 1802.01561, 2018.

[122] Matteo Hessel, Hubert Soyer, Lasse Espeholt, et al. Proceedings of the aaai conference on artificial intelligence: Multi-task deep reinforcement learning with popart [C].Menlo Park: AAAI, 2019.

POSTSCRIPT 后记

2017 年，我进入清华大学计算机系知识工程试验室做博士后，合作导师是唐杰教授。博士后期间的研究方向是科技情报分析挖掘与学者画像。博士后入站后，我想尝试使用热门的强化学习技术做网络信息抽取，于是开始正式学习强化学习。

Richard S. Sutton 的著作 *Reinforcement Learning: An Introduction* 作为强化学习领域的经典教材，系统地介绍了强化学习知识。许多人将其作为强化学习入门教材，包括我自己。可是我在阅读后发现这本书是强化学习宝典，全面介绍了强化学习方法，但没有给出算法公式的推导细节，不适合初学者入门。

推公式，画原理图，写代码，我的强化学习入门之路很是艰辛。曾经的教师经历让我产生了自己写强化学习入门教材的想法，这个想法得到合作导师唐杰教授的大力支持。2018 年，唐教授资助我到英国南安普顿大学访问。南安普顿大学的计算机研究生课程包括深度学习、高级机器学习、强化学习等前沿课程。我全程旁听了强化学习课程，受益颇丰。由于亲身经历，我深刻体会了国内在人工智能大学教育方面的不足，于是更加坚定了本书的编著。

三位作者合作完成本书的主要内容。整体框架由唐杰教授拟定，强化学习前沿部分也由唐教授撰写，机器学习部分及强化学习基础部分由白朔天博士撰写，强化学习原理及算法分析部分由我撰写。我们花费大量精力给出了算法公式的推导过程，并自制配图详解算法原理。希望本书的出版能降低强化学习入门门槛，为强化学习初学者引路。

人工智能是新一代信息技术发展的必然趋势。深度学习与强化学习的融合发展是人工智能的前沿方向。我们很荣幸能参与到国家新一代人工智能创新发展的建设中，把所学知识分享给大家。站在巨人的肩膀上，本书的出版离不开一直关心和支持我们工作的前辈、同事、同行和出版社，在此一并衷心表示感谢。由于水平有限，本书难免存在疏漏之处，恳请各位读者批评指正，提出宝贵意见和建议，邮件可发至我的个人邮箱 antha@qq.com。也可关注作者个人微信公众号“算法部落”，获取书籍配套微课和课件，进行在线讨论。

袁 莎

2021 年 5 月